電験三種 電力 考え方解き方

電験三種考え方解き方研究会 編

合格への近道

東京電機大学出版局

はじめに

　国際環境が急激に変化している中で，エネルギーの安定供給や環境への適合が重要な課題となっています。現在，電力供給を合理化・最適化するとともに，クリーンで再生可能なエネルギーを積極的に導入することが進められています。この中において，電気技術はわが国における経済の基礎であり，電気技術に対する社会性・公共性・安全性の要求はより高度化してきています。これらの公共的要請に応えるなど，電気主任技術者の果たすべき役割はますます重要になっています。

　第三種電気主任技術者試験では，電圧5万ボルト未満の事業用電気工作物の主任技術者として必要な知識が理論・電力・機械・法規の科目別に出題されます。各科目の解答方式は，マークシートに記入する五肢択一方式です。

　本書は，理論・電力・機械・法規の4巻で構成する「電験三種 考え方解き方」シリーズの一冊で，次の点に配慮して執筆・編集をしました。

1. 学習をより効果的にするため，各章のはじめに重要な事項をまとめてあります。
2. 学習の理解度を上げるため，例題は「考え方」と「解き方」に分けて解説してあります。
3. 過去に出題された問題を分析し，これから出題される可能性の高い問題や重要問題を取り上げました。
4. 図や表を多く用いて，視覚的に理解しやすいように工夫しました。

　試験に合格するためには，過去の出題を研究して出題傾向を把握し，効率よく学習することが必要です。また，自らが学習計画を立て，スケジュールに従って学習するとともに，繰り返し学習をして，重要事項や出題が予想される内容をまとめてサブノートを作成し，試験前に確認することも大切です。

　本書が皆様の電験三種合格の一助となれば望外の喜びです。最後に本書の編集にあたり，お世話になりました東京電機大学出版局の方々にお礼を申し上げます。

2010年10月

著者らしるす

受験案内

●電気主任技術者について

電気保安の確保の観点から，電気事業法により，

> 事業用電気工作物（電気事業用および自家用電気工作物）の設置者（所有者）は，工事・維持・運用に関する保安の監督をさせるために，『電気主任技術者』を選任しなければならない。

と定められています。電気主任技術者の資格には，免状の種類によって，第一種から第三種があり，次表のように電気工作物の電圧によって区分されています。

表　免状の種類と監督できる範囲

免状の種類	第一種電気主任技術者		
		第二種電気主任技術者	
			第三種電気主任技術者
電気工作物	すべての事業用電気工作物	電圧が17万V未満の事業用電気工作物	電圧が5万V未満の事業用電気工作物（出力5千kW以上の発電所を除く）
	例：上記電圧の発電所，変電所，送配電線路や電気事業者から上記電圧で受電する工場，ビルなどの需要設備		例：上記電圧の5千kW未満の発電所や電気事業者から上記の電圧で受電する工場，ビルなどの需要設備

●電験三種について

❶受験資格

電気主任技術者試験（電験）では，年齢・学歴・実務経験などの制限がありませんので，どなたでも受験することができます。

❷試験科目

試験は次の科目について，五肢択一方式（マークシート）にて行われます。

科目	範　囲
理論	電気理論，電子理論，電気計測，電子計測
電力	発電所・変電所の設計および運転，送電線路・配電線路（屋内配線を含む）の設計および運用，電気材料
機械	電気機器，パワーエレクトロニクス，電動機応用，照明，電熱，電気化学，電気加工，自動制御，メカトロニクス・電力システムに関する情報伝送・情報処理
法規	電気法規（保安に関するものに限る），電気施設管理

❸科目別合格制度について

4科目の試験科目すべてに合格すれば，電験三種合格となりますが，一部の科目のみに合格した場合は「科目合格」となり，翌年度と翌々年度の該当科目の試験が免除

になります。つまり，3年間で4科目の試験に合格すれば，電験三種合格となります。

❹ 試験時間と出題数

試験時間は下表を参考にしてください。出題にはA問題（1つの問に対して1つの解答）とB問題（1つの問に複数の小問を設けて，それぞれの小問に1つの解答）があります。

科目合格による受験については，受験科目ごとに集合時間が決められていますので注意しましょう。

(平成22年度)

科目	理論	電力	機械	法規
試験時間	90分	90分	90分	65分
出題数	A問題 14問 B問題 3問	A問題 14問 B問題 3問	A問題 14問 B問題 3問	A問題 10問 B問題 3問

※「理論」と「機械」のB問題については，選択問題を含んだ解答数です。
　「法規」には，『電気設備の技術基準の解釈（経済産業省の審査基準）』に関するものも含まれます。

❺ 受験申し込みから資格取得までの流れ

はじめに受験申込書を入手しましょう。申し込み期間の少し前より試験センター本部で配布をしています。ホームページからもダウンロードができますので活用しましょう。受験申込書をよく読み，期間内に申請を行います。

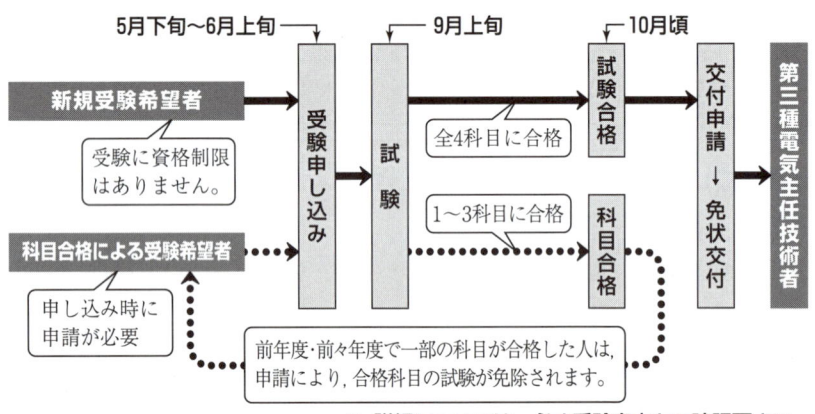

図　資格取得までの流れ

❻ 試験会場で使用できる用具

試験では以下の用具が使用できます。電卓は関数電卓の使用は認められていません。受験案内に使用可能機種の例が掲載されているので確認をしましょう。

　　筆記用具，30cm以下の透明な物差し，電卓

◉ 試験に関する問い合わせ先

　（財）電気技術者試験センター　本部事務局（土日祝日を除く 9：00～17：15）
　TEL　03-3552-7691　　FAX　03-3552-7847　　http://www.shiken.or.jp/

contents

第1章 水力発電

重要事項のまとめ **2**

1.1 水力発電設備 **6**

1.2 各種水車の特長 **9**

1.3 比速度とベルヌーイの定理 **13**

1.4 水力発電所の運転 **17**

1.5 水力発電所の出力計算 **19**

1.6 揚水発電所の出力計算 **23**

章末問題 **26**

第2章 火力発電

重要事項のまとめ **32**

2.1 火力発電所の設備 **38**

2.2 ボイラの種類と特長 **41**

2.3 蒸気タービンの種類と特長 **42**

2.4 ランキンサイクル **45**

2.5 汽力発電所の効率計算 **48**

2.6 熱効率向上対策 **52**

2.7　汽力発電所の運転　54

2.8　ガスタービンとコンバインドサイクル　56

2.9　各種発電方式　60

章末問題　64

第3章　原子力発電

重要事項のまとめ　72

3.1　原子核反応　75

3.2　軽水炉の形式（BWRとPWR）　78

3.3　原子炉の構成材　81

3.4　原子力発電と火力発電　83

3.5　核燃料サイクル　86

章末問題　88

第4章　変電

重要事項のまとめ　94

4.1　変電所の設備　97

4.2　保護継電器　101

4.3　調相設備　104

4.4　変圧器の並行運転　107

章末問題　110

第5章 送電

重要事項のまとめ　118

5.1　送電設備　123

5.2　線路定数（線路の特性）　126

5.3　中性点接地方式　129

5.4　電圧降下と損失　131

5.5　送電電力と安定度　133

5.6　フェランチ効果　135

5.7　雷害対策（架空地線）　137

5.8　コロナ放電　140

5.9　通信線の誘導障害　143

5.10　直流送電　145

5.11　百分率インピーダンス　147

5.12　地中送電線　150

5.13　電線のたるみ　154

章末問題　156

第6章 配電

重要事項のまとめ　168

6.1　配電設備　172

6.2　配電方式　174

6.3　スポットネットワーク配電　176

6.4　単相3線式配電　178

6.5　V結線　181

6.6　電圧調整　**184**

6.7　電圧降下　**186**

6.8　接地方式と保護方式　**188**

6.9　配電系統の保護システム　**190**

6.10　配電設備の運用　**191**

6.11　電気材料　**193**

章末問題　**195**

章末問題の解答　**207**

索引　**259**

第 1 章

水力発電

重要事項のまとめ

1 水力発電所の種類

① ダム式：ダムにより川をせき止め，ダムに水を貯め，その落差により発電する。
② 水路式：上流から取水して急勾配の水管を用い下流部分との落差により発電。
③ ダム水路式：ダム式と水路式の組合せ。
④ 貯水池式：年間の豊水期に貯水し渇水期に発電に使用。
⑤ 揚水式：夜間に下池から水を上げ，昼間に発電。

2 水車の種類

水車はペルトン水車のような衝動水車とフランシス水車などの反動水車がある（表1.1）。

3 ペルトン水車とフランシス水車

ペルトン水車は水をランナ（羽根車）に当て回転させる。フランシス水車は水が案内羽根～吸出管に落ちる間にランナを動かして回転させる。

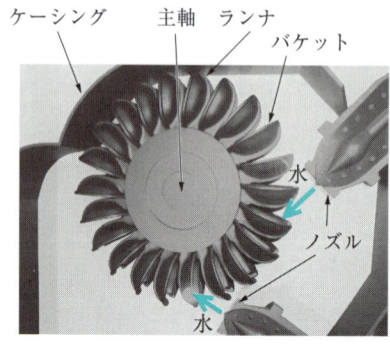

(a) ペルトン水車

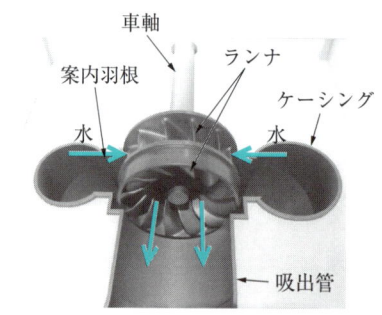

(b) フランシス水車

図 1.1

4 比速度

水車を相似形に縮小し，落差1m，出力1kWで運転されたときの回転速度 n_s を比速度という。n_s の大きい水車は高速回転機で小型となる。

表 1.1 水車の種類

水車の種類	適用落差〔m〕	水量	特徴
ペルトン	150〜800	小	高落差，負荷変動に適する
フランシス	40〜500	小〜大	負荷変動には不適
斜流	40〜180	中	落差，負荷変動に適する
プロペラ	5〜80	中〜大	固定羽根のため部分負荷効率は低い

$$n_s = n\frac{P^{1/2}}{H^{5/4}} \text{ [m·kW]}$$

ここで,

n [min^{-1}]：定格回転速度

P [kW]：ランナ1個，ノズル1個あたりの水車の最大出力

H [m]：有効落差

5　水力発電所の設備（図1.2）

① ダム：流水量の確保と調整および落差の形成と，取水を目的に建設する。
② 取水口：河川水を導水路に導く入口。
③ 導水路：取水口からサージタンクまで導く水路。
④ サージタンク：水車の負荷が急変したとき，流水量や圧力が急変して水圧鉄管の破損などを生じるが，サージタンクはこの流量，圧力変化を吸収する。
⑤ 水圧鉄管：サージタンクから水車発電機に水を導く鉄管。
⑥ 放水管：水車から出た水を下流の水路に放出する管。

6　ベルヌーイの定理

ダムや水圧管内の水は連続しており，その位置エネルギー h [m]，圧力エネルギー p/ω [m]，運動エネルギー $v^2/2g$ [m] の和はどの場所においても一定である。

式で示すと,

$$h + \frac{p}{\omega} + \frac{v_2}{2g} = 一定$$

ここで

h [m]：ある基準面に対する高さ
p [Pa]：単位面積あたりの水圧
ω [N/m^3]：水の単位体積あたりの重量
v [m/s]：流速
g [m/s^2]：重力の加速度

7　速度調定率

出力変化の割合に対する，水車発電機回転数の変化の割合を示すもの。通常数％程度であるが大きいと速度変化が大となる。速度調定率 δ は,

$$\delta = \frac{\dfrac{回転速度変化分}{定格回転速度}}{\dfrac{発電機出力変化分}{定格出力}}$$

$$= \frac{\dfrac{\Delta n}{n_n}}{\dfrac{\Delta P}{P_n}} \times 100 \text{ [\%]}$$

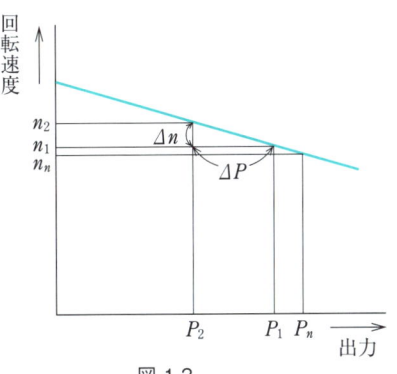

図1.3

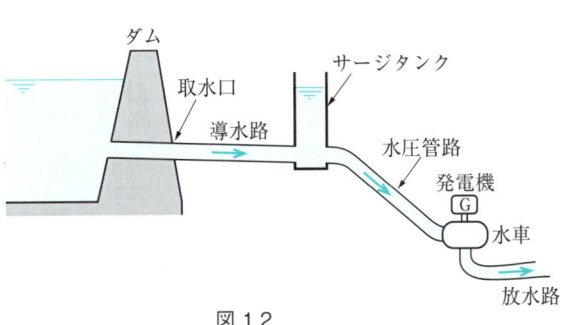

図1.2

8 水力発電所の出力

① 理論出力 P

$$P = 9.8\,QH\,[\text{kW}]$$

ここで,

Q：水量〔m³/s〕

H：有効落差〔m〕

② 水力発電所の出力 P

$$P = 9.8\,QH\eta\,[\text{kW}]$$

ここで,

η：水車・発電機の効率

③ 有効落差 $H = H_0$（総落差）$- h_L$（損失落差）

9 揚水発電所と電力

図1.5に示すように，夜間電力で下池の水を上池に揚水し，昼間のピーク負荷時に数時間上池の水を下池に放水し発電をするもの。

a. 揚水時の所要電力

$$P_P = \frac{9.8\,Q_0(H_0 + h_L)}{\eta_P\,\eta_M}\,[\text{kW}]$$

b. 発電時の発生電力

$$P_G = 9.8\,Q_0(H_0 - h_L)\eta_T\,\eta_G\,[\text{kW}]$$

ここで,

H_0〔m〕：総落差

h_L〔m〕：損失落差

η_P：ポンプ効率

η_M：電動機効率

(a) 水力発電所（水路式）

(b) 水力発電所（アーチ式 黒部ダム）

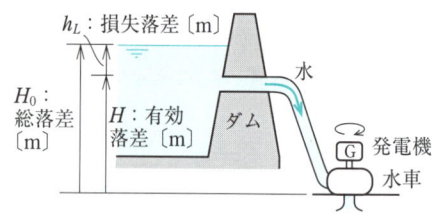

損失水頭 h〔m〕は配管や弁などにより生じるため，有効落差 H〔m〕は総落差 H_0〔m〕よりも小さくなる。

(c)

図1.4

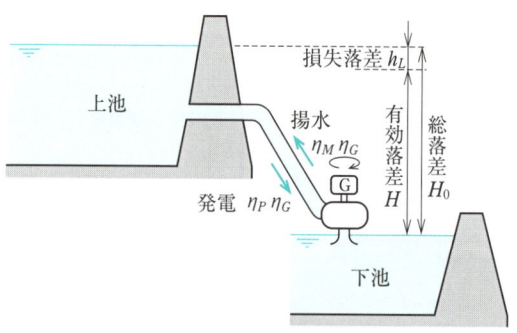

図1.5 揚水発電所

η_T：水車効率

η_G：発電機効率

10 揚水発電所の総合効率

揚水発電は水を汲み上げるときに電力を消費し，昼間に発電する。その総合効率 η は，

$$\eta = \frac{P_G}{P_P} = \frac{9.8Q(H_0-h_L)\eta_T\eta_G}{\dfrac{9.8Q(H_0+h_L)}{\eta_P\eta_M}}$$

$$= \frac{H_0-h_L}{H_0+h_L}\eta_T\eta_G\eta_P\eta_M$$

で示され，この値は約 60% 程度となる。

11 水力発電所の運転と特長

① 水力発電電力量は，全国で発電するすべての電力の 10% 程度。

② 水を流し始めてから発電できるまでの時間は数分程度と短い。

③ 発電機は同期発電機で多極で回転数は数百 $[\text{min}^{-1}]$ と火力発電や原子力発電のタービンより回転数は低い。

④ 落差は数～数百 $[\text{m}]$ までと幅広い。

⑤ 発電機出力は数百～数万 $[\text{kW}]$

1.1 水力発電設備

ダム水路式発電所は、ダムと水路の両方で落差を得て発電する方式で、水の流れからみた代表的な構成例は、次のとおりである。

ダム→ (ア) →導水路→ (イ) → (ウ) →水車→放水路

上記の記述中の空白箇所(ア), (イ)及び(ウ)に記入する字句として、正しいものを組み合わせたのは次のうちどれか。

	(ア)	(イ)	(ウ)
(1)	取水口	水圧鉄管	上水槽
(2)	導水口	サージタンク	上水槽
(3)	取水口	水圧鉄管	サージタンク
(4)	導水口	水圧鉄管	サージタンク
(5)	取水口	サージタンク	水圧鉄管

［平成6年A問題］

答 (5)

水力発電所の種類を整理して考える。発電発電所の出力は $P = 9.8QH$〔kW〕なので水量 Q〔m³/s〕と有効落差 H〔m〕をいかに大きくするかによって発電量が決まる。ダム式ではダムにより水量と有効落差を確保し、さらに水路で落差の大きい下流側の河川に導けば発電量をさらに大きくできる。この考え方によるものがダム水路式発電所である。

図 1.6 水力発電所（ダム水路式）

解き方　ダム水路式発電所は図1.6に示すように，ダムで水を貯水し，ここから取水し，導水路〜水圧鉄管で水車発電機まで導き発電する。水圧鉄管に入る前にはサージタンクを設置して，負荷急変による水圧のサージを吸収する。したがって，水の流れからみた代表的な構成は，

ダム → 取水口 → 導水路 → サージタンク → 水圧鉄管 → 水車 → 放水路

の順になる。ダム水路式発電所はダム式と水路式の長所を取り入れられるので経済設計となることが多い。

例題2

水力発電設備に関する説明として，誤っているのは次のうちどれか。
(1) 取水口：河川水を導水路に円滑に取り入れるための設備である。
(2) 沈砂池：流速を下げて，流水中に含まれる土砂を沈殿させるために設けた池で，水車などの土砂による損傷を防ぐ。
(3) 空気弁：管路のキャビテーションによる損傷を軽減するため水圧鉄管に取り付ける弁である。
(4) 余水吐き：余分な水量を河川に戻すための設備で，放流の際の水勢を十分に下げる必要がある。
(5) サージタンク：流量急変時に水圧変化による障害を防止するためのタンクで，圧力水路と水圧管の接続部などに設ける。

［平成10年A問題］

答　(3)

考え方　水力発電所設備について，水が流れる上流側の取水口〜沈砂池〜水圧管路〜水車発電機までの設備を整理しておこう。なお，水圧鉄管の保護として，水圧管入口弁（制水弁）を急速に開放すると水圧鉄管内の水が抜け，急激な圧力低下により水圧鉄管が押しつぶされることを防止するために空気弁や空気管が設置される。また，流量急変時に水圧管の圧力上昇を緩和するためにサージタンクが設置される。これらの保護装置の役割りも理解しておこう。

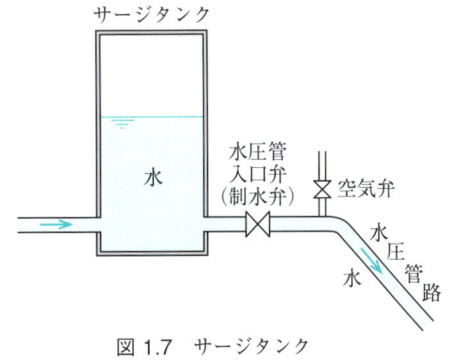

図1.7　サージタンク

1.1　水力発電設備

解き方
(1) 水路式発電所では取水口から河川水を取り入れ導水路に導く。
(2) 沈砂池で土砂などを沈殿させ，ごみや落葉などを除去して水圧管を通り水車に水が流れる。
(3) 空気弁は水圧鉄管内の急激な圧力低下時に空気を取り入れ，鉄管が大気圧で押しつぶされることを防ぐ装置である。キャビテーションとは流水中の空気が圧力の低下により気泡になり，これが圧力の高い部分でつぶれ，水車表面などを腐食するもので，空気弁はキャビテーションを防止する目的のものではない。
(4) 発電に必要な水量以外は余水吐きで河川に戻す。
(5) 負荷急変による圧力鉄管内の水圧変化による障害を防止するために，サージタンクを設ける。

例題 3

水力発電所において，運転中に水車に流入している水を水車入口弁によって急に遮断すると，流水のもつ（ア）エネルギーのために水圧管路内に高い圧力が発生する。この圧力は水圧管路上部の開放端と下部の閉鎖端との間で反復伝搬する。この現象を水撃作用という。この作用は流速変化が（イ）なほど，また，水圧管路が（ウ）ほど大きくなる。この作用を軽減するため，水圧管路に（エ）が一般に設けられる。

上記の記述中の空白箇所（ア），（イ），（ウ）及び（エ）に記入する語句として，正しいものを組み合わせたのは次のうちどれか。

	（ア）	（イ）	（ウ）	（エ）
(1)	運動	急激	長い	サージタンク
(2)	位置	急激	短い	ヘッドタンク
(3)	運動	緩やか	長い	ヘッドタンク
(4)	位置	緩やか	長い	サージタンク
(5)	運動	急激	短い	ヘッドタンク

［平成 15 年 A 問題］

答 (1)

考え方　水車水量が急変したときに，水圧管内の圧力が上昇し水圧管路の各部を破壊することがある。これを水撃作用（ウォータハンマー）といい，水圧管内の圧力上昇を抑制するものがサージタンクである。

解き方　水車入口弁が急閉すると水圧管内の流れは急激に止められるため，流水の運動エネルギーは高い圧力を発生する。この圧力は水圧管内を伝播し，水圧管路各部を破損することがある。この圧力上昇を抑制するものがサージタンクである。

水撃作用は管内の流速変化が急激で，水圧管長さが長いほど大きくなる。

1.2 各種水車の特長

発電用水車として一般に用いられているペルトン水車に関する次の記述のうち，正しいのはどれか。
(1) 反動水車に分類され，特に高落差，小水量の発電所に採用される。
(2) プロペラ水車の一種で，部分負荷特性を向上させるために可動羽根を採用したものである。
(3) 一般に低落差，大水量の発電所に採用される。
(4) 低落差から高落差の幅広い範囲で用いられ，揚水用のポンプ水車としても用いられる。
(5) 部分負荷でも効率がよく，一般に高落差の発電所に採用される。

[平成8年A問題]

答 (5)

 水車には水流を水車の羽根車（ランナ）に直接当て，その衝動力により水車を回転する衝動水車と，水車の羽根車の間を水が流れ落ちるとき，その反動力で羽根車を回転させる反動水車がある。

衝動水車はペルトン水車だけであり，水の落差が変動しても効率が高く，高落差の水力発電所に用いられる。

(1) ペルトン水車は衝動水車である。
(2) プロペラ水車は低落差・大水量の反動水車である。
(3) ペルトン水車は高落差・小水量の発電所に用いられる。
(4) 低落差〜高落差の範囲で使用されるが，羽根車（ランナ）がバケットでポンプにはならないので揚水発電には使用できない。揚水発電は反動水車のフランシス水車などが用いられる。
(5) 部分効率でも水車効率が良く，高落差の発電所に使用される。

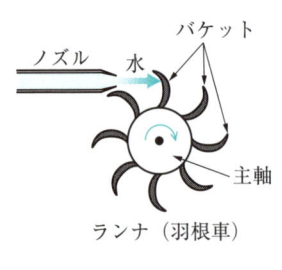
(a) 衝動水車

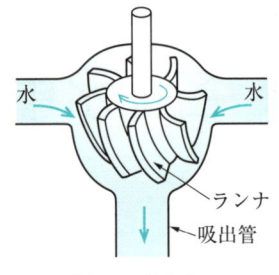
(b) 反動水車

図 1.8

例題 2

次の文章は，水力発電に関する記述である。

水力発電は，水の持つ位置エネルギーを水車により機械エネルギーに変換し，発電機を回す。水車には衝動水車と反動水車がある。 (ア) には (イ) ，プロペラ水車などがあり，揚水式のポンプ水車としても用いられる。これに対し， (ウ) の主要な方式である (エ) は高落差で流量が比較的少ない場所で用いられる。

水車の回転速度は構造上比較的低いため，水車発電機は一般的に極数を (オ) するよう設計されている。

上記の記述中の空白箇所（ア），（イ），（ウ），（エ）及び（オ）に当てはまる語句として，正しいものを組み合わせたのは次のうちどれか。

	（ア）	（イ）	（ウ）	（エ）	（オ）
(1)	反動水車	ペルトン水車	衝動水車	カプラン水車	多く
(2)	衝動水車	フランシス水車	反動水車	ペルトン水車	少なく
(3)	反動水車	ペルトン水車	衝動水車	フランシス水車	多く
(4)	衝動水車	フランシス水車	反動水車	斜流水車	少なく
(5)	反動水車	フランシス水車	衝動水車	ペルトン水車	多く

［平成 20 年 A 問題］

答 (5)

考え方

衝動水車と反動水車の特長と種類を整理する。衝動水車はペルトン水車だけである。反動水車はフランシス水車，カプラン水車，斜流水車，プロペラ水車などである。

また，水車発電機は蒸気タービン発電機などと比べ低速回転数～600 $\min^{-1}$ であり，極数は 4 極，6 極，8 極などと多くなる。

解き方 水車は水のもつ位置エネルギーを機械エネルギーに変換し，発電機を回して発電する。反動水車にはフランシス水車，プロペラ水車などがあり，逆回転させることによりポンプとして働き，揚水式に用いられる。

一方，衝動水車のペルトン水車は高落差・小水量に用いられる。また，水力発電では水車の構造から縦形になることが多く，回転速度も低いため，同期発電機の極数を多くしたものが使用される。

例題 3

　(ア)　水車は，低落差で　(イ)　の発電所に適した　(ウ)　水車である。

上記の記述中の空白箇所（ア），（イ）および（ウ）に記入する字句として，正しいもの組み合わせたのは次のうちどれか。

	（ア）	（イ）	（ウ）
(1)	フランシス	小容量	反動
(2)	カプラン	中大容量	反動
(3)	斜流	小容量	衝動
(4)	ペルトン	中容量	反動
(5)	チューブラ	中大容量	衝動

〔平成 2 年 A 問題〕

答 (2)

考え方 水車には衝動形，反動形があり，それぞれ使用に適した落差や水量がある。

表 1.2 に各種水車の適用落差や特長を示す。

各種水車の特長をもとに(1)〜(5)を評価する。

表 1.2　各種水車の特長

水車の種類	適用落差	比速度 [m·kW]	特長
ペルトン（衝動水車）	150 m 以上	17〜25	高落差・小水量に適する 落差の変動にも変化は少ない
フランシス（反動水車）	30〜500 m	75〜350	広範囲の落差に使用 揚水発電の水車・ポンプとしても使用
斜　流（反動水車）	40〜180 m	140〜370	可動羽根のため部分負荷にも効率よい
プロペラ（反動水車）	100 m 以下	250〜870	固定羽根のため部分負荷では，効率が低下する。低落差範で使用される
カプラン（反動水車）	100 m 以下	250〜870	可動羽根で部分負荷でも効率よい

**解き方**　各種ポンプの特長を覚えておこう。

(1)　フランシス水車は反動水車で中高落差・中大水量なので(1)は誤りで不適当。

(2)　カプラン水車は反動水車で低落差・大水量なので(2)は正しくて，空白に合致する。

(3)　斜流水車は中落差・中大水量の反動水車なので(3)は誤りであり，不適当。

(4)　ペルトン水車は衝動水車で高落差・小水量なので(4)は誤りで不適当。

(5)　チューブラ水車は低落差・小水量の反動水車なので(5)は誤りで不適当。

1.3 比速度とベルヌーイの定理

水車の比速度とは，　(ア)　の有効落差のもとで，　(イ)　の出力を発生するように，原水車を幾何学的に相似に保ちながら大きさを変えて得られる水車の毎　(ウ)　の回転速度をいう。

上記の記述中の空白箇所（ア），（イ）および（ウ）に記入する数値または字句として，正しいものを組み合わせたのは次のうちどれか。

	(ア)	(イ)	(ウ)
(1)	1 m	1 W	秒
(2)	1 m	1 kW	分
(3)	1 cm	1 W	秒
(4)	1 cm	1 W	分
(5)	10 m	1 kW	分

[平成6年A問題]

答　(2)

水車の比速度についての定義を整理する。水車の比速度とは水車を相似形にして単位落差 1 m において，単位出力 1 kW を発生するときの毎分の回転速度をいう。比速度が大きいものは回転速度が大きく，水車を小形にしたものであるが，あまり比速度を大きくするとキャビテーションを発生しやすくなる。

水車の比速度 n_s とは，1 m の有効落差のもとで 1 kW を発生するために原水車と相似の水車があるときの，この水車の毎分の回転速度をいう。式で示すと，

$$n_s = n \frac{P^{1/2}}{H^{5/4}} \; [\mathrm{m \cdot kW}]$$

となる。
　ここで，
　H：有効落差〔m〕
　P：ノズルまたはランナ1個あたりの出力〔kW〕
　n：定格回転速度〔min^{-1}〕

n_s が大きいほど機器を小形にできるが，吸出高さや有効落差などの使用条件によりその値が異なる。表1.3に各種水車の比速度を示す。

表1.3　水車の比速度の限界式と適用落差

水車の種類	比速度の限界式〔m·kW〕	比速度の適用範囲	水車の適用落差〔m〕
ペルトン	$n_s \leq \dfrac{4\,300}{H+195}+13$	17〜25	150〜800
フランシス	$n_s \leq \dfrac{21\,000}{H+25}+35$	75〜350	40〜500
斜　流	$n_s \leq \dfrac{20\,000}{H+20}+40$	140〜370	40〜180
プロペラ	$n_s \leq \dfrac{21\,000}{H+20}+35$	250〜870	5〜80

例題 2

水車の比速度とは，その水車と幾何学的に相似なもう一つの水車を仮想し，この仮想水車を1〔m〕の　(ア)　のもとで相似な状態で運転させ，1〔kW〕の出力を発生するような　(イ)　としたときの，その仮想水車の回転速度〔min^{-1}〕をいう。

水車の比速度 n_s〔m·kW〕は水車出力を P〔kW〕，有効落差を H〔m〕，回転速度を n〔min^{-1}〕とすれば次の式で表される。

$$n_s = n \times \frac{\boxed{(ウ)}^{\frac{1}{2}}}{\boxed{(エ)}^{\frac{5}{4}}}$$

ただし，水車出力 P はペルトン水車ではノズル1個当たり，　(オ)　水車ではランナ1個当たりの出力である。

上記の記述中の空白箇所（ア），（イ），（ウ），（エ）及び（オ）に記入する語句又は記号として，正しいものを組み合わせたのは次のうちどれか。

	（ア）	（イ）	（ウ）	（エ）	（オ）
(1)	落差	寸法	P	H	反動
(2)	範囲	落差	H	P	衝動
(3)	落差	寸法	H	P	衝動
(4)	落差	寸法	H	P	反動
(5)	範囲	落差	P	H	衝動

［平成12年A問題］

答　(1)

考え方　比速度の意味と定義を理解しておく。水車の比速度は原水車と幾何学相似な水車を仮想して，1mの落差で1kWを発生する寸法としたときの，回転速度 n_s である。

解き方 比速度 n_s は，

$$n_s = n \times \frac{P^{1/2}}{H^{5/4}} \text{ [m·kW]}$$

で示される。

ここで，

n：定格回転速度 $[\text{min}^{-1}]$

P：ペルトン水車（衝動水車）ではノズル1個あたり，フランシス水車などの反動水車ではランナ1個あたりの出力 [kW]

H：有効落差 [m]

したがって，設問の空白箇所の組合せで正しいものは(1)になる。

例題 3 図の水管内を水が充満して流れている。点Aでは管の内径 2.5 [m] で，これより 30 [m] 低い位置にある点Bでは内径 2.0 [m] である。点Aでは流速 4.0 [m/s] で圧力は 25 [kPa] と計測されている。このときの点Bにおける流速 v [m/s] と圧力 p [kPa] に最も近い値を組み合わせたのは次のうちどれか。

なお，圧力は水面との圧力差とし，水の密度は 1.0×10^3 [kg/m³] とする。

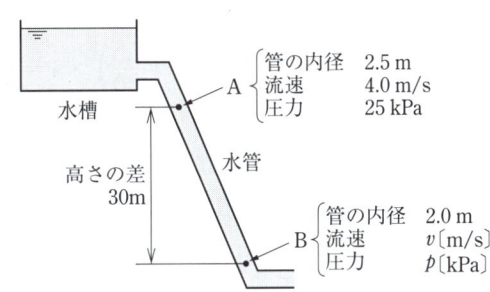

	流速 v [m/s]	圧力 p [kPa]
(1)	4.0	296
(2)	5.0	296
(3)	5.0	307
(4)	6.3	307
(5)	6.3	319

［平成18年A問題］

答 (4)

考え方 連続した流体では，ベルヌーイの定理が適用される。水管内の水についても同様で，点Aと点Bの水のもつ①速度エネルギー（$v^2/2g$），②位置エネルギー（H），③圧力エネルギー（$p/\omega g$）の合計は一定で等しくなる。

1.3 比速度とベルヌーイの定理

したがって，点 A と点 B の値に添字 $_{A, B}$ を付けて，

$$\frac{v_A{}^2}{2g}+H_A+\frac{p_A}{\omega g} = \frac{v_B{}^2}{2g}+H_B+\frac{p_B}{\omega g}$$

と表示される。

ここで，

v：速度〔m/s〕

g：重力加速度 $9.8 \, \mathrm{m/s^2}$

H：高さ〔m〕

p：圧力〔Pa〕（＝〔N/m〕）

ω：水の密度〔kg/m³〕

解き方 ベルヌーイの定理を適用すると点 A において，

$$\frac{v_A{}^2}{2g}+H_A+\frac{p_A}{\omega g} = \frac{4^2}{2\times9.8}+30+\frac{25\times10^3}{1\,000\times9.8} = 33.37 \,〔\mathrm{m}〕$$

点 B において，点 A に比べ管の内径が 2.5 m→2.0 m に細くなっているので，流量は点 A と点 B で同じなので，流速 v_B は管の断面積に反比例するから，

$$v_B = \frac{\pi\left(\frac{2.5}{2}\right)^2}{\pi\left(\frac{2.0}{2}\right)^2}v_A = \left(\frac{2.5}{2.0}\right)^2\times4 = \left(\frac{5}{4}\right)^2\times4 = \frac{25}{4}$$

$$= 6.25 ≒ 6.3 \,〔\mathrm{m/s}〕$$

となる。これをもとに点 B にベルヌーイの定理を適用すると，

$$\frac{v_B{}^2}{2g}+H_B+\frac{p_B}{\omega g} = \frac{6.25^2}{2\times9.8}+0+\frac{p_B}{1\,000\times9.8}$$

$$= 1.993+\frac{p_B}{9.8\times10^3} = 33.37 \,（点 A と同じ）$$

となる。これより，

$$p_B = (33.37-1.993)\times9.8\times10^3 = 307\times10^3 \,〔\mathrm{Pa}〕 = 307 \,〔\mathrm{kPa}〕$$

となる。

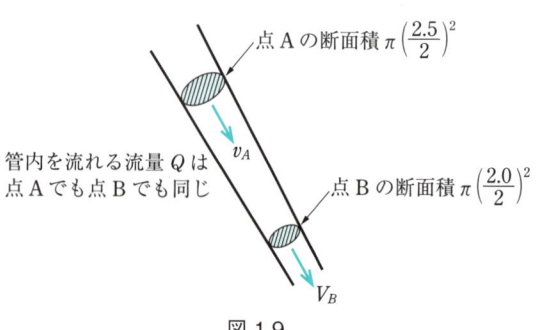

図 1.9

1.4 水力発電所の運転

例題 1

水車におけるキャビテーションとは，流水に触れる機械部分の表面やその表面近くに（ア）が発生することである。キャビテーションが発生すると，水が蒸発し，空気が遊離してあわを生じる。このあわは流水とともに流れるが，圧力の（イ）ところに出会うと急激に（ウ）して大きな衝撃力を生じ，流水に接する金属面を壊食したり，振動や騒音を発生させ，また，（エ）を低下させる。キャビテーションの発生を防止するため，（オ）水車では吸出し高さを適切に選定する必要がある。

上記の記述中の空白箇所（ア），（イ），（ウ），（エ）及び（オ）に記入する語句として，正しいものを組み合わせたのは次のうちどれか。

	（ア）	（イ）	（ウ）	（エ）	（オ）
(1)	空洞	高い	崩壊	効率	反動
(2)	きれつ	低い	結合	回転速度	衝動
(3)	空洞	低い	崩壊	効率	衝動
(4)	きれつ	高い	結合	効率	衝動
(5)	空洞	低い	結合	回転速度	反動

［平成13年A問題］

答　(1)

考え方　キャビテーションの意味を理解し，キャビテーションの発生とキャビテーションの悪影響，キャビテーションの防止対策などを整理しておこう。

解き方　キャビテーションとは水車に水が流れると，流水の速度が速い部分においては水圧が低下し水中に含まれていた空気の気泡ができる。これが水車の流速の低い部分で水圧が高くなり，この気泡が次々と押しつぶされ，水車全体に振動や騒音を伴うハンマリングやランナ表面など各部の侵食を発生させる現象である。キャビテーションを生じると効率も低下することになる。

キャビテーションの防止には反動水車では吸出高さを大きくし過ぎない適切な高さとする。

例題2

フランシス水車の吸出し管は，水車ランナと (ア) 面との間の (イ) を有効に利用して，ランナから放出する水の運動エネルギーを (ウ) エネルギーとして回収する目的で設置されている。

上記の記述中の空白箇所（ア），（イ）および（ウ）に記入する字句として，正しいものを組み合わせたのは次のうちどれか。

	（ア）	（イ）	（ウ）
(1)	取水	損失	位置
(2)	放水	落差	位置
(3)	取水	損失	圧力
(4)	放水	損失	圧力
(5)	放水	落差	圧力

[平成9年A問題]

答 (2)

考え方　反動水車のフランシス水車やプロペラ水車，斜流水車ではランナ出口から放水路までに吸出管（draft tube）を設置している。吸出管は水のもつエネルギーを有効に回収するものである。

解き方　吸出管は反動水車特有の設備であり，図1.10に示すように，水車ランナ出口から放出路までに設置されるラッパ状の管である。

吸出管は，水車ランナから放出する水の運動（速度）エネルギーを位置エネルギーとして回収するもので，放水面からランナ出口までの高さを吸出高さという。理論的には約10 mまで高くできるが，キャビテーションの対応などとして通常6～7 m程度であり，比速度が大きな水車では1～2 m程度にされる。

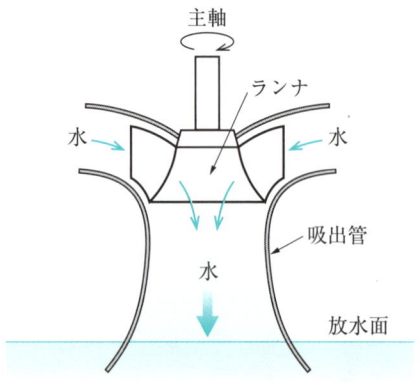

図1.10　吸出管

1.5 水力発電所の出力計算

例題 1

最大使用水量 15〔m³/s〕，総落差 110〔m〕，損失落差 10〔m〕の水力発電所がある。年平均使用水量を最大使用水量の 60〔%〕とするとき，この発電所の年間発電電力量〔GW·h〕の値として，最も近いのは次のうちどれか。ただし，発電所総合効率は 90〔%〕一定とする。

(1) 7.1　(2) 70　(3) 76　(4) 84　(5) 94

［平成 14 年 A 問題］

答 (2)

考え方

水力発電所の出力 P〔kW〕は，
$$P = 9.8\,QH\eta\ \text{〔kW〕}$$
で示される。

ここで，
Q：水量〔m³/s〕
H：有効落差〔m〕
η：発電所総合効率

これが 1 時間で発電電力量〔kW·h〕になり，さらに 1 日が 24 時間なので，1 年間では，これを 365 倍することになる。

なお，設問では有効落差 H〔m〕は総落差 110 m から損失落差 10 m を引いた 100 m となることに注意する。

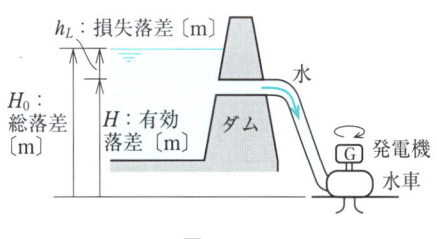

図 1.11

解き方

水力発電所の出力 P〔kW〕は，
$$P = 9.8\,QH\eta\ \text{〔kW〕}$$
である。また，年平均使用水量は最大使用水量の 60 % であり，年間発

電電力量 P〔kW·h〕は，
$$P = 9.8\,QH\eta \times 0.6 \times 24 \times 365$$
$$= 9.8 \times 15 \times (110-10) \times 0.9 \times 0.6 \times 24 \times 365$$
$$= 69.5 \times 10^6 \,〔kW·h〕 \fallingdotseq 70\,〔GW·h〕$$
（注：$\underset{キロ}{k}$：10^3，$\underset{メガ}{M}$：10^6，$\underset{ギガ}{G}$：10^9 である）

例題 2

貯水池の最高水位は標高 233〔m〕，最低水位は標高 152〔m〕，反動水車ランナの中心の標高は 13〔m〕，放水口の水位は標高 8〔m〕のダム式水力発電所がある。この発電所の最高水位と最低水位における最大発電力の差として正しいのは次のうちどれか。ただし，発電所の最高水位における水車の最大使用水量は 10〔m³/s〕，水車・発電機の総合効率は常に 80〔％〕，損失水頭は無視するものとし，また，放水口水位は流量によって変わらないものとする。なお，流量は，有効落差の 1/2 乗に比例するものとする。

(1) 3 500〔kW〕 (2) 7 300〔kW〕 (3) 8 600〔kW〕
(4) 9 100〔kW〕 (5) 17 600〔kW〕

〔平成 6 年 B 問題〕

答 (3)

考え方　水力発電所の出力 P〔kW〕は，
$$P = 9.8\,QH\eta\,〔kW〕$$
で示される。
　ここで，
　Q：流量〔m³/s〕
　H：有効落差〔m〕
　η：効率
　ダムから放出される水量 Q〔m³/s〕は，
$$Q = \sqrt{2gH}$$
で示され，有効高さの 1/2 乗に比例する。
　水力発電所の出力 P は，
$$P \propto \sqrt{H} \cdot H$$
$$P \propto H^{3/2}$$
となり，有効落差 H の 3/2 乗に比例する。
　また，ランナ中心標高と放水口の水位の差は，吸出管で回収される。

解き方　流量 Q〔m³/s〕は，有効落差 H の 1/2 乗に比例する。
　最高水位時の有効落差 H_h〔m〕は，$H_h = 233 - 8 = 225$〔m〕，最低水位時の有効落差 H_l〔m〕は，$H_l = 152 - 8 = 144$〔m〕である。

したがって，最高水位時の出力 P_h 〔kW〕は，
$$P_h = 9.8\,Q_h H_h \eta = 9.8 \times 10 \times 225 \times 0.8 = 17\,640 \text{ 〔kW〕}$$
また，最低水位時の流量 Q_l 〔m³/s〕は，
$$Q_l = Q_h \sqrt{\frac{H_l}{H_h}} = 10 \times \sqrt{\frac{144}{255}} = 10 \times \frac{12}{15} = 8 \text{ 〔m}^3\text{/s〕}$$
だから，最低水位時の出力 P_l 〔kW〕は，
$$P_l = 9.8\,Q_l H_l \eta = 9.8 \times 8 \times 144 \times 0.8 = 9\,032 \text{ 〔kW〕}$$
したがって，最高水位と最低水位における最大電力の差 ΔP は，
$$\Delta P = P_h - P_l = 17\,640 - 9\,032 = 8\,608 \fallingdotseq 8\,600 \text{ 〔kW〕}$$
となる。

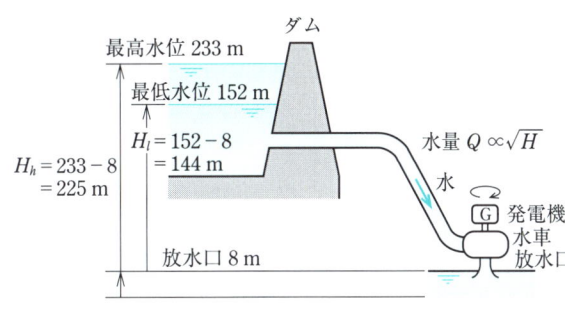

図 1.12

例題 3

速度調定率 4〔％〕の水車発電機が系統に並列され，定格出力 100〔MW〕，定格周波数 60〔Hz〕で運転している。系統周波数が 60.2〔Hz〕に急上昇したときの発電機出力〔MW〕の値として，正しいのは次のうちどれか。

ただし，速度調定率は次式で表される。

$$\text{速度調定率} = \frac{\dfrac{n_2 - n_1}{n_n}}{\dfrac{P_1 - P_2}{P_n}} \times 100 \text{ 〔％〕}$$

P_1：ある出力　　　n_1：出力 P_1 における回転速度
P_2：変化後の出力　n_2：出力変化後の回転速度
P_n：定格出力　　　n_n：定格回転速度

(1) 88　(2) 92　(3) 100　(4) 108　(5) 115

〔平成 11 年 B 問題類似〕

答 (2)

考え方　水車発電機の出力を変化させたとき，回転速度の変化の特性を示すものが速度調定率 δ であり，次式で示される。

$$\delta = \frac{\dfrac{n_2 - n_1}{n_n}}{\dfrac{P_1 - P_2}{P_n}} \times 100 \ [\%]$$

水車発電機は負荷が急増すれば回速速度が低下し，負荷が急減すれば回転速度が増加する。

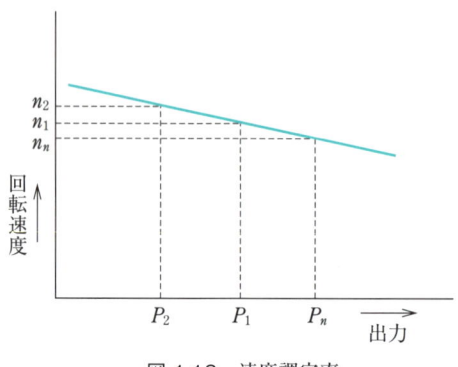

図 1.13　速度調定率

解き方　水車発電機は電力系統に接続され運転しているが，送電線事故などにより，負荷の急減，急増が起こる。これにより水車発電機の回転数（周波数）の上昇，下降を生じることになる。この割合を示すものに速度調定率が用いられる。速度調定率 δ は，

$$\delta = \frac{\dfrac{n_2 - n_1}{n_n}}{\dfrac{P_1 - P_2}{P_n}} \times 100 \ [\%]$$

である。なお，通常運転中の部分負荷 P_1 〔kW〕での回転速度 n_1 は同期発電機なので定格回転数 $n_n = 60$ 〔Hz〕と等しい。したがって，

$$\delta = \frac{\dfrac{n_2 - n_1}{n_n}}{\dfrac{P_n - P_2}{P_n}} \times 100 = \frac{\dfrac{60.2 - 60}{60}}{\dfrac{100 - P_2}{100}} \times 100 = 4$$

これから，

$$4 \times (100 - P_2) = (60.2 - 60) \times \frac{1\,000}{6}$$

$$P_2 = -\frac{200}{6 \times 4} + 100 = 91.7 \fallingdotseq 92 \ [\text{MW}]$$

1.6 揚水発電所の出力計算

発電電動機1台の揚水発電所があり，揚水運転しているとき，上池水位が標高1 300〔m〕，下池水位が標高810〔m〕で発電電動機入力が300〔MW〕である。このときの揚水量〔m³/s〕の値として，正しいのは次のうちどれか。ただし，ポンプ効率は85〔%〕，電動機効率は98〔%〕，損失水頭は10〔m〕とする。

(1) 20　　(2) 31　　(3) 51　　(4) 60　　(5) 71

[平成10年B問題]

答　(3)

考え方　揚水発電所の発電時の式は，発電出力を P_o〔kW〕とすると，

$$P_o = 9.8\,Q(H_0 - h_L)\eta$$

で示される。

ここで，

Q：水量〔m³/s〕

H_0：総落差〔m〕

h_L：損失落差〔m〕

η：水車・発電機効率

一方，揚水をして水を下池から上池に上げるときは水車発電機をポンプとして使用する。この発電電動機の入力 P_i〔kW〕は，

$$P_i = \frac{9.8Q(H_0 + h_L)}{\eta}$$

で示される。

ここで，

Q：揚水量〔m³/s〕

H_0：総落差

h_L：損失落差（損失水頭）

揚水発電 P_o < 電動発電機の入力 P_i となる。

解き方 発電電動機の入力 P_i〔kW〕の式を変形して揚水量 Q〔m³/s〕を示す式を求めると，

$$Q = \frac{\eta \cdot P_i}{9.8(H_0 + h_L)}$$

となる。この式に数値を代入して，

$$Q = \frac{0.85 \times 0.98 \times 300 \times 10^3〔kW〕}{9.8 \times (1\,300 - 810 + 10)} = 51〔m^3/s〕$$

となる。なお，効率 η はポンプ効率 η_P と電動機効率 η_M の積として，

$$\eta = \eta_P \cdot \eta_M$$

になる。

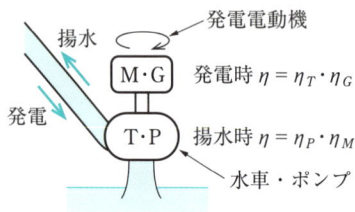

図 1.14　揚水発電

例題 2　上池と下池の水面の標高差が 150 m の揚水式発電所がある。水圧管のこう長は 210 m，水圧管の損失落差は揚水及び発電の場合とも水圧管こう長の 2.38%，ポンプ及び水車の効率は 85%，電動機及び発電機の効率は 98% とすれば，揚水に費やした電力の何パーセントの発電ができるか。正しい値を次のうちから選べ。ただし，揚水量〔m³/s〕と使用水量〔m³/s〕は等しいものとする。

(1)　64.9　　(2)　67.1　　(3)　69.4　　(4)　71.8　　(5)　77.9

〔平成 5 年 B 問題〕

答　(1)

考え方　揚水発電では，揚水に使用した電力 P_i〔kW〕が揚水発電電力 P_o〔kW〕より大きくなる。この要因は，式に示すように発電時は有効落差が小さくなり，揚水時は，有効落差に損失落差（損失水頭）を加えた高さまで水を上げるためである。また，発電効率および揚水効率が 1 より小さいため，揚水に必要な電力のほうが，発電電力より大きくなる。式で示すと，以下のようになる。

（揚水発電電力） $P_o = 9.8\,QH\eta = 9.8\,Q(H_0 - h_L)\eta_T \cdot \eta_G$ 〔kW〕 (1)

（揚水に使用した電力） $P_i = \dfrac{9.8QH}{\eta} = \dfrac{9.8Q(H_0 + h_L)}{\eta_P \cdot \eta_M}$ 〔kW〕 (2)

ここで，
Q：水量〔m³/s〕
H_0：総落差〔m〕
h_L：損失落差〔m〕
η：効率
η_T：水車効率
η_G：発電機効率
η_P：ポンプ効率
η_M：電動機効率

解き方

式(1)，(2)に示すように，揚水に要する電力 P_i〔kW〕と揚水発電 P_o〔kW〕の比は，

$$\dfrac{P_o}{P_i} = \dfrac{9.8Q(H_0 - h_L)\cdot \eta_T \cdot \eta_G}{\dfrac{9.8\,Q(H_0 + h_L)}{\eta_P \cdot \eta_M}}$$

$$= \dfrac{(H_0 - h_L)}{(H_0 + h_L)} \eta_T \cdot \eta_G \cdot \eta_P \cdot \eta_M \times 100 \ 〔\%〕$$

で表される。

ここで，題意により損失水頭 $h_L = 210 \times 2.38 \times 0.01 = 5.0$〔m〕，$\eta_T = \eta_P = 0.85$，$\eta_G = \eta_M = 0.98$ なので数値を代入すると，

$$\dfrac{P_o}{P_i} = \dfrac{150 - 5}{150 + 5} \times 0.85 \times 0.98 \times 0.85 \times 0.98 \times 100$$

$$= 64.9 \ 〔\%〕$$

となる。

第1章 章末問題

1-1 水力発電所において，事故等により負荷が急激に減少すると，水車の回転速度は （ア） し，それに伴って発電機の周波数も変化する。周波数を規定値に保つため，（イ） が回転速度の変化を検出して，（ウ） 水車ではニードル弁，（エ） 水車ではガイドベーンの開度を加減させて水車の （オ） 水量を調整し，回転速度を規定値に保つ。

上記の記述中の空白箇所（ア），（イ），（ウ），（エ）及び（オ）に記入する語句として，正しいものを組み合わせたのは次のうちどれか。

	（ア）	（イ）	（ウ）	（エ）	（オ）
(1)	上昇	調速機	ペルトン	フランシス	流入
(2)	下降	調整機	プロペラ	ペルトン	流入
(3)	上昇	調整機	ペルトン	プロペラ	流出
(4)	下降	調速機	ペルトン	フランシス	流出
(5)	上昇	調速機	プロペラ	ペルトン	流出

［平成17年A問題］

1-2 流域面積200〔km²〕，年間降雨量1 800〔mm〕の地点に貯水池を有する水力発電所がある。流出係数70〔％〕とした場合の年間発生電力量〔MW·h〕はいくらか。正しい値を次のうちから選べ。ただし，この発電所の有効落差は120〔m〕，発電所総合効率は85〔％〕で不変とし，貯水池で無効放流及び河川維持のための放流はないものとする。

(1) 7.0×10^6　(2) 7.0×10^4　(3) 6.0×10^4　(4) 7.0　(5) 6.0

［平成8年B問題］

1-3 各種水車の適用落差を高い順に示してあるものとして，正しいのはどれか。次のうちから選べ。

(1) ペルトン水車→フランシス水車→チューブラ水車→カプラン水車
(2) ペルトン水車→フランシス水車→カプラン水車→チューブラ水車
(3) フランシス水車→カプラン水車→ペルトン水車→チューブラ水車
(4) フランシス水車→ペルトン水車→カプラン水車→チューブラ水車
(5) カプラン水車→フランシス水車→チューブラ水車→ペルトン水車

［予想問題］

1-4 次の文章は，水車に関する記述である。

衝動水車は，位置水頭を　(ア)　に変えて，水車に作用させるものである。この衝動水車は，ランナ部で　(イ)　を用いないので，　(ウ)　水車のように，水流が　(エ)　を通過するような構造が可能となる。

上記の記述中の空白箇所（ア），（イ），（ウ）及び（エ）に当てはまる語句として，正しいものを組み合わせたのは次のうちどれか。

	（ア）	（イ）	（ウ）	（エ）
(1)	圧力水頭	速度水頭	フランシス	空気中
(2)	圧力水頭	速度水頭	フランシス	吸出管中
(3)	速度水頭	圧力水頭	フランシス	吸出管中
(4)	速度水頭	圧力水頭	ペルトン	吸出管中
(5)	速度水頭	圧力水頭	ペルトン	空気中

[平成 22 年 A 問題]

1-5 水力発電所の水圧管内における単位体積あたりの水が保有している運転エネルギー〔J/m³〕を表す式として，正しいのは次のうちどれか。

ただし，水の速度は水圧管の同一断面において管路方向に均一とする。また，ρ は水の密度〔kg/m³〕，v は水の速度〔m/s〕を表す。

(1) $\frac{1}{2}\rho^2 v^2$　(2) $\frac{1}{2}\rho^2 v$　(3) $2\rho v$　(4) $\frac{1}{2}\rho v^2$　(5) $\sqrt{2}\rho v$

[平成 11 年 A 問題]

1-6 水力発電に関する記述として，誤っているのは次のうちどれか。

(1) 水管を流れる水の物理的性質を示す式として知られるベルヌーイの定理は，力学的エネルギー保存の法則に基づく定理である。

(2) 水力発電所には，一般的に短時間で起動・停止ができる，耐用年数が長い，エネルギー変換効率が高いなどの特徴がある。

(3) 水力発電は昭和 30 年代前半までわが国の発電の主力であった。現在では，国産エネルギー活用の意義があるが，発電電力量の比率が小さいため，水力発電の電力供給面における役割は失われている。

(4) 河川の 1 日の流量を年間を通して流量の多いものから順番に配列して描いた流況曲線は，発電電力量の計画において重要な情報となる。

(5) 水力発電所は落差を得るための土木設備の構造により，水路式，ダム式，ダム水路式に分類される。

[平成 20 年 A 問題]

1-7 図において，基準面から h_1〔m〕の高さにおける水管中の流速を v_1〔m/s〕，圧力を p_1〔Pa〕，水の密度を ρ〔kg/m³〕とすれば，質量 m〔kg〕の流水が持っているエネルギーは，位置エネルギー mgh_1〔J〕，運動エネルギー （ア）〔J〕及び圧力によるエネルギー （イ）〔J〕である。これらのエネルギーの和は，エネルギー保存の法則により，最初に水が持っていた （ウ） に等しく，高さや流速が変化しても一定となる。これを （エ） という。ただし，管路には損失がないものとする。

上記の記述中の空白箇所（ア），（イ），（ウ）及び（エ）に記入する語句又は式として，正しいものを組み合わせたのは次のうちどれか。

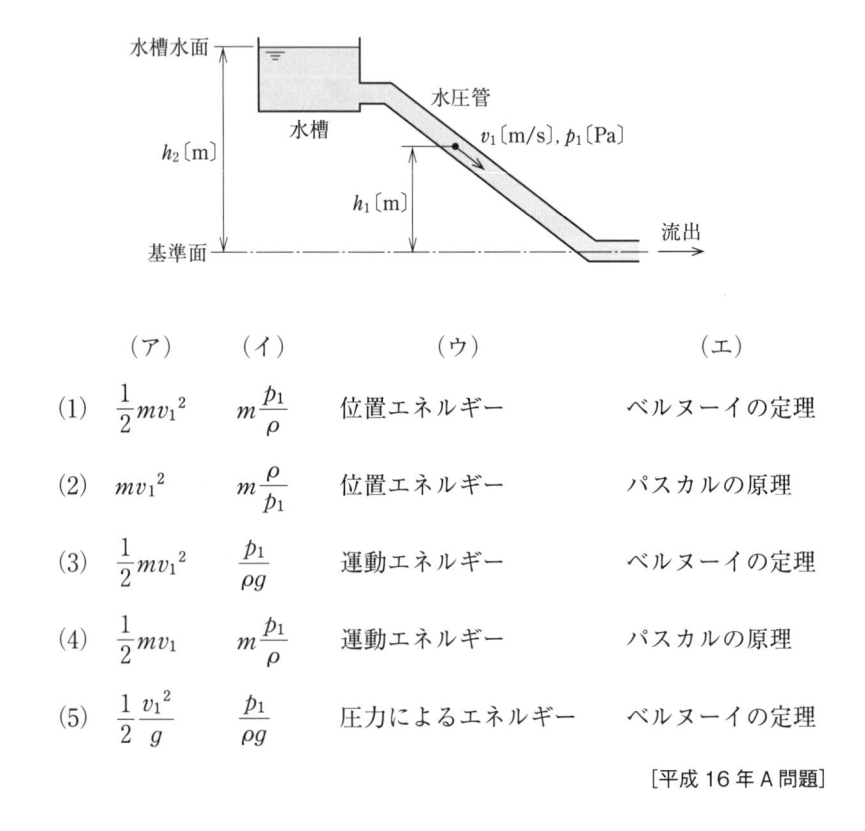

	（ア）	（イ）	（ウ）	（エ）
(1)	$\frac{1}{2}mv_1^2$	$m\frac{p_1}{\rho}$	位置エネルギー	ベルヌーイの定理
(2)	mv_1^2	$m\frac{\rho}{p_1}$	位置エネルギー	パスカルの原理
(3)	$\frac{1}{2}mv_1^2$	$\frac{p_1}{\rho g}$	運動エネルギー	ベルヌーイの定理
(4)	$\frac{1}{2}mv_1$	$m\frac{p_1}{\rho}$	運動エネルギー	パスカルの原理
(5)	$\frac{1}{2}\frac{v_1^2}{g}$	$\frac{p_1}{\rho g}$	圧力によるエネルギー	ベルヌーイの定理

［平成16年A問題］

1-8 水力発電に関する記述として，誤っているのは次のうちどれか。

(1) 水車発電機の回転速度は，汽力発電と比べて小さいため，発電機の磁極数は多くなる。

(2) 電圧の大きさや周波数は，自動電圧調整器と調速機を用いて制御される。

(3) 発電電圧は，主変圧器で昇圧し送電される。この変圧器には発電機側にY結線，系統側にΔ結線のものが多く用いられる。

(4) ペルトン水車は，水の衝撃力で回転する衝動水車の一つである。
(5) カプラン水車は，プロペラ水車の一種で，流量に応じて羽根の角度を調整することで部分負荷での効率の低下が少ない。

[平成 19 年 A 問題]

1-9　定格出力 1 000〔MW〕，速度調定率 5〔％〕のタービン発電機と，定格出力 300〔MW〕，速度調定率 3〔％〕の水車発電機が電力系統に接続されており，タービン発電機は 100〔％〕負荷，水車発電機は 80〔％〕負荷をとって，定格周波数（50〔Hz〕）にて並列運転中である。

負荷が急変し，タービン発電機の出力が 600〔MW〕で安定したとき，次の(a)及び(b)に答えよ。

(a) このときの系統周波数〔Hz〕の値として，最も近いのは次のうちどれか。

ただし，ガバナ特性は直線とする。なお，速度調定率は次式で表される。

$$速度調定率 = \frac{\frac{n_2 - n_1}{n_n}}{\frac{P_1 - P_2}{P_n}} \times 100 〔\%〕$$

P_1：初期出力〔MW〕　　　n_1：出力 P_1 における回転速度〔min^{-1}〕
P_2：変化後の出力〔MW〕　n_2：変化後の出力 P_2 における回転速度〔min^{-1}〕
P_n：定格出力〔MW〕　　　n_n：定格回転速度〔min^{-1}〕

(1) 49.5　(2) 50.0　(3) 50.3　(4) 50.6　(5) 51.0

(b) このときの水車発電機の出力〔MW〕の値として，最も近いのは次のうちどれか。

(1) 40　(2) 80　(3) 100　(4) 120　(5) 180

[平成 19 年 B 問題]

1-10　上池と下池の水面の標高差が 200 m，揚水量 100 m^3/s の揚水式発電所がある。水圧管のこう長は 210 m，水圧管の損失落差は揚水および発電の場合とも水圧管こう長の 2.38％，ポンプおよび水車の効率は 85％，電動機および発電機の効率は 98％ とすれば

(a) 揚水に必要な電力〔MW〕として正しい値を次のうちから選べ。

(1) 182　(2) 211　(3) 241　(4) 262　(5) 287

(b) 発電ができる電力〔MW〕として正しい値を次のうちから選べ。ただし，揚水量〔m³/s〕と発電用水量〔m³/s〕は等しいものとする。

(1) 87　　(2) 98　　(3) 118　　(4) 132　　(5) 159

［平成 5 年 B 問題類似］

1-11　発電電動機 1 台の揚水発電所があり，揚水運転しているとき，上池水位が標高 1 300 m，下池水位が標高 810 m で発電電動機入力が 300 MW である。

(a) このときの揚水量〔m³/s〕の値として，正しいのは次のうちどれか。ただし，ポンプ効率は 85%，電動機効率は 98%，損失水頭は 10 m とする。

(1) 20　　(2) 31　　(3) 51　　(4) 60　　(5) 71

(b) また，この水を使用して発電できる出力 P〔MW〕として，正しいのは次のうちどれか。ただし水車効率は 85%，発電機効率は 98%，損失水頭は 10 m とする。

(1) 110　　(2) 140　　(3) 170　　(4) 200　　(5) 230

［平成 10 年 B 問題類似］

1-12　最大使用水量 15〔m³/s〕，総落差 110〔m〕，損失落差 10〔m〕の水力発電所がある。年平均使用水量を最大使用水量の 60〔%〕とするとき，この発電所の年間発電電力量〔GW·h〕の値として，最も近いのは次のうちどれか。ただし，発電所総合効率は 90〔%〕一定とする。

(1) 7.1　　(2) 70　　(3) 76　　(4) 84　　(5) 94

［平成 14 年 A 問題］

1-13　水力発電所において，有効落差 100〔m〕，水車効率 92〔%〕，発電機効率 94〔%〕，定格出力 2 500〔kW〕の水車発電機が 80〔%〕負荷で運転している。このときの流量〔m³/s〕の値として，最も近いのは次のうちどれか。

(1) 1.76　　(2) 2.36　　(3) 3.69　　(4) 17.3　　(5) 23.1

［平成 21 年 A 問題］

第2章

火力発電

重要事項のまとめ

1 火力発電所の設備（図2.1）

① ボイラ：燃料のLNGや重油を燃焼させ，高温・高圧（約540～600℃，約24 MPa）の蒸気をつくる。
② 蒸気タービン：ボイラで発生した蒸気によりタービン翼を回転し，直結している同期発電機を回転させる。
③ 発電機：蒸気タービンの駆動力により交流電力を発生する同期発電機。
④ 燃料タンク：LNG，重油などを貯蔵しておく地上タンク。石炭の場合は石炭ヤード。
⑤ 通風機：ボイラに燃焼用の空気を送る。
⑥ 脱硫・脱硝設備：硫黄酸化物や窒素酸化物を除去する装置。
⑦ 電気集じん器：燃焼排ガス中のばいじんを除去する。
⑧ 煙突：燃焼排ガスを拡散して放出する。

2 火力発電所の燃料

燃料	特長	発熱量
石炭	世界の埋蔵量が最も大きい。CO_2の発生が多い。発熱量が低い。	約25 MJ/kg
重油	硫黄分の低い重油が使用されるが，埋蔵量が偏在している。	約44 MJ/kg
LNG	$-162℃$に冷却し輸送，貯蔵する。クリーンでCO_2の発生やばいじんなどの発生が少ない。主成分はメタンCH_4。	44～48 MJ/m^3_N

3 ボイラの種類

① 自然循環ボイラ：ボイラ水が過熱され，比重差により水が循環して蒸気になるもの。
② 強性循環ボイラ：強性循環ポンプを設置して，水を強制的に循環して蒸気をつくる。高温高圧なボイラ。
③ 貫流ボイラ：最も高温・高圧の大形ボイラに用いられ，ドラムがない貫流形。

図2.1 石炭火力発電所

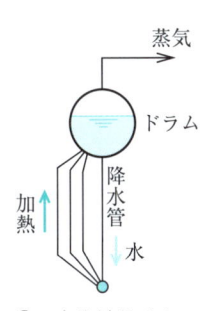

① 自然循環ボイラ

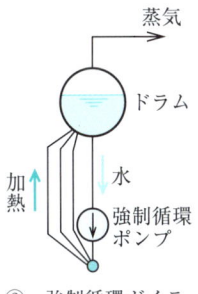

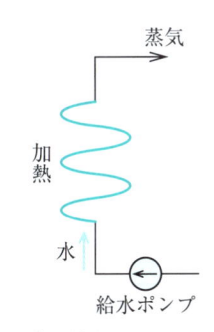

② 強制循環ボイラ

③ 貫流ボイラ

図 2.2 ボイラの種類

4 タービンの種類と特長

① 背圧タービン：タービンで仕事をした後の蒸気を工場用蒸気等に使用するもの。
② 復水タービン：タービンの後段に海水で冷却する復水器を設置したもの。蒸気が低温まで膨張できるので，タービンでの仕事量が大きくでき，効率が高い。大容量発電機に使用される。
③ 再熱タービン：タービンで仕事をした蒸気を再びボイラで再加熱してタービンで仕事をするもの。
④ 再生タービン：タービンで仕事をした蒸気の一部を抽気し，給水を暖めるもの。再熱・再生タービンは大容量機に使用される。
⑤ 抽気タービン：タービンで仕事をした蒸気の一部を抽気して工場用蒸気等に使用するもの。

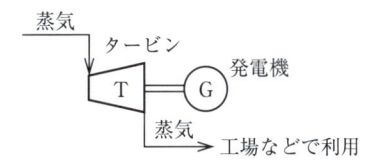

① 背圧タービン
（小容量機に使用される）

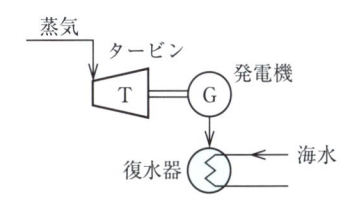

② 復水タービン
（効率が高く，大容量機に使用される）

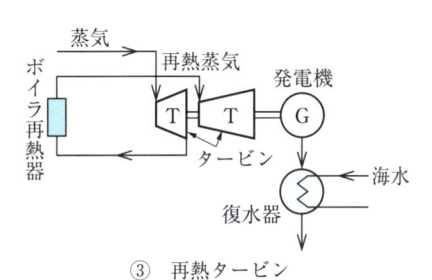

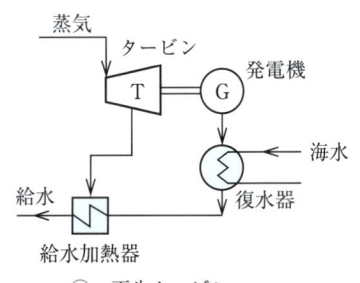

③ 再熱タービン

④ 再生タービン

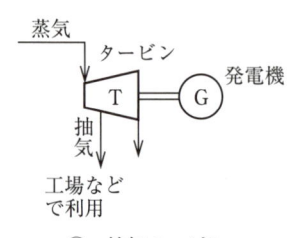

⑤ 抽気タービン

図2.3 タービンの種類

5 ランキンサイクル

火力発電の基本的サイクルで，ボイラで過熱された蒸気はタービンに入り，断熱膨張をしてタービンを駆動する。この蒸気は復水器で海水により冷され水になり，ボイラに供給される。

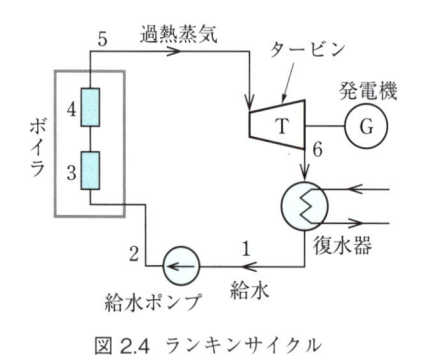

図2.4 ランキンサイクル

6 再熱再生サイクル

火力発電所の熱効率を向上させるために，タービンで仕事をした蒸気を再び過熱してタービンで仕事をさせる。また，タービンの蒸気の一部を取り出し，給水加熱をする。大形ボイラで一般的に用いられる（図2.5）。

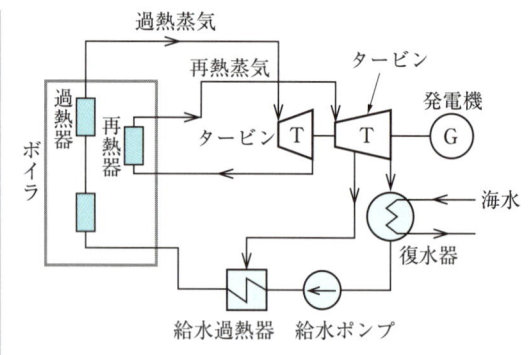

図2.5 再熱再生サイクル

7 蒸気サイクルの熱効率

ランキンサイクルの熱効率 η は図2.6において，

$$\eta = \frac{Q_1}{Q_1 + Q_2}$$

で示され，約半分の熱は海水により海へ放出される。

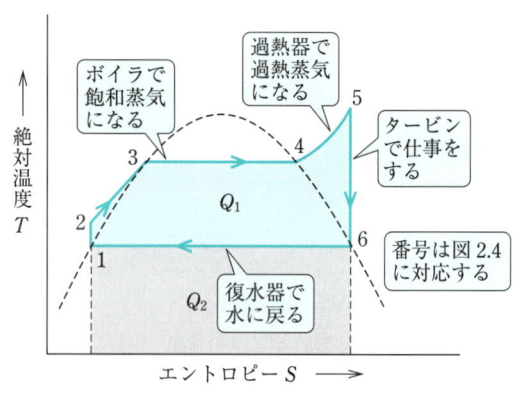

図2.6

8 コンバインドサイクル

ガスタービンと排熱回収ボイラを組み合わせたものをコンバインドサイクルという。熱効率 η は，ガスタービンの効率 η_{GT} と排熱回収ボイラにより生じた蒸気により発電する蒸気タービンの効率 η_{ST} で表すと，

$$\eta = \underbrace{\eta_{GT}}_{\text{ガスタービン効率}} + \underbrace{(1-\eta_{GT})\eta_{ST}}_{\text{ガスタービンの排熱からの回収}}$$

となる。ガスタービンと，汽力発電の蒸気タービンの両方で発電できるので熱効率が50％以上になる。

9 熱効率（図2.8）

① ボイラ効率 η_B （約70～90％：排ガス損失など10～15％あり）

$$\eta_B = \frac{\text{ボイラから出た蒸気の熱量}}{\text{ボイラ入熱}}$$

$$= \frac{(h_s - h_w)Z}{HB} \,〔\%〕$$

ここで，

h_s, h_w〔kJ/kg〕：蒸気，水のエンタルピー
Z〔kg/h〕：蒸気発生量
H〔kJ/kg〕：燃料の発熱量
B〔kg/h〕：燃料使用量

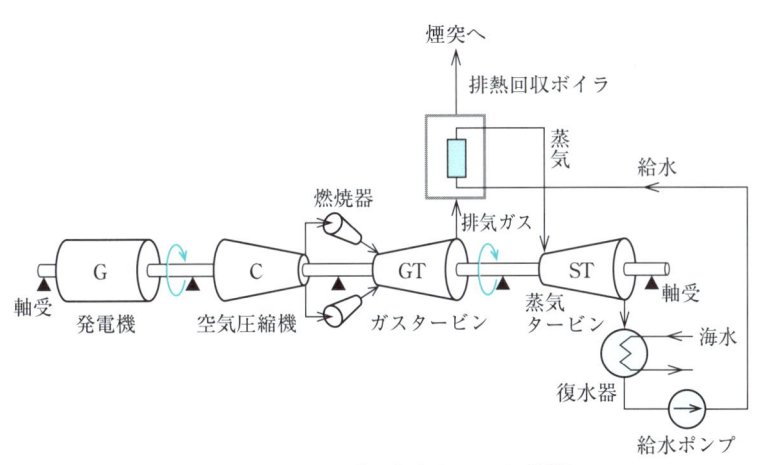

図2.7 コンバインドサイクル（1軸形）

効率 $\eta = \eta_B \cdot \eta_T \cdot \eta_G$

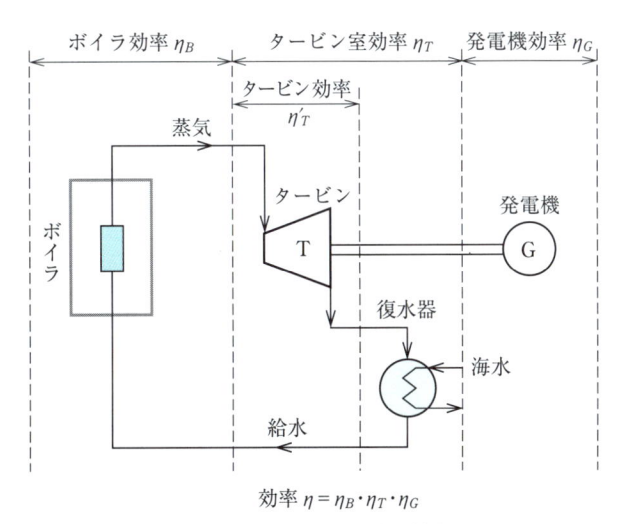

図2.8 火力発電所の効率

② タービン効率 η_T'（タービン単体の効率で約 70〜80 % と高い）

$$\eta_T' = \frac{\text{タービン出力}\ P'\ [\text{J}]}{\text{タービンで仕事をした蒸気熱量}\ Q\ [\text{J}]}$$

③ タービン室効率 η_T（復水器まで含めた効率で約 35〜45 % と低い）

$$\eta_T = \frac{\text{タービン出力}\ P'\ [\text{J}]}{\text{タービンに入った蒸気熱量}\ Q'\ [\text{J}]}$$

④ 発電機効率 η_G（約 95%）

$$\eta_G = \frac{\text{発電機出力}\ P\ [\text{W}\cdot\text{s}]}{\text{タービン出力}\ P'\ [\text{J}]}$$

⑤ 発電端効率 η（約 35〜40 %）

$$\eta = \eta_B \cdot \eta_T \cdot \eta_G = \frac{3\,600P \times 10^3}{HB}\ [\%]$$

⑥ 送電端熱効率 η'（約 33〜39 %）

$$\eta' = (1-L)\eta$$

L：所内率（約 3〜6 %）

10 熱効率の向上対策

① 蒸気温度と圧力を高くする。
② 再熱・再生サイクルを採用する
③ ボイラの排ガスで給水を加熱する節炭器を設置する。
④ ボイラの排ガスで燃焼用空気を予熱する空気予熱器を設置する。
⑤ 復水器の真空度を向上させる。
⑥ 高温・高圧のコンバインドサイクルを採用する。

11 発電所の環境対策（図 2.9）

① 硫黄酸化物：脱硫装置の設置や低硫黄燃料（低 S 重油，LNG 等）の使用
② 窒素酸化物：
　a. 二段燃焼や低 NO_x バーナの採用
　b. アンモニア脱硝装置の設置
③ ばいじん：機械的，電気式集じん装置の設置
④ 高煙突や集合煙突の設置

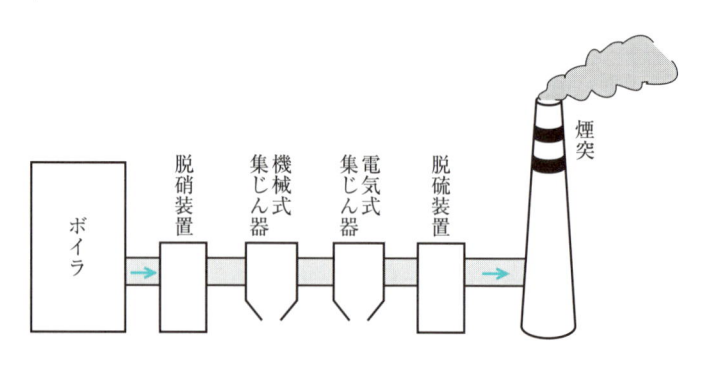

図 2.9 環境設備

12 タービン発電機の特長と運転（図2.10）

	火力（タービン）発電機	水車発電機
回転子	円筒形	突極型
磁極数	2または4極	10極以上
回転速度	高速 (3 000〜3 600 rpm)	低速 (数百 rpm)
短絡比	0.5〜0.8	0.8〜1.2

13 各種発電方式

① 燃料電池：水素を酸素で燃焼すると，

$$H_2 + \frac{1}{2}O_2 \rightarrow H_2O$$

となり，水を生じる。このとき，電気を取り出せる。クリーンエネルギーである。

② 太陽光発電：半導体のpn接合面に光を当て電気を得るもの。半導体としては単結晶，アモルファスシリコンなどがある。

③ 地熱発電：地中の高温蒸気を取り出しタービンを回し発電する。出力は数百〜6万kW程度。

④ 風力発電：風力によりプロペラを回転させ発電する。出力は数百kW/台程度。発電電力は風速の3乗に比例する。

⑤ バイオマス発電：CO_2の発生を抑えるために間伐材や廃材やとうもろこしなど農作物を燃料に変えて発電するもの。

図 2.10 発電機と励磁機

2.1 火力発電所の設備

例題1

　火力発電所において，ボイラから煙道に出ていく燃焼ガスの余熱を回収するために，煙道に多数の管を配置し，これにボイラへの (ア) を通過させて加熱する装置が (イ) である。同じく煙道に出ていく燃焼ガスの余熱をボイラへの (ウ) 空気に回収する装置が，(エ) である。

　上記の記述中の空白箇所（ア），（イ），（ウ）及び（エ）に記入する語句として，正しいものを組み合わせたのは次のうちどれか。

	（ア）	（イ）	（ウ）	（エ）
(1)	給水	再熱器	燃焼用	過熱器
(2)	蒸気	節炭器	加熱用	過熱器
(3)	給水	節炭器	加熱用	過熱器
(4)	蒸気	再熱器	燃焼用	空気予熱器
(5)	給水	節炭器	燃焼用	空気予熱器

［平成15年A問題］

答 (5)

考え方　火力発電所の主要設備は①ボイラ，②タービン，③発電機である。この3つの設備の構成や名称，部材の機能を整理しておこう。ここではボイラの燃焼排ガスの余熱を回収する空気予熱器についての設問である。ボイラで燃料を燃焼すると発生した熱は蒸発管や過熱器で蒸気に伝わるが，燃焼排ガスにはまだ利用できる余熱がある。これを回収するのが節炭器（エコノマイザー）や空気予熱器である。

解き方　ボイラの構成と燃焼ガスの流れを図2.11に示す。ボイラの炉内では1 500℃程度の燃焼ガスになり，過熱器〜再熱器出口でも約500℃程度の排ガス温度を有するので，これをボイラ給水に熱回収する節炭器とボイラへ供給する燃焼用空気に熱回収する空気予熱器で，煙突入口排ガス温度を約100℃程度にする。これらの設備により熱損失を低減している。

図2.11

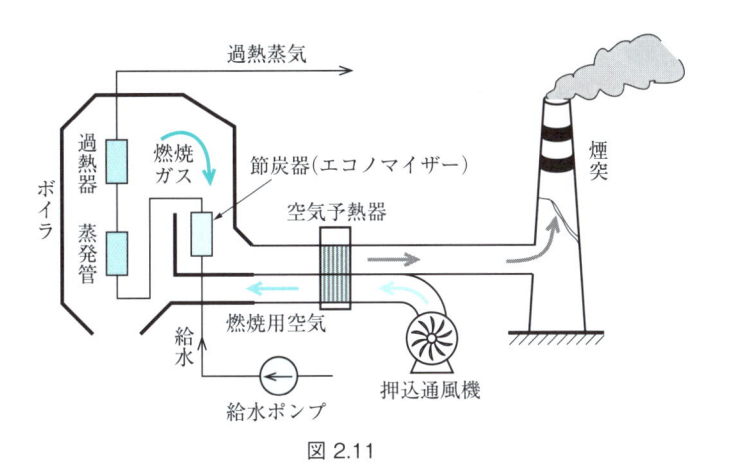

例題 2

汽力発電所の復水器はタービンの （ア） 蒸気を冷却水で冷却凝結し，真空を作るとともに復水にして回収する装置である。復水器によるエネルギー損失は熱サイクルの中で最も （イ） ，復水器内部の真空度を （ウ） 保持してタービンの （エ） を低下させることにより， （オ） の向上を図ることができる。

上記の記述中の空白箇所（ア），（イ），（ウ），（エ）及び（オ）に当てはまる語句として，正しいものを組み合わせたのは次のうちどれか。

	（ア）	（イ）	（ウ）	（エ）	（オ）
(1)	抽気	大きく	低く	抽気圧力	熱効率
(2)	排気	小さく	低く	抽気圧力	利用率
(3)	排気	大きく	低く	排気温度	利用率
(4)	抽気	小さく	高く	排気圧力	熱効率
(5)	排気	大きく	高く	排気圧力	熱効率

［平成18年A問題］

答 (5)

考え方

タービンの出力および効率を大きくするには蒸気のもつ熱エネルギーを有効に利用する必要がある。

復水器は海水を内部に通し，排気蒸気を冷却するもので，復水器を設置すると蒸気が高温・高圧→低温・低圧まで膨張でき，タービンのする仕事を大きくできる。

また，復水器内部の真空度を上げて（絶対真空760 mmHgに近い720 mmHg程度），タービン排気圧力を下げている。

なお，「汽力発電所」とは，蒸気タービンによる火力発電所で，「火力発電所」と読みかえてよい。

解き方　復水器はタービン下部に設置されタービン排気蒸気を冷却水（海水）で冷却凝縮する熱交換器で，蒸気を復水（水）にする装置である。復水器の損失は熱サイクル中で最も大きく約 50% 程度である。ボイラで燃焼した熱の半分は復水器での損失ということである。

　また，復水器内部の真空度を高く保持し，タービンの排気圧力を低下し蒸気のもつ熱エネルギーを最大限にタービン仕事に利用し，熱効率を向上している。

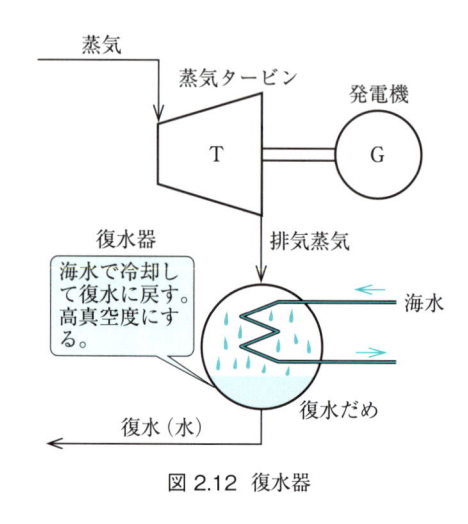

図 2.12　復水器

2.2 ボイラの種類と特長

例題 1

汽力発電所における強制循環ボイラの自然循環ボイラと比較した特徴として，誤っているのは次のうちどれか。
(1) 水の循環が一様であるから，蒸発水管各部の熱負荷を均一にすることができる。
(2) 蒸発水管の径を小さくすることができる。
(3) 始動・停止時間が長い。
(4) 事故時に火炉を急速に冷却することができるので，復旧のための炉内作業が早くできる。
(5) ボイラの高さを低くすることができる。

[平成6年A問題]

答 (3)

考え方　小形ボイラでは蒸気温度も圧力も低く，自然循環ボイラでよいが，蒸気温度・圧力が高くなると，水と蒸気の比重差が少なくなり，自然循環ができにくくなる。このため，強制循環ポンプを設置し強制的に水を循環するものが強制循環ボイラである。強制循環ボイラのほうが蒸気温度・圧力ともに高いので，発電機出力600 MW程度の大形ボイラに用いられ，効率も高くなる。

解き方　(1)～(5)について述べると次のようになる。
(1) 強制循環ポンプを付けることにより，蒸発水管各部の熱負荷を均一にできる。
(2) 水を強制的に多く流せるので，同一容量であれば蒸発管の径を小さくできる。
(3) 強制循環ポンプにより始動・停止時間は短くできる。
(4) 火炉を急速に冷やすことも可能となり，炉内に早く立ち入ることができる。
(5) ボイラの熱負荷を大きくできるので，同一容量ではボイラ高さを低く小形にできる。
　したがって，誤りは(3)となる。

2.3 蒸気タービンの種類と特長

例題1

蒸気の使用状態による蒸気タービンの分類に関する記述として，誤っているのは次のうちどれか。
(1) 復水タービン：タービンの排気を復水器で復水にさせて高真空を得ることにより，蒸気をタービン内で十分低圧まで膨張させるタービン。
(2) 背圧タービン：タービンで仕事をさせた後の排気を，工場用蒸気その他に利用するタービン。
(3) 抽気タービン：タービンの中間から膨張途中の蒸気を取り出し，工場用蒸気その他に利用するタービン。
(4) 再生タービン：タービンの中間から一部膨張した蒸気を取り出し，再加熱してタービンの低圧段に戻し，さらに仕事をさせるタービン。
(5) 混圧タービン：異なった圧力の蒸気を同一タービンに入れて仕事をさせるタービン。

[平成15年A問題]

答 (4)

考え方

蒸気タービンの分類では大きく分けて①復水器がある「復水タービン」と，②復水器のない「背圧(はいあつ)タービン」に分けられる。復水タービンは蒸気の熱エネルギーを有効に使えるので熱効率が良く，大容量発電に使用される。背圧タービンは復水器を設置しないので，小形になるが熱効率は低いため，小容量の発電設備に使用される。また，背圧タービンではタービンで仕事をした後の排気蒸気を工場などで利用することができる。

その他の分類として，③タービンは複数段の翼車が付いているが，その途中段から蒸気を取り出す「抽気タービン」。④高圧タービンの排気蒸気をボイラの再熱器に入れ再過熱して，またタービンで仕事をさせる「再熱タービン」。⑤タービンの途中段から蒸気を取り出しボイラに入る給水を加熱する「再生タービン」。⑥異なる蒸気圧がある場合はそれらは同一の蒸気タービンの各段に入れて仕事をさせる「混圧タービン」，

がある。

解き方　設問の(1)〜(5)をみると
(1) 復水タービンは復水器で蒸気をタービン内で十分低圧まで膨張させ仕事をさせる。
(2) 背圧タービンはその排気（蒸気）を工場などで利用できる。
(3) 抽気タービンも途中段から蒸気を抽気して利用する。
(4) 再生タービンは途中段の蒸気で給水を加熱するものであり，再加熱するものではない。
(5) 混圧タービンは異なる圧力の蒸気を同一タービンで使用する。
したがって，誤りは(4)である。

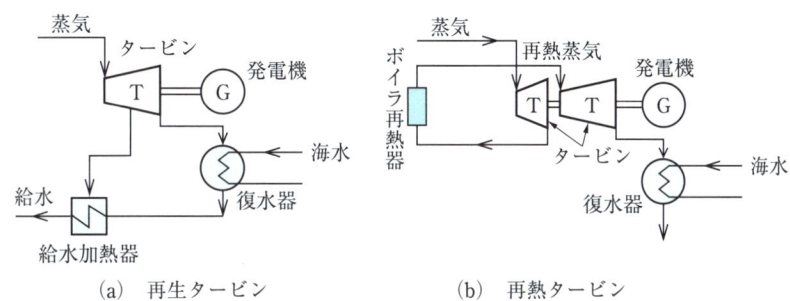

(a) 再生タービン　　　(b) 再熱タービン

図 2.13

例題 2

背圧式蒸気タービン発電装置として，使用されない機器は次のうちどれか。
(1) 復水器　　(2) 蒸気加減弁　　(3) 誘導発電機
(4) 同期発電機　(5) 調速装置

［平成10年A問題］

答　(1)

考え方　背圧タービンは図2.14に示すように復水器を設置しないで，タービンの排気蒸気を工場などで利用するもの。小形発電機に採用されている。

図 2.14

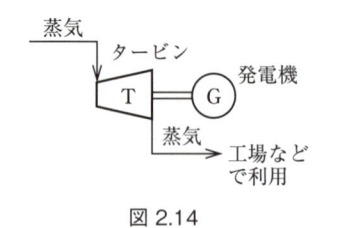

解き方　背圧式蒸気タービンとして，使用されないものは(1)の復水器であることは明白である。なお，(2)～(5)について補足説明しておく。

(2) 蒸気加減弁：発電機は通常は，自動周波数運転（AFC：Automatic Frequency Control）しており，負荷が変動するとき，負荷変動にあわせて蒸気加減弁が動作して，タービンに入る蒸気量を制御する。

(3) 誘導発電機：大容量の火力（汽力）発電機および大容量の水力発電機はすべて同期発電機であるが，小形発電機では誘導発電機を使用することがある。

(4) 同期発電機：ほとんどの火力（汽力）発電機はこの同期発電機を使用している。同期発電機は堅牢(けんろう)で，効率が良い。

(5) 調速装置：ガバナとも呼ばれ，タービン発電機の回転速度が規定値（3 000，3 600 rpm）をはずれると，その速度を検出し蒸気加減弁の開閉信号を出し，蒸気量を増減して回転速度を一定にするもの。また，負荷の増減についてもこの調速装置が蒸気加減弁の開閉信号を出し，いわばタービン回転数制御の頭脳にあたるもの。

2.4 ランキンサイクル

例題1

図は，汽力発電所の基本的な熱サイクルの過程を，体積 V と圧力 P の関係で示した P-V 線図である。

図の汽力発電の基本的な熱サイクルを　(ア)　という。A→B は，給水が給水ポンプで加圧されボイラに送り込まれる　(イ)　の過程である。B→C は，この給水がボイラで加熱され，飽和水から乾き飽和蒸気となり，さらに加熱され過熱蒸気となる　(ウ)　の過程である。C→D は，過熱蒸気がタービンで仕事をする　(エ)　の過程である。D→A は，復水器で蒸気が水に戻る　(オ)　の過程である。

上記の記述中の空白箇所（ア），（イ），（ウ），（エ）及び（オ）に当てはまる語句として，正しいものを組み合わせたのは次のうちどれか。

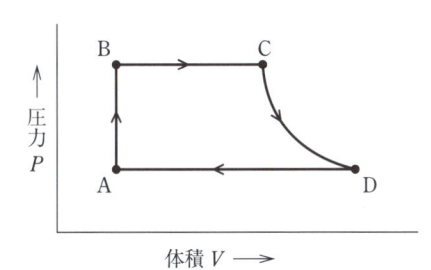

	（ア）	（イ）	（ウ）	（エ）	（オ）
(1)	ランキンサイクル	断熱圧縮	等圧受熱	断熱膨張	等圧放熱
(2)	ブレイトンサイクル	断熱膨張	等圧放熱	断熱圧縮	等圧放熱
(3)	ランキンサイクル	等圧受熱	断熱膨張	等圧放熱	断熱圧縮
(4)	ランキンサイクル	断熱圧縮	等圧放熱	断熱膨張	等圧受熱
(5)	ブレイトンサイクル	断熱圧縮	等圧受熱	断熱膨張	等圧放熱

［平成20年A問題］

答 (1)

考え方　水を加熱していくと飽和水蒸気になり，さらに過熱すると過熱蒸気になり，それぞれ水や蒸気のもつ熱エネルギー（比エンタルピー〔kJ/kg〕）が増大する。

汽力発電での基本的な熱サイクルであるランキンサイクルの T-S

（温度-エントロピー）線図や P-V（圧力-体積）線図は，見なれておこう。ランキンサイクルの構成図と P-V 線図，T-S 線図を示すと図 2.15 のようになる。

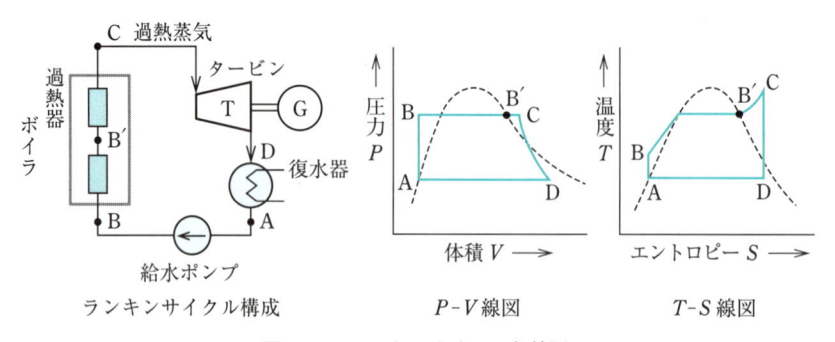

図 2.15 ランキンサイクルと線図

解き方 図中 A→B は，給水ポンプの加圧による断熱圧縮。B→C はボイラで加熱され給水から乾き飽和蒸気→過熱蒸気になる等圧受熱。C→D は過熱蒸気がタービンで仕事をする断熱膨張。D→A は復水器で蒸気が水に戻る等圧放熱である。

例題 2

ある汽力発電所において，各部の汽水の温度及び単位質量当たりのエンタルピー（これを「比エンタルピー」という）〔kJ/kg〕が，下表の値であるとき，このランキンサイクルの効率〔%〕の値として，最も近いのは次のうちどれか。

ただし，ボイラ，タービン，復水器以外での温度及びエンタルピーの増減は無視するものとする。

	温度 t〔℃〕		比エンタルピー h〔kJ/kg〕	
ボイラ出口蒸気	t_1	570	h_1	3 487
タービン排気	t_2	33	h_2	2 270
給水ポンプ入口給水	t_3	33	h_3	138

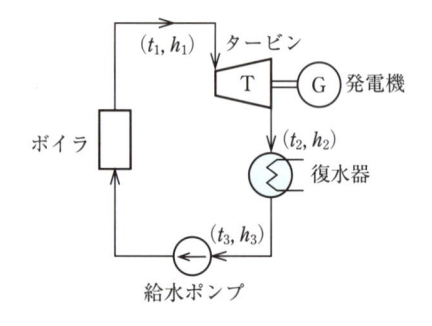

46 火力発電

(1) 34.9　　(2) 36.3　　(3) 39.1　　(4) 43.3　　(5) 53.6

[平成19年A問題]

答 (2)

考え方　水や蒸気は熱エネルギーをもっている。蒸気は高温・高圧になるほど，この熱エネルギーが大きくなる。この熱エネルギーを比エンタルピー h〔kJ/kg〕で表す。蒸気も水と同様に質量があり，水1kgは加熱すると蒸気1kgとなる。

表に示すように給水の比エンタルピー $h_3 = 138$〔kJ/kg〕がボイラ出口の蒸気 $h_1 = 3\,487$〔kJ/kg〕と約25倍の熱エネルギを持つことになる。

ランキンサイクルの効率 η は，給水ポンプでの加圧やボイラでの受熱 Q_1（$= h_1 - h_3$）とタービンでの仕事 Q_2（$= h_1 - h_2$）の比になる。給水や蒸気温度 $t_1 \sim t_3$ はすべて，比エンタルピー $h_1 \sim h_3$ に代表されている。

したがって効率 η は，

$$\eta = \frac{Q_2}{Q_1} \times 100 = \frac{h_1 - h_2}{h_1 - h_3} \times 100 〔\%〕$$

で示される。

解き方　ランキンサイクルの効率の式に数値を代入して，

$$\eta = \frac{Q_2}{Q_1} \times 100 = \frac{h_1 - h_2}{h_1 - h_3} \times 100 = \frac{3\,487 - 2\,270}{3\,487 - 138} \times 100$$

$$= \frac{1\,217}{3\,349} \times 100 = 36.3 〔\%〕$$

（参考）復水器での損失〔%〕は，

$$\eta = \frac{h_2 - h_3}{Q_1} \times 100 = \frac{2\,270 - 138}{3\,487 - 138} \times 100$$

$$= \frac{2\,132}{3\,349} \times 100 = 63.7 〔\%〕$$

と，大きな値になる。

2.5 汽力発電所の効率計算

例題1

出力 700〔MW〕で運転している汽力発電所で，発熱量 26 000〔kJ/kg〕の石炭を毎時 230〔t〕使用している。タービン室効率 47.0〔%〕，発電機効率 99.0〔%〕であるとき，次の(a)及び(b)に答えよ。

(a) 発電端熱効率〔%〕の値として，最も近いのは次のうちどれか。
　　(1) 39.6　　(2) 42.1　　(3) 44.3　　(4) 46.5　　(5) 47.5

(b) ボイラ効率〔%〕の値として，最も近いのは次のうちどれか。
　　(1) 83.4　　(2) 85.1　　(3) 88.6　　(4) 89.6　　(5) 90.6

〔平成 15 年 B 問題〕

答 (a)-(2)，(b)-(5)

考え方

ボイラの入熱 Q_1〔kJ〕と発電電力 P〔kW·h〕から，熱効率 η は，

$$\eta = \frac{P〔\mathrm{kW \cdot h}〕 \times 3\,600〔\mathrm{s}〕}{Q_1〔\mathrm{kJ}〕}$$

で示される。なお，〔W〕＝〔J/s〕である。

また汽力発電所の熱効率 η は，ボイラ効率を η_B，タービン室効率を η_T，発電機効率を η_G とすると，

$$\eta = \eta_B \cdot \eta_T \cdot \eta_G$$

で示される。

入熱 Q〔kJ〕 → 発電所熱効率 η → 電気出力 P〔kW·h〕

$$\eta = \frac{P}{Q} = \frac{3\,600\,P}{Q}$$

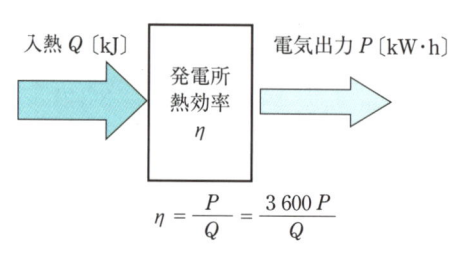

または，

$$\eta = \eta_B \cdot \eta_T \cdot \eta_G$$

図 2.16 汽力発電所の熱効率

解き方 (a) 汽力発電所の熱効率 η は，

$$\eta = \frac{発電機出力〔kW \cdot h〕}{ボイラ入熱〔kJ〕} \times 100$$

$$= \frac{発電機出力〔kW \cdot h〕}{石炭の発熱量〔kJ/kg〕\times 石炭使用量〔kg〕} \times 100 〔\%〕$$

$$= \frac{700〔MW〕\times 3\,600〔s〕}{26\,000〔kJ/kg〕\times 230 \times 10^3〔kg〕} \times 100$$

$$= \frac{700 \times 3.6 \times 10^6〔kJ〕}{26 \times 230 \times 10^6〔kJ〕} \times 100$$

$$= 42.14 \to 42.1〔\%〕$$

(b) また，熱効率 $\eta = \eta_B \cdot \eta_T \cdot \eta_G$ であるから，この式よりボイラ効率 η_B は，

$$\eta_B = \frac{\eta}{\eta_T \cdot \eta_G} = \frac{0.4214}{0.47 \times 0.99} = 0.906 = 90.6〔\%〕$$

となる。

例題2
最大出力 $5\,000〔kW〕$ の自家用汽力発電所がある。発熱量 $44\,000〔kJ/kg〕$ の重油を使用して50日間連続運転した。この間の重油使用量は $1\,200〔t〕$，設備利用率は $60〔\%〕$ であった。次の(a)及び(b)に答えよ。

(a) 発電電力量〔MW·h〕の値として，正しいのは次のうちどれか。
 (1) 1 200　(2) 1 800　(3) 2 160　(4) 3 600　(5) 6 000

(b) 発電端における熱効率〔%〕の値として，正しいのは次のうちどれか。
 (1) 24.5　(2) 26.5　(3) 28.5　(4) 30.5　(5) 32.5

〔平成12年B問題〕

答 (a)-(4)，(b)-(1)

考え方 (a) 発電電力量 $P〔MW \cdot h〕$ は最大出力〔kW〕× 24〔h〕× 50〔日〕× 設備利用率〔%〕である。

(b) 発電端熱効率

$$\eta = 出力〔kW \cdot h〕/(発熱量〔kJ/kg〕\times 重油使用量〔kg〕)\times 100〔\%〕$$

$$= \frac{出力〔kW \cdot h〕\times 3\,600〔s〕}{発熱量〔kJ/kg〕\times 重油使用量〔kg〕} \times 100〔\%〕$$

で示される。

解き方 (a) 発電電力量

$$P = 5\,000\,\text{kW} \times 24\,時 \times 50\,日 \times 60\% = 36\,000 \times 10^3〔kW \cdot h〕$$

$$= 36\,000〔MW \cdot h〕$$

(b) 発電端効率 η は，

$$\eta = \frac{\text{出力}〔\text{kW·h}〕\times 3\,600〔\text{s}〕}{\text{発熱量}〔\text{kJ/kg}〕\times \text{重油使用量}〔\text{kg}〕} \times 100〔\%〕$$

$$= \frac{3\,600\times 10^3 \times 3\,600〔\text{s}〕}{44\,000\times 1\,200\times 10^3}\times 100 = 24.5〔\%〕$$

なお，$1〔\text{kW}〕= 1〔\text{kJ/s}〕$ であり，

$$1〔\text{kW·h}〕= 1〔\text{kJ/s}〕\times 3\,600〔\text{s}〕= 3\,600〔\text{kJ}〕$$

である。

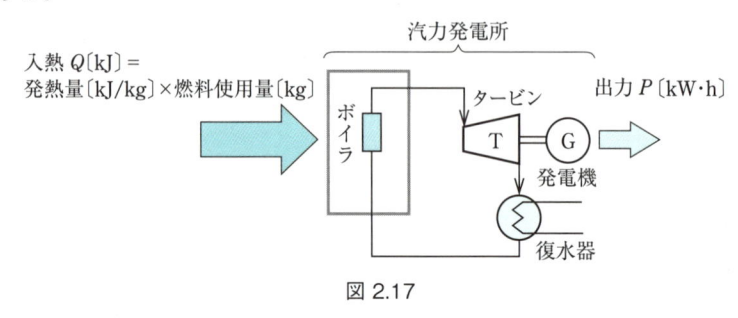

図 2.17

例題 3

最大出力 600〔MW〕の重油専焼火力発電所がある。重油の発熱量は 44 000〔kJ/kg〕で，潜熱は無視するものとして，次の(a)及び(b)に答えよ。

(a) 45 000〔MW·h〕の電力量を発生するために，消費された重油の量が 9.3×10^3〔t〕であるときの発電端効率〔%〕の値として，最も近いのは次のうちどれか。

　(1) 37.8　(2) 38.7　(3) 39.6　(4) 40.5　(5) 41.4

(b) 最大出力で 24 時間運転した場合の発電端効率が 40.0〔%〕であるとき，発生する二酸化炭素の量〔t〕として，最も近い値は次のうちどれか。

　なお，重油の化学成分は重量比で炭素 85.0〔%〕，水素 15.0〔%〕，原子量は炭素 12，酸素 16 とする。炭素の酸化反応は次のとおりである。

　$C+O_2 \to CO_2$

　(1) 3.83×10^2　(2) 6.83×10^2　(3) 8.03×10^2　(4) 9.18×10^3
　(5) 1.08×10^4

［平成 21 年 B 問題］

答 (a)-(3), (b)-(4)

考え方

(a) 燃料の総熱量〔kJ〕が電気出力 45 000 MW·h に変換できたので，その変換の効率が熱効率 η である。

(b) 燃料が燃焼すると燃料中の炭素 C は空気中の酸素と反応して，

$$\underset{\text{(質量)}\quad 12\,\text{kg}\quad 16\,\text{kg}\times 2}{C\ +\ O_2\ =\ \underset{12\,\text{kg}+16\,\text{kg}\times 2\,=\,44\,\text{kg}}{CO_2}}$$

炭素 1 kg あたり 44/12 kg の二酸化炭素を生じることになる。

なお，炭素および酸素の原子量は，それぞれ 12, 16 と与えられており，それぞれの質量は 12 kg, 16 kg としてよい。

解き方 (a) 熱効率 η は，

$$\eta = \frac{\text{電気出力}\,45\,000\,[\text{MW}\cdot\text{h}]}{\text{重油発熱量}\,44\,000\,[\text{kJ/kg}] \times \text{重油消費量}\,9.3\times 10^3\,[\text{t}]} \times 100$$

$$= \frac{45\,000\times 10^3\,[\text{kW}] \times 3\,600\,[\text{s}]}{44\,000\times 9.3\times 10^3\times 10^3\,[\text{kJ}]} \times 100$$

$$= \frac{45\times 3.6\times 10^9}{44\times 9.3\times 10^9} \times 100 = 39.6\,[\%]$$

(b) 最大出力 600 MW で 24 時間運転したとき，燃料の総発熱量 Q [kJ] は，熱効率 $\eta = 40$ [%] だから，

$$Q = \frac{600\,[\text{MW}] \times 24 \times 3\,600\,[\text{s}]}{\eta}$$

となる。

したがって，燃料使用量 B [kg] は，燃料発熱量を H [kJ/kg] とすると $Q = BH$ だから，

$$B = \frac{Q}{H} = \frac{600\,[\text{MW}] \times 24 \times 3\,600\,[\text{s}]}{H\eta}$$

$$= \frac{600\times 10^3\,[\text{kW}] \times 24 \times 3\,600\,[\text{s}]}{44\,000\times 0.4\,[\text{kJ/kg}]} = 2\,945\times 10^3\,[\text{kg}]$$

炭素は燃料中に 85%（重量比）含まれており，炭素 1 kg あたり 44/12 kg の二酸化炭素を生じるから，結局発生する二酸化炭素（CO_2）の量は，

$$CO_2\,量 = 0.85\times B \times \frac{44}{12}\,[\text{kg}] = 0.85\times 2\,945\times 10^3 \times \frac{44}{12}$$

$$= 9\,180\times 10^3\,[\text{kg}] = 9\,180\,[\text{t}] = 9.18\times 10^3\,[\text{t}]$$

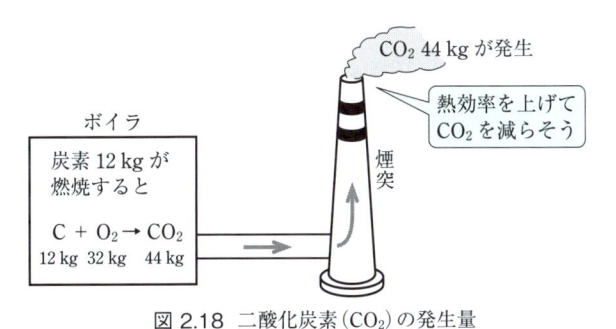

図 2.18 二酸化炭素（CO_2）の発生量

2.5 汽力発電所の効率計算

2.6 熱効率向上対策

例題1

汽力発電所における，熱効率の向上を図る方法として，誤っているのは次のうちどれか。
(1) タービン入口の蒸気として，高温・高圧のものを採用する。
(2) 復水器の真空度を低くすることで蒸気はタービン内で十分に膨張して，タービンの羽根車に大きな回転力を与える。
(3) 節炭器を設置し，排ガスエネルギーを回収する。
(4) 高圧タービンから出た湿り飽和蒸気をボイラで再熱し，再び高温の乾き飽和蒸気として低圧タービンに用いる。
(5) 高圧及び低圧のタービンから蒸気を一部取り出し，給水加熱器に導いて給水を加熱する。

[平成21年A問題]

答 (2)

考え方

蒸気サイクルの熱効率向上策としては，①ボイラで高温・高圧の蒸気をつくり，この蒸気でタービンを回転させる。②蒸気サイクルに再熱・再生サイクルを採用する。再熱サイクルとは高圧タービンで仕事をした蒸気をボイラに導き，再熱器で再び過熱蒸気にして，中圧・低圧タービンで仕事をさせるもの。再生サイクルは高圧・中圧・低圧タービンから蒸気の一部を取り出し，給水加熱器で給水を加熱するもの。
③タービンとして復水器を設置して，高真空度（絶対真空に近い）にして，タービンでの蒸気の仕事量を最大に利用する。④ボイラとしては節炭器や空気予熱器を設置して，ボイラ排出ガスのもつ熱エネルギーを回収する。などの方法があげられる。

解き方

(1)，(3)～(5)はいずれも熱効率向上の方策である。(2)復水器の真空は水銀柱で表すと1気圧の絶対真空760 mmHgに近い720 mmHg程度の高い真空度での運転を行う。
これにより，タービンに入った蒸気は高温・高圧の状態から，低温の低い真空（真空度の高い）状態まで膨張でき，タービンでする仕事（タービンの出力）を大きくすることができる。

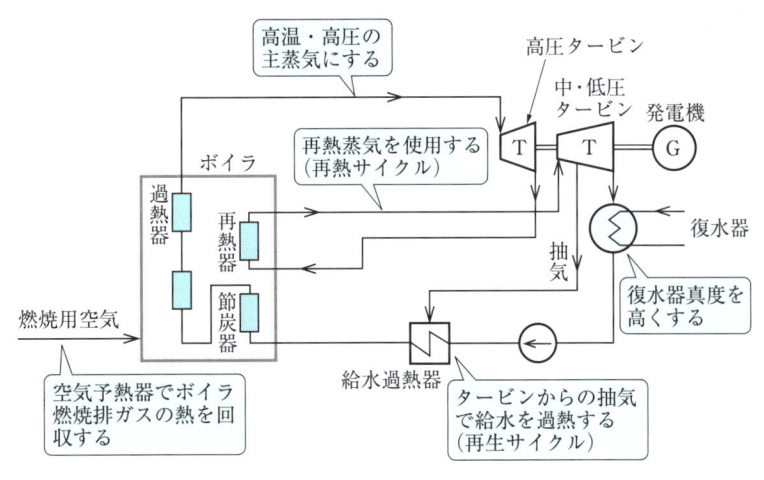

したがって，タービン効率を高くすることができる。

図2.19 熱効率の向上方法

例題 2

汽力発電において，熱効率の向上を図る方法として，誤っているのは次のうちどれか。
(1) 主蒸気温度を上げる。　(2) 再熱蒸気温度を上げる。
(3) 復水器真空度を高める。　(4) 主蒸気圧力を上げる。
(5) 排ガス温度を上げる。

［平成12年A問題］

答 (5)

考え方　ボイラで燃料を燃焼したときに発生した熱がすべて動力としてタービンを駆動し，発電機で電気を発生して送電されれば，ボイラやタービン，発電機からの排熱はゼロになる。実際には多くの損失があり，実際の熱効率は高くても40％程度である。この損失を減少することが，熱効率向上策となる。

解き方　汽力発電の熱効率向上策として，(1) 主蒸気を高温・高圧にする。(2) 再熱・再生サイクルを採用する。(3) 復水器の真空度を高める。(4) ボイラからの排熱により，節炭器で給水温度を高める。(5) ボイラからの排熱を空気予熱器で回収する。この結果，排出ガス温度は下がる。排ガス温度が高いと，その熱を回収することなく，煙突から排出されてしまい，熱損失が大きくなるため熱効率は低下する。排ガス温度を下げることが熱効率の向上となる。

2.7 汽力発電所の運転

例題1

タービン発電機の水素冷却方式について，空気冷却方式と比較した場合の記述として，誤っているのは次のうちどれか。
(1) 水素は空気に比べ比重が小さいため，風損を減少することができる。
(2) 水素を封入し全閉形となるため，運転中の騒音が少なくなる。
(3) 水素は空気より発電機に使われている絶縁物に対して化学反応を起こしにくいため，絶縁物の劣化が減少する。
(4) 水素は空気に比べ比熱が小さいため，冷却効果が向上する。
(5) 水素の漏れを防ぐため，密封油装置を設けている。

［平成21年A問題］

答 (4)

考え方 タービン発電機とは通常は蒸気タービンに直結された発電機で2極であれば3 000 rpm（1分間の回転速度）または3 600 rpm，4極であれば1 500 rpm，または1 800 rpm で回転している。発電機はほとんどが同期発電機であり，直流電流を通じて磁界をつくる回転子と，その磁界により固定子巻線に電力を生じる固定子が設置されている。

回転子は高速で回転するため風損を少なくし，回転子，固定子の発熱を冷却するために水素を密封している。水素と空気中の酸素が反応すると爆発，燃焼を起こすために軸受部に密封油で大気と水素を区分し，シールしている。密封油には軸受部で水素を含有することになるので，真空抜気などで密封油中の水素を取り除き，ポンプで連続的に密封油を軸受に供給，回収している。これらの装置を密封油装置といい水素冷却発電機には必ず設置される。

また，水車発電機では回転速度は約500～600 rpm程度のものが多く，蒸気タービンに比べ低速なため，風損や冷却方法を考慮しても空気冷却方式としている。

図 2.20 水素冷却

解き方
(1) 水素は空気より比重が小さく風損を少なくできる。
(2) 水素を封入し，全閉形とするので騒音も小さい。
(3) 水素は酸素より絶縁物に対する化学反応が少なく，絶縁物の劣化が少ない。
(4) 水素は空気より比熱が大きく，冷却効果は大きい。空気の比熱は1で，水素（0.3 MPa）の比熱は14.35である。
(5) 水素の漏れ防止のために密封油装置を設けている。

2.8 ガスタービンとコンバインドサイクル

例題 1

オープンサイクルガスタービンの単純サイクルとして，正しいのは次のうちどれか．

(1) 圧縮 → 放熱 → 膨張 → 加熱 → 圧縮
(2) 圧縮 → 加熱 → 膨張 → 放熱 → 圧縮
(3) 圧縮 → 放熱 → 加熱 → 膨張 → 圧縮
(4) 圧縮 → 膨張 → 放熱 → 加熱 → 圧縮
(5) 圧縮 → 加熱 → 放熱 → 膨張 → 圧縮

[平成 10 年 A 問題]

答 (2)

考え方 ガスタービンは，空気圧縮機（コンプレッサ），燃焼器，ガスタービン部から構成されている．空気圧縮機では空気を 0.5～1 MPa 程度に圧縮し，燃焼用空気として燃焼器に送り込む．燃焼器では燃料の重油，軽油，LNG などを燃やし，1 000 ℃ 程度の燃焼ガスをつくり，ガスタービンに供給する．ガスタービンはこの燃焼ガスを固定子側の静翼（ノズル）を通し回転翼（ブレード）を通過させ軸を駆動する．この軸に圧縮機とガスタービンおよび発電機が接続され，発電されることになる．

解き方 オープンサイクルガスタービンでは，空気を空気圧縮して燃焼器で燃焼・加熱し，ガスタービンで膨張し仕事をして排気（放熱）される．

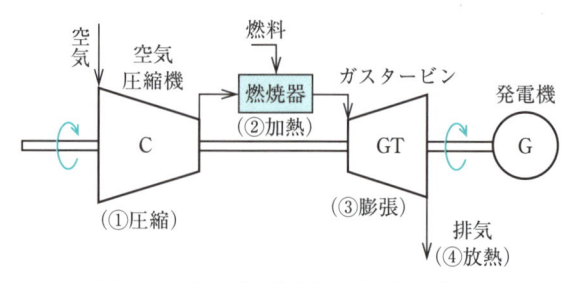

図 2.21 オープンサイクルガスタービン

例題 2

複数の発電機で構成されるコンバインドサイクル発電を，同一出力の単機汽力発電と比較した記述として，誤っているのは次のうちどれか。

(1) 熱効率が高い。
(2) 起動停止時間が長い。
(3) 部分負荷に対応するため，運転する発電機数を変えるので，熱効率の低下が少ない。
(4) 最大出力が外気温度の影響を受けやすい。
(5) 蒸気タービンの出力分担が少ないので，その分復水器の冷却水量が少なく，温排水量も少なくなる。

[平成 22 年 A 問題]

答 (2)

考え方 コンバインドサイクルは図 2.22 に示すように，ガスタービンの排気ガスを利用して排熱回収ボイラで蒸気をつくり，この蒸気により，蒸気タービンを駆動し，ガスタービンの駆動力と蒸気タービンの駆動力の2つを利用するものである。したがって，同一の燃料から多くの電力を得ることができるので効率が高くなる。

ガスタービンと蒸気タービンおよび発電機をセットにした1軸形や，複数台のガスタービンの排気を集め排熱回収ボイラと蒸気タービンを組み合わせた多軸形がある。コンバインドサイクルの特長としては，汽力発電の熱効率約 40% に比べ 45〜50% にも達する非常に熱効率の良い設備となり，省エネルギーができるので，二酸化炭素の発生量を低減できる。

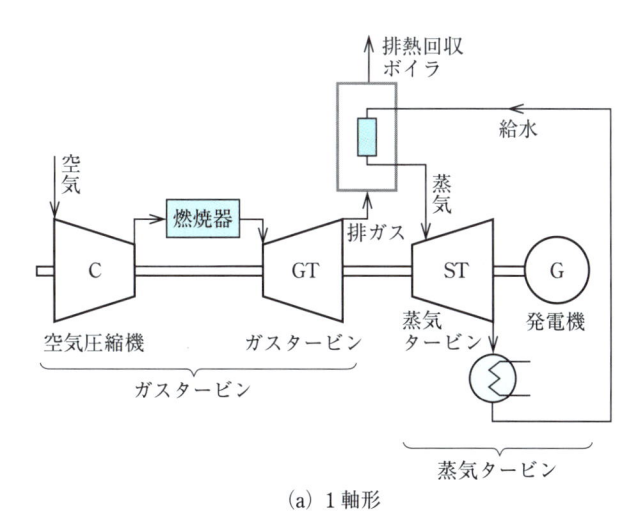

(a) 1 軸形

図 2.22(1) コンバインドサイクル（排熱回収形）

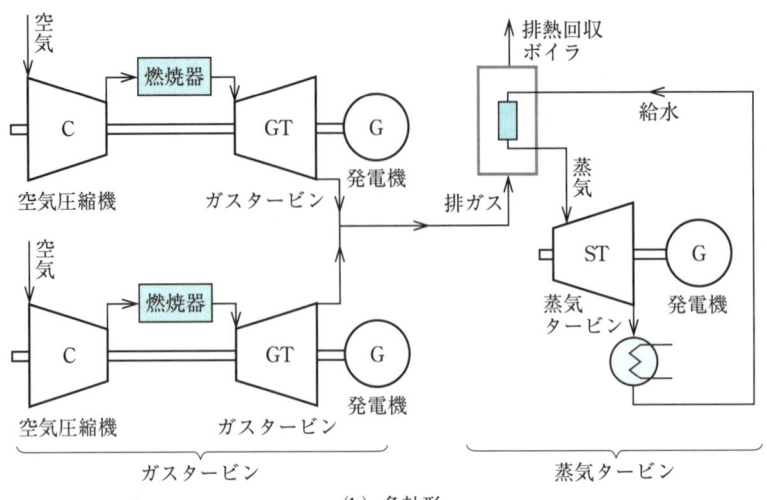

(b) 多軸形

図 2.22(2) コンバインドサイクル（排熱回収形）

解き方　コンバインドサイクルの特長を汽力発電と比較する。
(1) コンバインドサイクルのほうが熱効率が高い。
(2) コンバインドサイクルは 30 分～1 時間の短時間で起動できる。汽力発電の場合は通常数時間以上かかる。
(3) コンバインドサイクルは複数の発電機があるので，部分負荷に対応でき，熱効率の低下も少ない。
(4) コンバインドサイクルは空気圧縮機を用いるので夏期になると大気温度が上がり空気圧縮効率も低下するので，最大出力が小さくなる。逆に冬期では最大出力が大きくなる。
(5) コンバインドサイクルのほうが蒸気タービンでの出力が汽力発電に比べ小さくなるので温排水量も少ない。

例題 3　排熱回収形コンバインドサイクル発電方式と同一出力の汽力発電方式とを比較した次の記述のうち，誤っているのはどれか。
(1) コンバインドサイクル発電方式の方が，熱効率が高い。
(2) 汽力発電方式の方が，単位出力当たりの排ガス量が少ない。
(3) コンバインドサイクル発電方式の方が，単位出力当たりの復水器の冷却水量が多い。
(4) 汽力発電方式の方が大形所内補機が多く，所内率が大きい。
(5) コンバインドサイクル発電方式の方が，最大出力が外気温度の影響を受けやすい。

［平成 19 年 A 問題］

答 (3)

考え方 コンバインドサイクルの基本的な特長は以下のようになる。

〈長所〉

① 熱効率が高い（45～50％，汽力40％　いずれも高発熱量基準）。
② 起動停止時間が短い（1時間程度，汽力発電は数時間以上）。
③ 部分負荷でも効率の低下が少ない。
④ 温排水量が少ない（約60～80％，汽力発電を100％として）。

〈短所〉

① 燃料が重油，軽油，LNGなどで石炭は使用できない。
② 夏期において最大出力は低減する（出力は大気温度の影響を受ける）。

解き方 コンバインドサイクル発電と汽力発電を比較する。

(1) 熱効率が高い。
(2) ガスタービンは大量の空気を使用するので排ガス量は汽力発電のほうが少ない。
(3) コンバインドサイクル発電の蒸気タービンは汽力発電より小さくなるので，復水器冷却水量も少ない。
(4) 汽力発電は所内補機が多く，所内率も高い。
(5) コンバインドサイクル発電の最大出力は外気温度の影を受けやすい。

2.9 各種発電方式

例題 1

汽力発電所と比較して，内燃力発電所の特徴として，誤っているのは次のうちどれか。

(1) 始動・停止が容易であり，負荷の応答性もよい。
(2) 設備が単純で取扱いが容易である。
(3) 設備出力の小さい割に熱効率が高く，低負荷時の熱効率低下の度合も比較的少ない。
(4) 冷却水の量が比較的多く，また，水質の良否が汽力発電所以上に運転上問題となる。
(5) 運転時には振動を伴うので，防振対策を十分考慮する必要がある。

［平成 6 年 A 問題］

答 (4)

考え方 内燃力発電とはディーゼルエンジンなど内燃機関を利用した発電で，内燃力発電所は，島嶼などに設置されて発電している。燃料は軽油が一般的であり，特長としては，①起動停止が容易，②設備が簡単で，設置，増設などがしやすい，③熱効率は約 20% 程度である，④蒸気タービンと違い復水器はない，⑤運転時の騒音や振動が大きいのでその対策が必要となる。

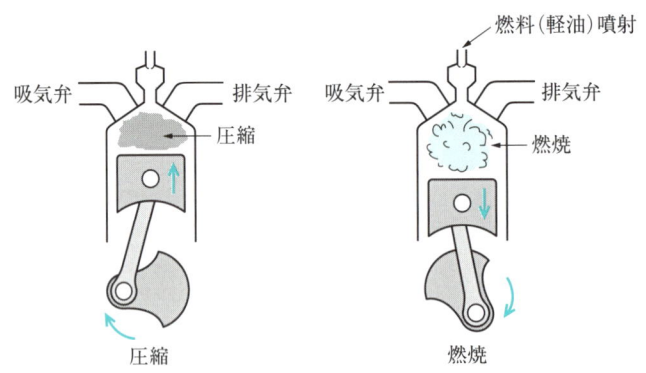

図 2.23 ディーゼル機関

解き方 内燃機関の特長は次のとおり。
(1) 始動・停止が容易である。
(2) 設備が単純・小形で取扱いが容易。
(3) ディーゼル機関は他のガソリン機関よりも効率が高く，低負荷時の熱効率の低下も少ない。
(4) ディーゼル機関等の内燃機関では，冷却水は汽力発電に比較してほとんど少ない。
(5) 運転時に騒音と振動を伴うので，防振，防音対策が必要となる。

例題 2

太陽光発電に関する記述として，誤っているのは次のうちどれか。
(1) システムが単純であり，保守が容易である。
(2) 発生電力の変動が大きい。
(3) 発生電力が直流である。
(4) エネルギーの変換効率が高い。
(5) 出力は周囲温度の影響を受ける。

[平成13年A問題]

答 (4)

考え方 太陽光発電は，太陽電池素子に光を当て，発生した直流起電力を利用するものである。素子はシリコン（Si）半導体素子で，単結晶，アモルファスなどが使用され，近年では家庭用やメガソーラ発電として工場や広い場所に設置されている。温室効果ガス（CO_2）低減のためクリーンエネルギーとして，風力発電，燃料電池などと同様に注目を浴びている。

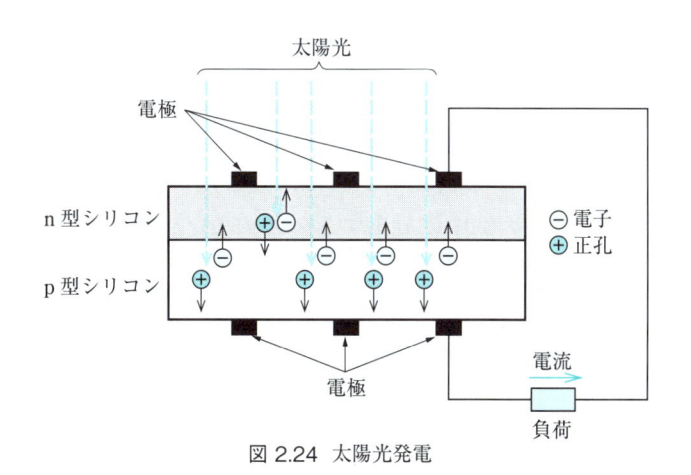

図 2.24 太陽光発電

解き方　太陽光発電の特長は次のとおり。
(1) システムが単純であり，保守が容易である。
(2) 日照により発電電力の変動が大きい。
(3) 発生電力は直流なので，家庭用電気機具を使用または系統に電力を送電する場合に直流→交流に変換するインバータが必要となる。
(4) エネルギーの変換効率は素子単体でも15%程度であり，装置全体としての効率はさらに低くなる。
(5) 出力は周囲温度の影響を受ける。

例題 3

バイオマス発電は，植物等の (ア) 性資源を用いた発電と定義することができる。森林樹木，サトウキビ等はバイオマス発電用のエネルギー作物として使用でき，その作物に吸収される (イ) 量と発電時の (イ) 発生量を同じとすることができれば，環境に負担をかけないエネルギー源となる。ただ，現在のバイオマス発電では，発電事業として成立させるためのエネルギー作物等の (ウ) 確保の問題や (エ) をエネルギーとして消費することによる作物価格への影響が課題となりつつある。

上記の記述中の空白箇所（ア），（イ），（ウ）及び（エ）に当てはまる語句として，正しいものを組み合わせたのは次のうちどれか。

	（ア）	（イ）	（ウ）	（エ）
(1)	無機	二酸化炭素	量的	食料
(2)	無機	窒素化合物	量的	肥料
(3)	有機	窒素化合物	質的	肥料
(4)	有機	二酸化炭素	質的	肥料
(5)	有機	二酸化炭素	量的	食料

［平成21年A問題］

答 (5)

考え方　地球温暖化防止に向けて，省エネルギーや省資源が進められている。化石燃料の重油や石炭，LNGなどを使用すると地中の燃料中に取り込まれていた二酸化炭素 CO_2 の新たな発生となる。一方，樹木やサトウキビなどを燃料にすれば，光合成により樹木や植物に取り込まれた CO_2 を大気中に放出するので，また，樹木や植物に取り込まれるため，CO_2 の循環ができ，大気中の CO_2 が増加することなく，燃料が得られることになる。このようなことから近年世界各国でバイオマス発電のために森林や植物が伐採され，地球環境を損ねたり，植物性食料からバイオ燃料をつくるために，食料の不足や高騰など新たな問題を生じている。

解き方　バイオマス発電は，樹木や植物などの有機性資源を用いた発電といえる。樹木や植物などは葉緑素と太陽光により化合成を行い，大気中の二酸化炭素 CO_2 を炭素 C と酸素 O_2 に分解し，炭素 C を樹木や植物内に吸収し蓄える。

これを燃料として使用すれば，発電時に発生する二酸化炭素 CO_2 は，大気中の CO_2 の増加にならず，環境に負担をかけないエネルギー源となる。

バイオマス発電を事業として成立させるためには，農作物の量的確保や，食料をエネルギーとして消費することによる作物価格の高騰などが課題や問題になる。

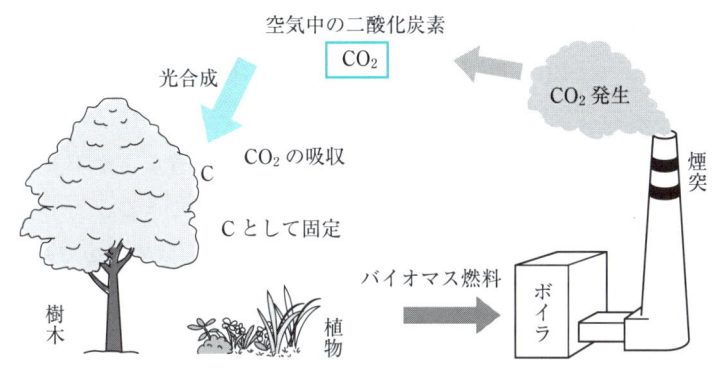

図 2.25　バイオマス燃料と CO_2

2.9 各種発電方式

第2章 章末問題

2-1 汽力発電所のボイラに関する記述として，誤っているのは次のうちどれか。

(1) 自然循環ボイラは，蒸発管と降水管中の水の比重差によってボイラ水を循環させる。

(2) 強制循環ボイラは，ボイラ水を循環ポンプで強制的に循環させるため，自然循環ボイラに比べて各部の熱負荷を均一にでき，急速起動に適する。

(3) 強制循環ボイラは，自然循環ボイラに比べてボイラ高さは低くすることができるが，ボイラチューブの径は大きくなる。

(4) 貫流ボイラは，ドラムや大形管などが不要で，かつ，小口径の水管となるので，ボイラ重量を軽くできる。

(5) 貫流ボイラは，亜臨界圧から超臨界圧まで適用されている。

[平成17年A問題]

2-2 汽力発電所の復水器はタービンの ┌─(ア)─┐ 蒸気を冷却水で冷却凝結し，真空を作るとともに復水にして回収する装置である。復水器によるエネルギー損失は熱サイクルの中で最も ┌─(イ)─┐ ，復水器内部の真空度を ┌─(ウ)─┐ 保持してタービンの ┌─(エ)─┐ を低下させることにより， ┌─(オ)─┐ の向上を図ることができる。

上記の記述中の空白箇所（ア），（イ），（ウ），（エ）及び（オ）に当てはまる語句として，正しいものを組み合わせたのは次のうちどれか。

	（ア）	（イ）	（ウ）	（エ）	（オ）
(1)	抽気	大きく	低く	抽気圧力	熱効率
(2)	排気	小さく	低く	抽気圧力	利用率
(3)	排気	大きく	低く	排気温度	利用率
(4)	抽気	小さく	高く	抽気圧力	熱効率
(5)	排気	大きく	高く	排気圧力	熱効率

[平成18年A問題]

2-3　図は汽力発電所の熱サイクルを示している。図の各過程に関する記述として，誤っているのは次のうちどれか。

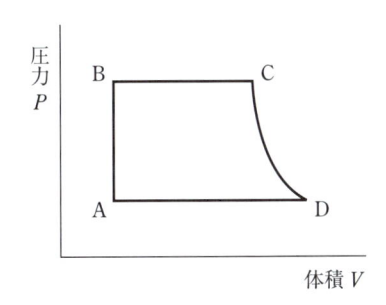

(1)　A→Bは，等積変化で給水の断熱圧縮の過程を示す。
(2)　B→Cは，ボイラ内で加熱される過程を示し，飽和蒸気が過熱器でさらに過熱される過程も含む。
(3)　C→Dは，タービン内で熱エネルギーが機械エネルギーに変換される断熱圧縮の過程を示す。
(4)　D→Aは，復水器内で蒸気が凝縮されて水になる等圧変化の過程を示す。
(5)　A→B→C→D→Aの熱サイクルをランキンサイクルという。

［平成14年A問題］

2-4　火力発電所において，ボイラから煙道に出ていく燃焼ガスの余熱を回収するために，煙道に多数の管を配置し，これにボイラへの　(ア)　を通過させて加熱する装置が　(イ)　である。同じく煙道に出ていく燃焼ガスの余熱をボイラへの　(ウ)　空気に回収する装置が，　(エ)　である。

上記の記述中の空白箇所(ア)，(イ)，(ウ)及び(エ)に記入する語句として，正しいものを組み合わせたのは次のうちどれか。

	(ア)	(イ)	(ウ)	(エ)
(1)	給水	再熱器	燃焼用	過熱器
(2)	蒸気	節炭器	加熱用	過熱器
(3)	給水	節炭器	加熱用	過熱器
(4)	蒸気	再熱器	燃焼用	空気予熱器
(5)	給水	節炭器	燃焼用	空気予熱器

［平成15年A問題］

2-5　排熱回収方式のコンバインドサイクル発電所が定格出力で運転している。そのときのガスタービン発電効率が η_g，ガスタービンの排気の保有する熱量に対する蒸気タービン発電効率が η_s であった。このコンバインドサイクル発電全体の効率を表す式として，正しいのは次のうちどれか。

ただし，ガスタービン排気はすべて蒸気タービン発電側に供給されるものとする。

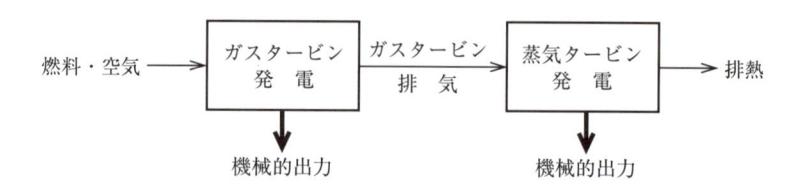

```
燃料・空気 → [ガスタービン発電] → ガスタービン排気 → [蒸気タービン発電] → 排熱
                    ↓機械的出力                    ↓機械的出力
```

(1)　$\eta_g + \eta_s$　　(2)　$\eta_s + (1-\eta_g)\eta_g$　　(3)　$\eta_s + (1-\eta_g)\eta_s$
(4)　$\eta_g + (1-\eta_g)\eta_s$　　(5)　$\eta_g + (1-\eta_s)\eta_g$

[平成 16 年 A 問題]

2-6　排熱回収方式のコンバインドサイクル発電におけるガスタービンの燃焼用空気に関する流れとして，正しいのは次のうちどれか。

(1)　圧縮機 → タービン → 排熱回収ボイラ → 燃焼器
(2)　圧縮機 → 燃焼器 → タービン → 排熱回収ボイラ
(3)　燃焼器 → タービン → 圧縮機 → 排熱回収ボイラ
(4)　圧縮機 → タービン → 燃焼器 → 排熱回収ボイラ
(5)　燃焼器 → 圧縮機 → 排熱回収ボイラ → タービン

[平成 18 年 A 問題]

2-7　火力発電所において，燃料の燃焼によりボイラから発生する窒素酸化物を抑制するために，燃焼域での酸素濃度を　(ア)　する，燃焼温度を　(イ)　する等の燃焼方法の改善が有効であり，その一つの方法として排ガス混合法が用いられている。

さらに，ボイラ排ガス中に含まれる窒素酸化物の削減方法として，　(ウ)　出口の排ガスにアンモニアを加え，混合してから触媒層に入れることにより，窒素酸化物を窒素と　(エ)　に変えるアンモニア接触還元法が適用されている。

上記の記述中の空白箇所（ア），（イ），（ウ）及び（エ）に記入する語句として，正しいものを組み合わせたのは次のうちどれか。

	（ア）	（イ）	（ウ）	（エ）
(1)	高く	低く	再熱器	水蒸気
(2)	低く	低く	節炭器	二酸化炭素
(3)	低く	高く	過熱器	二酸化炭素
(4)	低く	低く	節炭器	水蒸気
(5)	高く	高く	過熱器	水蒸気

［平成17年A問題］

2-8 地球温暖化の主な原因の一つといわれる二酸化炭素の排出量削減が，国際的な課題となっている。発電時の発生電力量当たりの二酸化炭素排出量が少ない順に発電設備を並べたものとして，正しいのは次のうちどれか。

ただし，発電所の記号を次のとおりとし，ここでは，汽力発電所の発電効率は同一であるとする。

a. 原子力発電所
b. LNG燃料を用いたコンバインドサイクル発電所
c. 石炭専焼汽力発電所
d. 重油専焼汽力発電所

 (1) a＜b＜c＜d (2) a＜d＜c＜b (3) b＜a＜d＜c
 (4) a＜b＜d＜c (5) b＜a＜c＜d

［平成19年A問題］

2-9 電力の発生に関する記述として，誤っているのは次のうちどれか。

(1) 地熱発電は，地下から発生する蒸気の持つエネルギーを利用し，タービンで発電する方式である。

(2) 廃棄物発電は，廃棄物焼却時の熱を利用して発電を行うもので，最近ではスーパごみ発電など，高効率化を目指した技術開発が進められている。

(3) 太陽光発電は，最新の汽力発電なみの高い発電効率をもつ，クリーンなエネルギー源として期待されている。

(4) 燃料電池発電は，水素と酸素を化学反応させて電気エネルギーを発生させる方式で，騒音，振動が小さく分散型電源として期待されている。

(5) 風力発電は，比較的安定して強い風が吹く場所に設置されるクリーンな小規模発電として開発され，近年では単機容量の増大が図られている。

［平成18年A問題］

2-10 風力発電及び太陽光発電に関する記述として，誤っているのは次のうちどれか。
(1) 自然エネルギーを利用したクリーンな発電方式であるが，現状では発電コストが高い。
(2) エネルギー源は地球上どこにでも存在するが，エネルギー密度が低い。
(3) 気象条件による出力の変動が大きく，電力への変換効率が低い。
(4) 太陽電池の出力は直流であり，一般の用途にはインバータによる変換が必要である。
(5) 風車によって取り出せるエネルギーは，風車の受風面積及び風速にそれぞれ正比例する。

[平成 16 年 A 問題]

2-11 燃料電池に関する記述として，誤っているのは次のうちどれか。
(1) 水の電気分解と逆の化学反応を利用した発電方式である。
(2) 燃料は外部から供給され，直接，交流電力を発生する。
(3) 燃料として，水素，天然ガス，メタノールなどが使用される。
(4) 太陽光発電や風力発電に比べて，発電効率が高い。
(5) 電解質により，リン酸形，溶融炭酸塩形，固体高分子形などに分類される。

[平成 15 年 A 問題]

2-12 中小水力や風力発電に使用されている誘導発電機の特徴について，同期発電機と比較した記述として，誤っているのは次のうちどれか。
(1) 励磁装置が不要で，建設及び保守のコスト面で有利である。
(2) 始動，系統への並列などの運転操作が簡単である。
(3) 負荷や系統に対して遅れ無効電力を供給することができる。
(4) 単独で発電することができず，電力系統に並列して運転する必要がある。
(5) 系統への並列時に大きな突入電流が流れる。

[平成 14 年 A 問題]

2-13　出力 125〔MW〕の火力発電所が 60 日間運転したとき，発熱量 36 000〔kJ/kg〕の燃料油を 24 000〔t〕消費した。この間の発電所の熱効率が 30〔％〕，所内率が 3〔％〕であるとき，次の (a) 及び (b) に答えよ。

(a)　設備利用率〔％〕の値として，最も近いのは次のうちどれか。
　　(1)　20　　(2)　25　　(3)　35　　(4)　40　　(5)　65

(b)　送電端電力量〔MW·h〕の値として，最も近いのは次のうちどれか。
　　(1)　66 000　　(2)　69 800　　(3)　72 000　　(4)　74 200
　　(5)　78 000

[平成 16 年 B 問題]

2-14　重油専焼火力発電所が出力 1 000〔MW〕で運転しており，発電端効率が 41〔％〕，重油発熱量が 44 000〔kJ/kg〕であるとき，次の(a)及び(b)に答えよ。
　　ただし，重油の化学成分（重量比）は炭素 85〔％〕，水素 15〔％〕，炭素の原子量は 12，酸素の原子量は 16 とする。

(a)　重油消費量〔t/h〕の値として，最も近いのは次のうちどれか。
　　(1)　50　　(2)　80　　(3)　120　　(4)　200　　(5)　250

(b)　1 日に発生する二酸化炭素の重量〔t〕の値として，最も近いのは次のうちどれか。
　　(1)　9.5×10^3　　(2)　12.8×10^3　　(3)　15.0×10^3　　(4)　17.6×10^3
　　(5)　28.0×10^3

[平成 17 年 B 問題]

2-15　最大発電電力 600〔KW〕の石炭火力発電所がある。石炭の発熱量を 26 400〔kJ/kg〕として，次の(a)及び(b)に答よ。

(a)　日負荷率 95.0〔％〕で 24 時間運転したとき，石炭の消費量は 4 400〔t〕であった。発電端熱効率〔％〕の値として，最も近いのは次のうちどれか。
なお，日負荷率〔％〕＝ $\dfrac{平均発電電力}{最大発電電力} \times 100$ とする。
　　(1)　37.9　　(2)　40.2　　(3)　42.4　　(4)　44.6　　(5)　46.9

(b) タービン効率 45.0〔%〕,発電機効率 99.0〔%〕,所内比率 3.00〔%〕とすると,発電端効率 40.0〔%〕のときのボイラ効率〔%〕の値として,最も近いのは次のうちどれか。

 (1) 40.4 (2) 73.5 (3) 87.1 (4) 89.8 (5) 92.5

〔平成 22 年 B 問題〕

2-16 汽力発電所において,定格容量 5 000〔kV·A〕の発電機が 9 時から 22 時の間に下表に示すような運転を行ったとき,発熱量 44 000〔kJ/kg〕の重油を 14〔t〕消費した。この 9 時から 22 時の間の運転について,次の(a)及び(b)に答えよ。ただし,所内率は 5〔%〕とする。

発電機の運転状態

時 刻	皮相電力〔kV·A〕	力 率〔%〕
9 時〜13 時	4 500	遅れ 85
13 時〜18 時	5 000	遅れ 90
18 時〜22 時	4 000	進み 95

(a) 発電端の発電電力量〔MW·h〕の値として,正しいのは次のうちどれか。

 (1) 12 (2) 23 (3) 38 (4) 53 (5) 59

(b) 送電端熱効率〔%〕の値として,最も近いのは次のうちどれか。

 (1) 28.8 (2) 29.4 (3) 31.0 (4) 31.6 (5) 32.2

〔平成 20 年 B 問題〕

第3章

原子力発電

Point 重要事項のまとめ

1 原子の反応

ウラン235に熱中性子が衝突すると核分裂を起こし，2〜3個の高速中性子が発生し，1個以上の熱中性子ができて，次のウラン235に衝突を繰り返すことを連鎖反応という（図3.1）。

2 原子力のエネルギー

核分裂を起こすとウランの一部が質量欠損し，エネルギーを生じる。アインシュタインによれば，発生するエネルギー E は，

$$E = mc^2 \text{〔J〕}$$

で示される。

ここで，
m：質量欠損〔kg〕
c：光速（$= 3 \times 10^8$ m/s）

3 原子炉

(1) 沸騰水形軽水炉（BWR：Boiling Water Reactor）

原子炉で発生した熱で水を水蒸気に過熱し，この蒸気でタービンを回し発電する。PWRのような蒸気発生器が不要なため，構造は簡単であるが，タービンの点検時に放射能対策が必要。制御棒と再循環水量の調整で出力制御する（図3.2）。

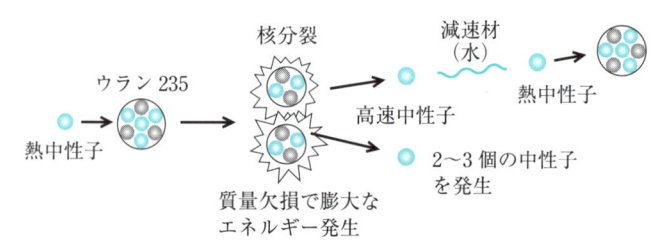

図3.1 ウランの核分裂と連鎖反応

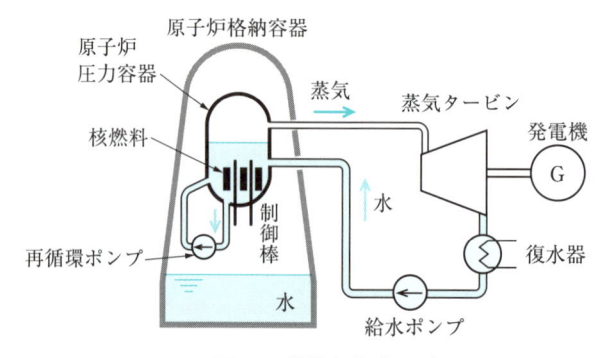

図3.2 沸騰水形（BWR）

(2) 加圧水形軽水炉（PWR：Pressurized Water Reactor）

原子炉で1次系の高温・高圧の蒸気をつくり、蒸気発生器で熱交換をして発生した2次側の蒸気でタービン・発電機を駆動する。設備は複雑になるが、タービン点検時の放射能の危険が低減する。制御棒とほう酸水濃度の調整で出力制御する（図3.3）。

4 原子炉の構成材（表3.1）

5 核燃料サイクル

ウラン235を燃料として使用した後、その燃焼で生じたプルトニウムを新たに燃料として加工し、使用する全体のサイクル（図3.4）。

図3.3 加圧水形（PWR）

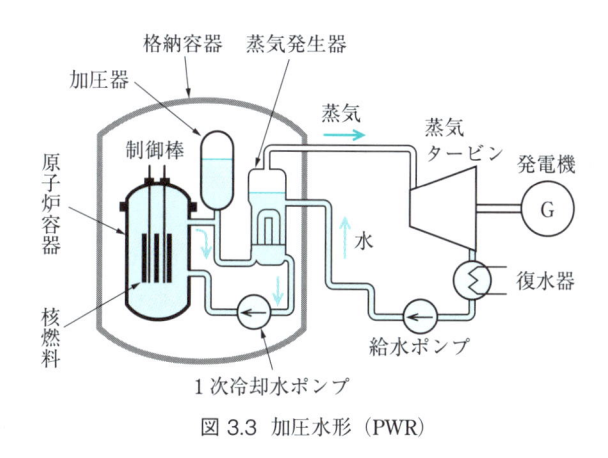

表3.1 原子炉と冷却材

	原子炉の種類	減速材	冷却材	燃料
軽水炉	沸騰水形（BWR）	軽水	軽水	低濃縮ウラン
	加圧水形（PWR）	軽水	軽水	低濃縮ウラン
重水炉	軽水冷却型（新型転換炉ATR）	重水	軽水	低濃縮ウラン 天然ウラン プルトニウム
	重水冷却形（CANDU）	重水	重水	天然ウラン
	高速増殖炉（FBR）	なし	ナトリウム ナトリウム-カリウム合金	高濃縮ウラン プルトニウム

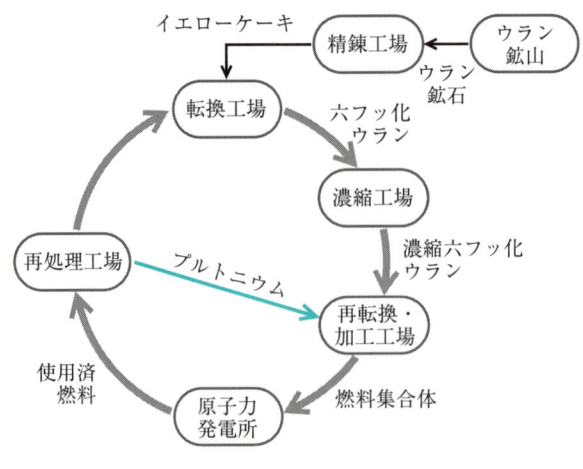

図 3.4 核燃料サイクル

6 MOX（Mixed Oxide Fuel）燃料

原子力発電の使用済み燃料の中に生じたプルトニウムを，新しい燃料として使用するもの。

現在，稼動中の原子力発電所でそのまま MOX 燃料が使用できること。さらに，使用済みの燃料からまた新しい燃料を得ることができるので，資源の少ない日本のエネルギー戦略で大変有利である。

MOX 燃料を現在の原子力発所で使用することをプルサーマルと呼ぶ。

7 原子力発電と汽力発電の相違

原子力発電は蒸気を発生する部分を原子炉で行い，汽力はそれをボイラで行う。その発生した蒸気は，両者とも蒸気タービンに送り，それを駆動する。相違点を以下に示す。

① 原子力の蒸気圧力，温度とも汽力発電より低い。したがって，熱効率も低い。

② 原子力のタービン回転数は 1 500，1 800 min^{-1} と汽力発電の 1/2 である。

③ 原子力は燃料を約 1 年連続して使用できる。

3.1 原子核反応

例題 1

ウラン 235 の原子核 1 個に ［（ア）］ を入射すると，［（イ）］ 種類の原子核に分裂する。このとき ［（ア）］ や，γ 線とともに ［（ウ）］ に相当する約 200 ［（エ）］ の膨大なエネルギーが放出される。このような現象を原子核分裂という。

上記の記述中の空白箇所（ア），（イ），（ウ）及び（エ）に記入する語句，数値又は記号として，正しいものを組み合わせたのは次のうちどれか。

	（ア）	（イ）	（ウ）	（エ）
(1)	中性子	4	質量欠損	〔MW〕
(2)	陽 子	4	質量欠損	〔MeV〕
(3)	陽 子	2	質量増分	〔MeV〕
(4)	中性子	2	質量欠損	〔MeV〕
(5)	中性子	4	質量増分	〔MW〕

［平成 12 年 A 問題］

答 (4)

考え方

ウラン 235 の原子核に中性子が衝突するとストロンチウム（$^{94}_{38}\mathrm{Sr}$）とキセノン（$^{140}_{54}\mathrm{Xe}$）に分裂し，2 つの中性子を放出する。このとき，ウラン 235 とストロンチウムおよびキセノンに質量欠損を生じる。この質量欠損によるエネルギーは，ウラン原子 1 個あたり約 200 MeV（3.2×10^{-11}〔J〕）といわれている。

水力発電で水の分子 1 個あたり 100 m 落下したとき 2.9×10^{-23}〔J〕，汽力発電では，燃料の炭素分子 1 個あたり 6.4×10^{-19}〔J〕のエネルギーなので，原子核分裂ではそれぞれ 10^{12} 倍，10^{8} 倍の大きなエネルギーを生じることになる。

＊電子ボルト（eV）は電子 1 個に相当する荷電粒子が電位差 1 V を通過する際に得られるエネルギーで，電子の荷電は 1.6×10^{-19}〔C〕なので 1〔eV〕= 1.6×10^{-19}〔J〕となる。

解き方 図3.5に示すようにウラン235の原子核1個に中性子を入射するとストロンチウム（$^{94}_{38}$Sr）とキセノン（$^{140}_{54}$Xe）の2種類の原子核に分裂する。このとき，2個の中性子やγ線とともに質量欠損に相当する約200〔MeV〕の膨大なエネルギーが放出される。

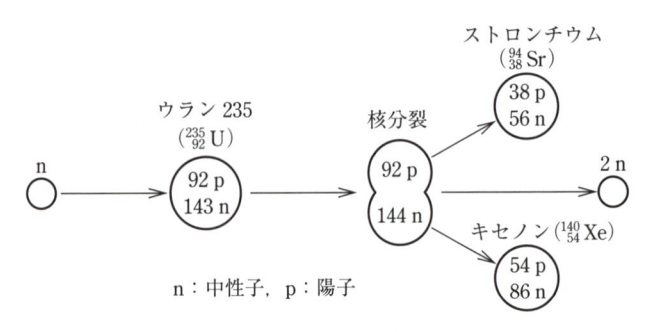

図3.5 ウラン235の核分裂図

例題2 原子力発電におけるウラン（235）1〔g〕が核分裂し，0.09％の質量欠損が生じたとき，発生エネルギーを重油に換算した値〔kg〕として，最も近いのは次のうちどれか。
ただし，重油の発熱量を44 000 kJ/kgとする。

(1) 36　　(2) 1.84×10^2　　(3) 3.6×10^2　　(4) 1.84×10^3
(5) 1.84×10^5

〔予想問題〕

答 (4)

考え方 アイシュタインの法則によれば，核分裂で放射するエネルギーE〔J〕は，

$$E = mc^2 \text{〔J〕}$$

で示される。ここで，

　m：質量欠損〔kg〕
　c：光速〔m/s〕

である。また，光速cは$c = 3\times10^8$〔m/s〕であり，Eの値は膨大な値となる。

解き方 放出されるエネルギー E〔J〕は，
$$E = mc^2 \text{〔J〕}$$
なので，これに数値 $m = 1\times0.09\times10^{-2}$〔g〕$= 0.09\times10^{-5}$〔kg〕，$c = 3\times10^8$〔m/s〕を代入すると，
$$E = 0.09\times10^{-5}\times(3\times10^8)^2 = 9\times9\times10^9$$
$$= 8.1\times10^{10} \text{〔J〕} = 8.1\times10^7 \text{〔kJ〕}$$
となる。一方，重油の発熱量が 44 000 kJ/kg なので，重油に換算した重油換算量 B〔kg〕は，
$$B = \frac{8.1\times10^7 \text{〔J〕}}{4.4\times10^4 \text{〔kJ/kg〕}} = 1.84\times10^3 \text{〔kg〕}$$
となり，ウラン（235）1 g が重油約 1 800 kg に相当する膨大なエネルギーを発生する。

（参考）重油の比重を 0.9 とすれば，$1.84\times10^3/0.9 \fallingdotseq 2\times10^3$〔k$l$〕となり，ウラン（235）1 g ≒ 重油 2 000〔kl〕となる。

3.1 原子核反応

3.2 軽水炉の形式（BWRとPWR）

例題1

わが国の商業発電用原子炉のほとんどは，軽水炉と呼ばれる形式であり，それには加圧水形と沸騰水形の2種類がある。両形式とも （ア） を焼結加工した燃料を用いていること，並びに軽水を減速材及び （イ） として使用する点は共通しているが，両形式の違いは，加圧水形は炉水を加圧することにより沸騰させないで熱水に保ちつつ，ポンプにより循環させて （ウ） に導き，熱交換により二次系の水を加熱し，発生した蒸気を湿分分離してタービンに送り込む。一方，沸騰水形は原子炉内で炉水を （エ） させながら沸騰させ，発生した蒸気を湿分分離して直接タービンへ送り込む。

上記の記述中の空白箇所（ア），（イ），（ウ）及び（エ）に記入する字句として，正しいものを組み合わせたのは次のうちどれか。

	（ア）	（イ）	（ウ）	（エ）
(1)	低濃縮ウラン	冷却材	蒸気発生器	再循環
(2)	高濃縮ウラン	反射材	加圧器	減　圧
(3)	高濃縮ウラン	冷却材	蒸気発生器	減　圧
(4)	低濃縮ウラン	反射材	加圧器	再循環
(5)	高濃縮ウラン	反射材	蒸気発生器	減　圧

［平成9年A問題］

答 (1)

考え方

日本で運転されている商用原子力発電の原子炉は，軽水炉というタイプで，沸騰水形（BWR）と加圧水形（PWR）がある。

BWRは，原子炉で発生した蒸気をそのまま蒸気タービンに送り，タービンを駆動するもので，設備は単純になるが蒸気は放射能を含むので，タービンの点検には放射能対策が必要となる。PWRは原子炉内で加圧熱水をつくり，これを蒸気発生器に送り，熱交換をした蒸気をタービンに送る。このため，設備は複雑になるが，タービンには放射能による心配がないので点検しやすくなる。

解き方

沸騰水形（BWR）および加圧水形（PWR）ともウラン235を2〜3%に濃縮した低濃縮ウランを焼成加工した燃料を使用する。また，減速材，冷却材として軽水（水）を使用している。

PWRには加圧器と蒸気発生器（熱交換器）が設置されており，タービンに送られる蒸気には放射能は含まれない。一方，BWRには加圧器，蒸気発生器がなく，原子炉内で炉水を再循環させながら沸騰させ，蒸気を発生し，これをタービンに送る方式である。

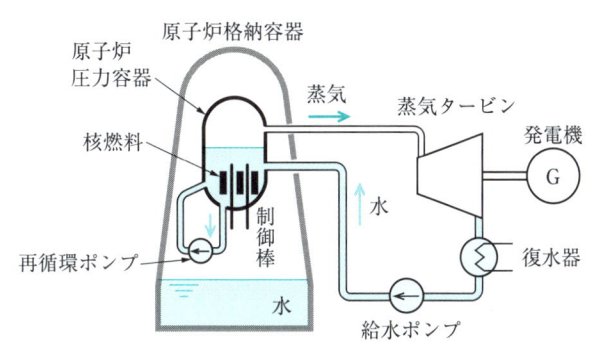

(a) 沸騰水形（BWR）

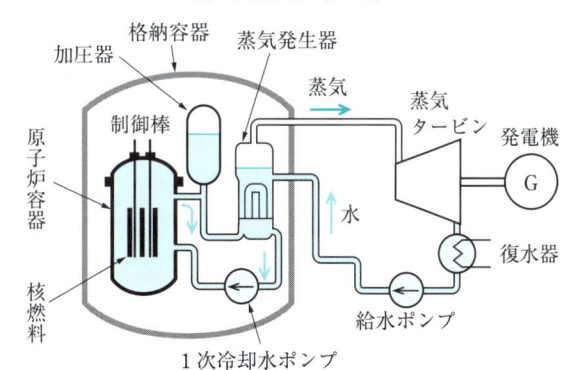

(b) 加圧水形（PWR）

図 3.6 軽水炉の形式

例題 2

わが国の商業発電用原子炉のほとんどは，軽水炉と呼ばれる型式であり，それには加圧水型原子炉（PWR）と沸騰水型原子炉（BWR）の2種類がある。

PWRの熱出力調整は主として炉水中の　(ア)　の調整によって行われる。一方，BWRでは主として　(イ)　の調整によって行われる。なお，両型式とも起動又は停止時のような大幅な出力調整は制御棒の調整で行い，制御棒の　(ウ)　によって出力は上昇し，(エ)　によって出力は下降する。

上記の記述中の空白箇所（ア），（イ），（ウ）及び（エ）に当てはまる語句として，正しいものを組み合わせたのは次のうちどれか。

	（ア）	（イ）	（ウ）	（エ）
(1)	ほう素濃度	再循環流量	挿入	引抜き
(2)	再循環流量	ほう素濃度	引抜き	挿入
(3)	ほう素濃度	再循環流量	引抜き	挿入
(4)	ナトリウム濃度	再循環流量	挿入	引抜き
(5)	再循環流量	ほう素濃度	挿入	引抜き

［平成 20 年 A 問題］

答　(3)

考え方

商用原子炉として使用されている軽水炉の形式は，加圧水形（PWR）と沸騰水形（BWR）である。

PWRの出力制御方法としては，①制御棒による出力制御と②ほう酸濃度調整による出力制御方法がある。また，BWRの出力制御方法としては，①制御棒による出力制御と②再循環流量制御の方法がある。

いずれの方法も，核分裂を起こすための中性子を吸収して，反応を制御する。

制御棒が引き抜かれれば，核分裂に寄与する中性子が増えるので出力は増加し，制御棒を挿入することにより，中性子は制御棒に吸収され減少するので出力は下降する。

解き方

PWRの出力調整は，主にほう酸濃度の調整により行われ，BWRの出力調整は主に再循環流量により行われる。また，制御棒による出力調整も行われ，制御棒を引き抜くことにより出力は上昇し，挿入により出力は下降する

（参考）日本の商用原子力発電所：53 基，許可出力 4.794 万 kW
　　　　（2009 年 3 月末現在）

3.3 原子炉の構成材

例題 1

原子炉の炉形式と減速材を組み合わせた次の記述のうち，誤っているのはどれか。

(1) 軽水炉 ― 軽水
(2) 重水炉 ― 重水
(3) ガス冷却炉 ― 黒鉛
(4) 高温ガス炉 ― ナトリウム
(5) 高速増殖炉 ― 減速材なし

[昭和62年A問題]

答 (4)

考え方　ウラン235の核分裂で発生する高速中性子（約2万km/s）を，核燃料に吸収されやすい低速（約2km/s）の熱中性子に減速するものが減速材である。日本の商用原子力発電では軽水炉形が多く，この減速材は軽水である。また，軽水炉では冷却材も軽水を使用している。

重水炉は，減速材に重水を使用している。また，イギリス，フランスで多く使用されているガス冷却形原子炉および高温ガス炉の減速材は，黒鉛が使用されている。

高速中性子をそのまま使用し，新たに生産されるプルトニウムなどの燃料が大きい高速増殖炉では減速材はない。

解き方　軽水炉の減速材は軽水，重水炉は重水である。ガス冷却炉と高温ガス炉の減速材は黒鉛であり，高速増殖炉では中性子の減速を行わないため，減速材はない。したがって，誤りは(4)となる。

表3.2　各種原子炉の構成材

原子炉	減速材	冷却材	燃料
軽水炉 (BWR, PWR)	軽水	軽水	低濃縮ウラン
重水炉	重水	重水	天然ウラン
ガス炉	黒鉛 黒鉛	炭酸ガス ヘリウム	天然ウラン 高濃縮ウラン トリウム
高速増殖炉 (FBR)	なし	ナトリウム ナトリウム・ カリウム合金	高濃縮ウラン プルトニウム

例題2

次の①群～④群は，各種の発電用原子炉で減速材，冷却材，制御材又は核燃料として使用される物質を，用途別に分類してグループにしたものである。

①群……天然ウラン，プルトニウム，低濃縮ウラン
②群……ハフニウム，カドミウム，ボロン
③群……黒鉛，軽水，重水
④群……軽水，炭酸ガス，ナトリウム

①群から④群の各グループが，それぞれどの用途に該当するか，正しい組合せを次のうちから選べ。

	①群	②群	③群	④群
(1)	核燃料	減速材	制御材	冷却材
(2)	制御材	核燃料	冷却材	減速材
(3)	核燃料	制御材	減速材	冷却材
(4)	制御材	核燃料	減速材	冷却材
(5)	核燃料	制御材	冷却材	減速材

［平成8年A問題］

答 (3)

考え方 減速材，冷却材，制御材，核燃料について整理すると，表3.3のようになる。

表3.3 原子炉の構成材

項　目	内　容
原子燃料	・天然ウラン（ウラン235 約0.7% 含む，残りはウラン238） ・低濃縮ウラン（ウラン235の含有率を高めたもの。濃縮度は約2～3%とし，二酸化ウラン（UO_2）の粉末として，ペレット状にしたもの） ・その他，ウラン233，プルトニウム239 など
減速材	・軽水：軽水炉で使用　　・黒鉛：ガス炉で使用 ・重水：高価である　　　・ベリリウム，ほか有機材
冷却材	・軽水　　　　　　　　　・気体（空気，CO_2，He） ・重水　　　　　　　　　・液体金属（Na）など ・有機材
制御材	・カドミウム（Cd）　　　・ほう素，ハフニウム（Hf） ・ボロン（B）

解き方 各自の特意な分野の物質からあてはめていく。①群は天然ウラン，低濃縮ウランがあるので→核燃料，③群は黒鉛，軽水，重水があるので→減速材，④群は軽水，炭酸ガス，ナトリウムがあるので→冷却材。②群はボロン，ハフニウムがあるので→制御材となる。

3.4 原子力発電と火力発電

例題1

　一般的な軽水形原子力発電所の燃料としては　(ア)　が用いられる。これは　(イ)　中のウラン 235 の比率が 0.7 〔％〕程度であるものを，ガス拡散法や遠心分離法などによって濃縮したものである。
　核分裂しにくい　(ウ)　の一部は，原子炉内の　(エ)　の作用によって　(オ)　となる。更に，この一部は炉内で核分裂してエネルギー発生に寄与する。
　上記の記述中の空白箇所（ア），（イ），（ウ），（エ）及び（オ）に記入する字句として，正しいものを組み合わせたのは次のうちどれか。

	（ア）	（イ）	（ウ）	（エ）	（オ）
(1)	低濃縮ウラン	天然ウラン	ウラン 238	中性子	プルトニウム 239
(2)	低濃縮ウラン	天然ウラン	劣化ウラン	中性子	ウラン 235
(3)	低濃縮ウラン	ウラン鉱石	ウラン 235	中性子	ウラン 238
(4)	高濃縮ウラン	低濃縮ウラン	プルトニウム 239	放射能	ウラン 235
(5)	高濃縮ウラン	天然ウラン	ウラン 238	ガンマ線	プルトニウム 239

[平成 7 年 A 問題]

答　(1)

考え方　日本で商用原子力として使用されている軽水炉形原子力発電所の燃料は，天然ウランを濃縮した低濃縮ウランが使用されている。天然ウランには，ウラン 235 が 0.7% 程度しか含まれておらず，これを約 3% に濃縮した低濃縮ウランが使用されている。

　天然ウランの 99.3% を含めるウラン 238 の一部はプルトニウムになり，このプルトニウムは高速中性子で核分裂してエネルギーを発生することになる。

　このように，ウラン 235 を燃料にして核分裂で生じたプルトニウムを新しい燃料とする原子炉ができれば，エネルギー資源の少ない日本にとって夢の原子力発電が可能となる。このような高速中性子を用い，プルトニウムを利用するものが高速増殖炉である。

なお，日本では高速増殖炉の実験炉として「もんじゅ（電気出力 300 MW）」を計画していたが，液体ナトリウムを使用するためにナトリウムが空気と接触して爆発を起こし，計画は遅れている。

解き方
(1) 軽水炉の燃料としては低濃縮ウランである。
(2) 天然ウラン中のウラン 235 は約 0.7％程度であり，これを 2〜3％ に濃縮したものが濃縮ウランである。
(3) ウラン 238（99.7％含まれる）の一部は，中性子の作用によりプルトニウムになる。
(4) プルトニウムは高速中性子により核分裂を起こし，エネルギーを発生する。

例題 2
　原子力発電所と最近の大形火力（汽力）発電所を比較した場合，その特徴に関する記述として，誤っているのは次のうちどれか。
(1) 原子力発電のほうが発電原価に占める燃料費の割合が小さい。
(2) 原子力発電用高圧タービンのほうが火力の高圧タービンより回転速度が遅い。
(3) 同じ出力の場合，原子力発電のほうが復水器の冷却水量が多い。
(4) 原子力発電では燃料の燃焼に空気を必要としない。
(5) 原子力発電所の発生蒸気のほうが高温高圧である。

［平成 10 年 A 問題］

答 (5)

考え方
　原子力発電の発電原価に占める燃料費の割合は，汽力発電よりも小さい。したがって，高出力で長時間運転したほうが発電原価は低減できる。

　原子力発電の蒸気温度は 260℃ 程度であり，汽力発電の 538/566℃ より低いので，熱効率は 31〜34％ 程度になり，汽力発電の 35〜40％ よりも低いことになる。

解き方

(1) 原子力発電のほうが発電原価に占める燃焼費の割合は小さい。
(2) 原子力発電の蒸気条件（温度・圧力）は汽力発電よりも低いので，発電機を4極にして，タービンの回転数を1 500 rpm, 1 800 rpm と汽力の3 000, 3 600 rpm より低い。
(3) 原子力発電のほうが熱効率が低いので，復水器からの熱損失が多くなり，冷却水量が多くなる。
(4) 原子力発電では，燃焼がないので燃焼用の空気は不要。
(5) 原子力発電の蒸気は汽力発電より低温・低圧である。

表3.4

		原子力発電	汽力発電
(1)	燃料費	発電原価の2〜3割程度	発電原価の6割程度
(2)	回転速度	1 500 min^{-1}, 1 800 min^{-1}	3 000 min^{-1}, 3 600 min^{-1}
(3)	復水器の冷却水量	多い	少ない
(4)	燃料の燃焼空気	必要なし	燃焼用の空気が必要
(5)	発生蒸気の蒸気条件	低温・低圧 6.9 MPa，272℃	高温・高圧 16〜24 MPa，538〜566℃
(6)	熱効率	低い　31〜34%	高い　35〜45%

3.5 核燃料サイクル

例題 1

図は，我が国の軽水形原子力発電における核燃料サイクルの概略を示したものである。

図中の空白箇所（ア），（イ），（ウ）および（エ）に記入する字句として，正しいものを組み合わせたのは次のうちどれか。

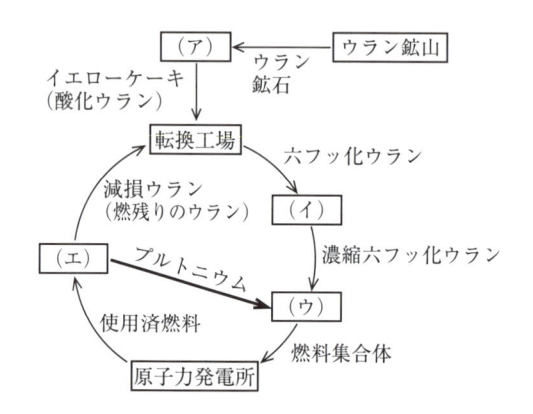

```
                        （ア） ← ウラン鉱石 ← ウラン鉱山
              イエローケーキ
              （酸化ウラン）
                         ↓
                        転換工場 — 六フッ化ウラン
              減損ウラン              ↓
             （燃残りのウラン）       （イ）
                         ↑            ↓
                        （エ）→プルトニウム→（ウ）
                              ↑           ↓
                           使用済燃料    燃料集合体
                              ↑           ↓
                             原子力発電所
```

	（ア）	（イ）	（ウ）	（エ）
(1)	精錬工場	濃縮工場	再処理工場	再転換・加工工場
(2)	濃縮工場	精錬工場	再処理工場	再転換・加工工場
(3)	精錬工場	再処理工場	再転換・加工工場	濃縮工場
(4)	精錬工場	濃縮工場	再転換・加工工場	再処理工場
(5)	再転換・加工工場	濃縮工場	精錬工場	再処理工場

［平成 11 年 A 問題］

答 (4)

考え方 軽水形原子力発電に使用される核燃料は天然ウランから始まり，精錬，濃縮，再転換・加工，原子力発電所で燃焼，再処理とサイクルを回し，発生したプルトニウムの再利用や，放射性廃棄物の埋設など合理的に安全を確保して進めなければならない。

この核燃料サイクルをスムーズに運用していくことができれば，エネルギーの長期的に安定した確保ができる。

解き方

(1) （ア）精錬工場：ウラン鉱石から粉末状のイエローケーキをつくる工場
(2) 転換工場：六フッ化ウランをつくる工場
(3) （イ）濃縮工場：六フッ化ウランを濃縮する工場
(4) （ウ）再転換・加工工場：濃縮された六フッ化ウランを二酸化ウラン（UO_2）に転換する。円柱状のペレットに成形して燃料棒に詰める工場。
(5) 原子力発電所：燃料を使用して核分裂反応を起こし，蒸気をつくり発電する。
(6) （エ）再処理工場：発電所から出た使用済み燃料からプルトニウムを回収し，高レベル放射性廃棄物を分離し，貯蔵保管施設に送る。

第3章 章末問題

3-1 1〔g〕のウラン235が核分裂し，0.09〔%〕の質量欠損が生じたとき，発生するエネルギーを石炭に換算した値〔kg〕として，最も近いのは次のうちどれか。

ただし，石炭の発熱量を25 000〔kJ/kg〕とする。

(1) 32　　(2) 320　　(3) 1 600　　(4) 3 200　　(5) 6 400

［平成16年A問題］

3-2 軽水炉で使用されている原子燃料に関する記述として，誤っているのは次のうちどれか。

(1) 中性子を吸収して核分裂を起こすことのできる核分裂性物質には，ウラン235やプルトニウム239がある。

(2) ウラン燃料は，二酸化ウランの粉末を焼き固め，ペレット状にして使用される。

(3) ウラン燃料には，濃縮度90〔%〕程度の高濃縮ウランが使用される。

(4) ウラン238は中性子を吸収してプルトニウム239に変わるので，親物質と呼ばれる。

(5) 天然ウランは約0.7〔%〕のウラン235を含み，残りはほとんどウラン238である。

［平成15年A問題］

3-3 次の元素のうちで，熱中性子によって核分裂を起こす確率が最も高いのはどれか。

(1) ウラン234

(2) ウラン235

(3) ウラン236

(4) ウラン238

(5) プルトニウム240

［平成4年A問題］

3-4 沸騰水型軽水炉（BWR）に関する記述として，誤っているのは次のうちどれか。

(1) 燃料には低濃縮ウランを，冷却材及び減速材には軽水を使用する。
(2) 加圧水型軽水炉（PWR）に比べて出力密度が大きいので，炉心及び原子炉圧力容器は小さくなる。
(3) 出力調整は，制御棒の抜き差しと再循環ポンプの流量調整により行う。
(4) 加圧水型軽水炉に比べて原子炉圧力が低く，蒸気発生器がないので構成が簡単である。
(5) タービン系に放射性物質が持ち込まれるため，タービン等に遮へい対策が必要である。

［平成 17 年 A 問題］

3-5 わが国における商業発電用の加圧水型原子炉（PWR）の記述として，正しいのは次のうちどれか。

(1) 炉心内で水を蒸発させて，蒸気を発生する。
(2) 再循環ポンプで炉心内の冷却水流量を変えることにより，蒸気泡の発生量を変えて出力を調整できる。
(3) 高温・高圧の水を，炉心から蒸気発生器に送る。
(4) 炉心と蒸気発生器で発生した蒸気を混合して，タービンに送る。
(5) 炉心を通って放射線を受けた蒸気が，タービンを通過する。

［平成 22 年 A 問題］

3-6 我が国の原子炉の主流である軽水炉は，水が冷却材と （ア） を兼ねているため，炉の出力が上がり水の温度が上昇すると，水の密度が （イ） し，中性子の減速効果が低下する。その結果，核分裂は自動的に （ウ） され，出力も （エ） し，水の温度も下がる特性を有している。これを自己制御性という。

上記の記述中の空白箇所（ア），（イ），（ウ）および（エ）に記入する字句として，正しいものを組み合わせたのは次のうちどれか。

	（ア）	（イ）	（ウ）	（エ）
(1)	制御材	減少	制御	減少
(2)	制御材	増加	加速	増加
(3)	減速材	減少	抑制	減少
(4)	減速材	増加	加速	減少
(5)	遮へい材	減少	抑制	増加

［平成 3 年 A 問題］

3-7 わが国の原子力発電所で用いられる軽水炉では，水が （ア） と減速材を兼ねている。もし，何らかの原因で核分裂反応が増大し出力が増大して水の温度が上昇すると，水の密度が （イ） し，中性子の減速効果が低下する。その結果，核分裂に寄与する （ウ） が減少し，核分裂は自動的に （エ） される。このような特性を軽水炉の固有の安全性又は自己制御性という。

上記の記述中の空白箇所（ア），（イ），（ウ）及び（エ）に記入する語句として，正しいものを組み合わせたのは次のうちどれか。

	（ア）	（イ）	（ウ）	（エ）
(1)	冷却材	減少	熱中性子	抑制
(2)	遮へい材	減少	熱中性子	加速
(3)	遮へい材	減少	高速中性子	抑制
(4)	冷却材	増加	熱中性子	抑制
(5)	遮へい材	増加	高速中性子	加速

［平成 14 年 A 問題］

3-8 軽水炉は，　(ア)　を原子燃料とし，冷却材と　(イ)　に軽水を用いた原子炉であり，わが国の商用原子力発電所に広く用いられている。この軽水炉には，蒸気を原子炉の中で直接発生する　(ウ)　原子炉と蒸気発生器を介して蒸気を作る　(エ)　原子炉とがある。

沸騰水型原子炉では，何らかの原因により原子炉の核分裂反応による熱出力が増加して，炉内温度が上昇した場合でも，それに伴う冷却材沸騰の影響でウラン235に吸収される熱中性子が自然に減り，原子炉の暴走が抑制される。これは，　(オ)　と呼ばれ，原子炉固有の安定性をもたらす現象の一つとして知られている。

上記の記述中の空白箇所 (ア)，(イ)，(ウ)，(エ) 及び (オ) に当てはまる語句として，正しいものを組み合わせたのは次のうちどれか。

	(ア)	(イ)	(ウ)	(エ)	(オ)
(1)	低濃縮ウラン	減速材	沸騰水型	加圧水型	ボイド効果
(2)	高濃縮ウラン	減速材	沸騰水型	加圧水型	ノイマン効果
(3)	プルトニウム	加速材	加圧水型	沸騰水型	キュリー効果
(4)	低濃縮ウラン	減速材	加圧水型	沸騰水型	キュリー効果
(5)	高濃縮ウラン	加速材	沸騰水型	加圧水型	ボイド効果

［平成19年A問題］

3-9 次の文章は，原子力発電に関する記述である。

原子力発電は，原子燃料が出す熱で水を蒸気に変え，これをタービンに送って熱エネルギーを機械エネルギーに変えて，発電機を回転させることにより電気エネルギーを得るという点では，　(ア)　と同じ原理である。原子力発電では，ボイラの代わりに　(イ)　を用い，　(ウ)　の代わりに原子燃料を用いる。現在，多くの原子力発電所で燃料として用いている核分裂連鎖反応する物質は　(エ)　であるが，天然に産する原料では核分裂連鎖反応しない　(オ)　が99〔％〕以上を占めている。このため，発電用原子炉にはガス拡散法や遠心分離法などの物理学的方法で　(エ)　の含有率を高めた濃縮燃料が用いられている。

上記の記述中の空白箇所 (ア)，(イ)，(ウ)，(エ) 及び (オ) に当てはまる語句として，正しいものを組み合わせたのは次のうちどれか。

	（ア）	（イ）	（ウ）	（エ）	（オ）
(1)	汽力発電	原子炉	自然エネルギー	プルトニウム239	ウラン235
(2)	汽力発電	原子炉	化石燃料	ウラン235	ウラン238
(3)	内燃力発電	原子炉	化石燃料	プルトニウム239	ウラン238
(4)	内燃力発電	燃料棒	化石燃料	ウラン238	ウラン235
(5)	太陽熱発電	燃料棒	自然エネルギー	ウラン235	ウラン238

［平成21年A問題］

第 4 章

変電

Point 重要事項のまとめ

1 変電所の設備（図4.1）
① 避雷器：外部からの雷の侵入や開閉サージを防ぐ設備。
② 母線と開閉設備：送配電線の分配・統合するために母線（Bus-Bar）と送配電を行う遮断器，断路器，両者をパッケージ化したガス開閉器（GIS）などがある。
③ 主変圧器：電圧を昇圧または降圧するもので，電力を送電する場合は昇圧し，その地域の工場や建物などに配電する場合には，電圧を降圧する。
④ 測定装置と制御装置：電圧，電流を計測する計器用変成器や送電，配電系統を統括し，制御する制御装置がある。
⑤ 調相設備：進み電流や遅れ電流を供給して電圧調整を行う。

2 遮断器の種類
① 油遮断器（OCB）：絶縁油の消弧冷却作用により電流を遮断する。電圧 3.6〜300 kV。
② 磁気遮断器（MBB）：遮断電流による磁界でアークを伸ばし，冷却，遮断する。電圧 3.6〜12 kV。
③ 空気遮断器（ABB）：圧縮空気で遮断時のアークを吹き飛ばし，冷却し，遮断する。電圧 22〜500 kV。
④ 真空遮断器（VCB）：高真空によりアークの冷却消弧を行う。使用電圧 3.6〜168 kV。
⑤ ガス遮断器（GCB）：六フッ化ガスを使用して電流を遮断する。断路器，CT，接地装置などを組み合わせ，密封したコンパクトなガス開閉器（GIS）が一般的。22〜500 kVA。

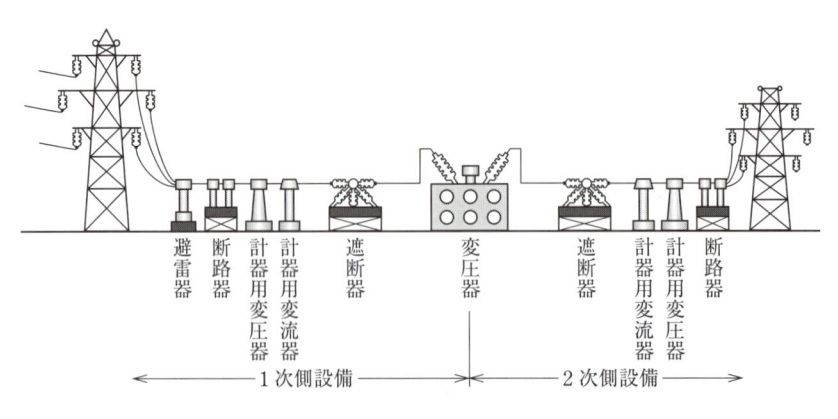

図 4.1 変電所の設備

図 4.2 ガス絶縁開閉装置（GIS）外観

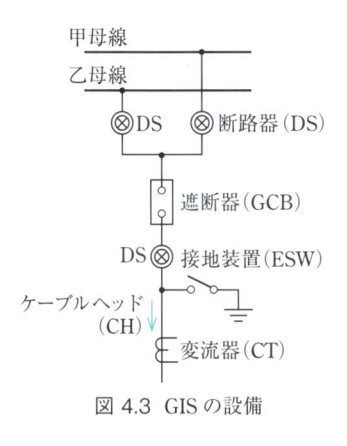

図 4.3 GIS の設備

3 変電所の保護継電器

① 過電流継電器（OCR）：短絡電流など大電流で動作し，限時特性をもち，遮断器に遮断信号を出す。
② 比率差動継電器：変圧器の1次側と2次側の電流を比較して，変圧器の内部短絡・地絡を検出し，変圧器を保護する。
③ 地絡継電器・地絡方向継電器：線路の地絡電流およびその方向を検出して保護。

4 変圧器の結線方式

① Y-Y：励磁電流の第3高調波を環流できないため，実用的でない。
② Y-Δ：Y の中性点を接地すると絶縁上有利となり，第3高調波も環流できる。1次と2次で30°の位相差を生じる。
③ Y-Y-Δ：3次巻線に調相設備を設置できる。第3高周波を環流できる。
④ Δ-Δ：第3高調波を吸収でき，1次，2次間に位相差なし。地絡保護しづらい。
⑤ V-V：初期負荷が少ない場合や事故時の応急措置。出力は $\sqrt{3}/3$（≒58）と低い。

5 変圧器の並行運転条件

① 電圧，変圧比，極性が等しいこと。
② インピーダンス電圧が等しいこと。
③ インピーダンスのリアクタンス分と抵抗分の比が等しいこと。
④ 三相の場合は相回転と角変位が等しいこと。

6 変圧器の負荷分担（図 4.4）

変圧器 A と B の基準容量に換算した百分率インピーダンスを $\%Z_A$，$\%Z_B$ とすると，負荷分担 P_A，P_B は，

$$P_A = \frac{\%Z_b}{\%Z_a + \%Z_b} P \text{ [kVA]}$$

$$P_B = \frac{\%Z_a}{\%Z_a + \%Z_b} P \text{ [kVA]}$$

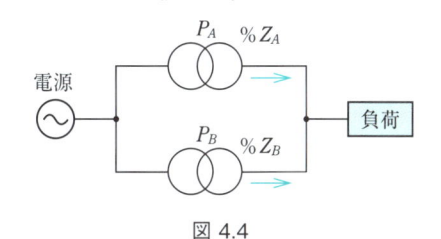

図 4.4

7 調相設備：進み電流，遅れ電流の設備を設置して，電圧調整を行うもの

① 電力用コンデンサ：進み電流負荷として，遅れ力率負荷の多い場合に使用。
② 分路リアクトル：遅れ電流負荷として，進み力率負荷の多い場合に使用。
③ 静止形無効電力（SVC）：半導体を用いて，コンデンサやリアクトルに電流を流す。

8 絶縁材料と耐熱クラス（JEC-6147）

変圧器，コンデンサ，リアクトルなどには耐熱クラスを銘記して耐熱クラスを示している。

表 4.1

耐熱クラス	許容最高温度
Y	90℃
A	105℃
E	120℃
B	130℃
F	155℃
H	180℃
200	200℃
220	220℃
240	240℃

4.1 変電所の設備

例題 1

次の文章は，送変電設備の断路器に関する記述である。

断路器は （ア） をもたないため，定格電圧のもとにおいて （イ） の開閉をたてまえとしないものである。 （イ） が流れている断路器を誤って開くと，接触子間にアークが発生して接触子は損傷を受け，焼損や短絡事故を生じる。したがって，誤操作防止のため，直列に接続されている遮断器の開放後でなければ断路器を開くことができないように （ウ） 機能を設けてある。

なお，断路器の種類によっては，短い線路や母線の （エ） 及びループ電流の開閉が可能な場合もある。

上記の記述中の空白箇所（ア），（イ），（ウ）及び（エ）に記入する語句として，正しいものを組み合わせたのは次のうちどれか。

	（ア）	（イ）	（ウ）	（エ）
(1)	消弧装置	励磁電流	インタロック	地絡電流
(2)	冷却装置	励磁電流	インタロック	充電電流
(3)	消弧装置	負荷電流	インタフェース	地絡電流
(4)	冷却装置	励磁電流	インタフェース	充電電流
(5)	消弧装置	負荷電流	インタロック	充電電流

［平成 17 年 A 問題］

答 (5)

考え方 断路器は遮断器と異なり消弧能力がないので，変圧器の励磁電流や線路の充電電流は遮断できない。したがって，電路を遮断するときは，遮断器を開放（遮断）してから断路器を開放する。また，逆の場合で誤って断路器を先に開放（遮断）できないように電気的や機械的なインタロックを設置する。

解き方

断路器と遮断器は役割が異なる。断路器は電路の電圧の遮断であり，消弧能力はなく電流の遮断能力はない。一方，遮断器は電路の電流の遮断が主目的である。したがって，線路や電路を開放するときは，負荷電流や事故時の短絡電流が流れており，これを遮断器で遮断する。その後，電圧も確実に遮断するために断路器を開放する。負荷電流が流れている電路で誤って断路器を開くとアークを発生し，短絡事故に発展する。このような事故を防止するために，遮断器と断路器の投入，開放（遮断）順番が決まるので，手順が間違わないようにインターロック機能を付けている。

なお，開閉器は母線の充電電流やループ電流の開放が可能なものもある。

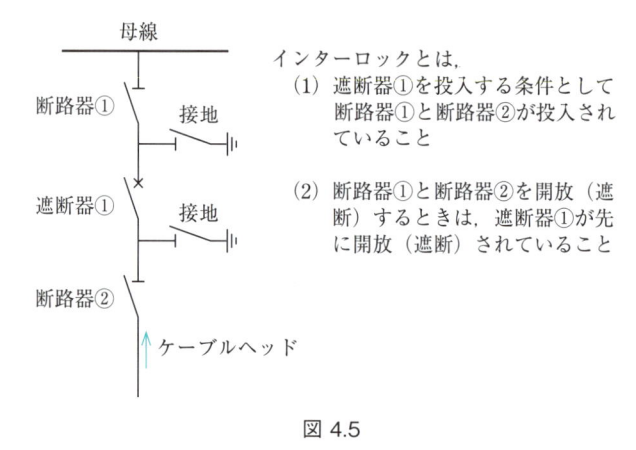

インターロックとは，
(1) 遮断器①を投入する条件として断路器①と断路器②が投入されていること
(2) 断路器①と断路器②を開放（遮断）するときは，遮断器①が先に開放（遮断）されていること

図 4.5

例題 2

変電所に設置される機器に関する記述として，誤っているのは次のうちどれか。

(1) 活線洗浄装置は，屋外に設置された変電所のがいしを常に一定の汚損度以下に維持するため，台風が接近している場合や汚損度が所定のレベルに達したとき等に充電状態のまま注水洗浄が行える装置である。

(2) 短絡，過負荷，地絡を検出する保護継電器は，系統や機器に事故や故障等の異常が生じたとき，速やかに異常状況を検出し，異常箇所を切り離す指示信号を遮断器に送る機器である。

(3) 負荷時タップ切換変圧器は，電源電圧の変動や負荷電流による電圧変動を補償して，負荷側の電圧をほぼ一定に保つために，負荷状態のままタップ切換えを行える装置を持つ変圧器である。

(4) 避雷器は，誘導雷及び直撃雷による雷過電圧や電路の開閉等で生じる過電圧を放電により制限し，機器を保護するとともに直撃雷の侵

入を防止するために設置される機器である。
(5) 静止形無効電力補償装置（SVC）は，電力用コンデンサと分路リアクトルを組み合わせ，電力用半導体素子を用いて制御し，進相から遅相までの無効電力を高速で連続制御する装置である。

[平成18年A問題]

答 (4)

考え方
(1) 変電所は構外から電気を受け，変圧して送電・配電する。送電線は架空線もあり，また地中線（ケーブル）もあるので自然環境に耐えられるような設備も準備されている。活線洗浄装置は，屋外変電所の架空線を支持するがいしの汚損度を一定値以下に保持するための洗浄装置で，水道水などをポンプアップして活線状態のままがいしを水洗する。

(2) 保護継電器は短絡，過負荷を保護する過電流継電器，地絡を保護する地絡継電器，電力系統を保護する系統保護装置などがあり，電気事故を検出し除去する保護システムとなっている。

(3) 負荷時タップ切替変圧器は，負荷側の電圧調整を行うとき，負荷状態のままタップ切替えができる装置である。電力調相設備（コンデンサ，リアクトル，SVCなど）などの調整による電圧調整と組み合わせて実施される。

(4) 静止形無効電力補償装置（SVC）は，進相から遅相の無効電力を供給する。

解き方
(1)～(3)，(5)についての記述は正しい。誤りは(4)で，避雷器は雷過電圧や開閉サージによる過電圧を防止する。

避雷器は，①直列ギャップ付きの炭化けい素（SiC）や②ギャップレス酸化亜鉛（ZnO）などがあり，②が多く使用されている。なお，過電圧が印加されたとき，放電して衝撃電圧を抑制するが直撃雷の侵入は防止できない。

例題 3

　ガス絶縁開閉装置（GIS）は，金属容器に遮断器，断路器，母線などを収納し，絶縁耐力及び消弧能力の優れた　(ア)　を充填したもので，充電部を支持するスペーサなどの絶縁物には，主に　(イ)　が用いられる。また，気中絶縁の設備に比べて GIS には次のような特徴がある。

① コンパクトである。
② 充電部が密閉されており，安全性が高い。
③ 大気中の汚染物等の影響を受けないため，信頼性が　(ウ)　。
④ 内部事故時の復旧時間が　(エ)　。

　上記の記述中の空白箇所（ア），（イ），（ウ）及び（エ）に記入する語句として，正しいものを組み合わせたのは次のうちどれか。

	（ア）	（イ）	（ウ）	（エ）
(1)	SF_6 ガス	磁器がいし	高い	短い
(2)	SF_6 ガス	エポキシ樹脂	高い	長い
(3)	SF_6 ガス	エポキシ樹脂	低い	短い
(4)	窒素ガス	磁器がいし	低い	長い
(5)	窒素ガス	エポキシ樹脂	高い	短い

［平成 15 年 A 問題］

答 (2)

考え方　電気設備の中で最も基本となるものは遮断器で，これにより電気の供給と停止ができる。一方，高電圧，高電流を遮断するために油遮断器（OCB），磁気遮断器（MCB），空気遮断器（ACB），真空遮断器（VCB），ガス遮断器（GCB）など時代とともに開発，設置されてきた。このうち，ガス遮断器（GCB）は六フッ化硫黄（SF_6）ガスを使用したもので，遮断性能は空気の数十倍にもなる。

　さらに，ガス遮断器と断路器，計器用変圧器，変流器，接地装置，母線，スペーサなどを一つの密閉容器の中に取り入れ，小形化したものがガス開閉装置（GIS）であり，省スペースで空気遮断器の 1/5〜1/10 程度になり，遮断時の騒音も少なく，22〜500 kV まで幅広く使用されている。

解き方　GIS は，密閉容器内に SF_6 ガスを充填した設備で，母線などを支持するスペーサにはエポキシ樹脂が使用され，その特長は①コンパクト，②安全性が高い，③外部環境に影響を受けにくく信頼性が高い，④内部事故の復旧には，SF_6 ガスの除去や密閉部分の開放などに時間がかかるため，復旧時間は長くなるなどである。

4.2 保護継電器

例題 1

変電所に使用されている主変圧器の内部故障を確実に検出するためには，電気的な保護継電器や機械的な保護継電器が用いられる。電気的な保護継電器としては，主に （ア） 継電器が用いられ，機械的な保護継電器としては，（イ） の急変や分解ガス量を検出するブッフホルツ継電器，（ウ） の急変を検出する継電器などが用いられる。また，故障時に変圧器内部の圧力上昇を緩和するために，（エ） が取り付けられている。

上記の記述中の空白箇所（ア），（イ），（ウ）及び（エ）に記入する語句として，正しいものを組み合わせたのは次のうちどれか。

	（ア）	（イ）	（ウ）	（エ）
(1)	過電流	油流	振動	減圧弁
(2)	比率差動	油流	油圧	放圧装置
(3)	比率差動	油流	振動	放圧装置
(4)	過電流	油温	振動	減圧弁
(5)	比率差動	油温	油圧	放圧装置

［平成14年A問題］

答 (2)

考え方

変圧器の電気事故としては，内部巻線の短絡や地絡がある。変圧器内部には巻線が多くあり，それだけ事故を起こす機会が増えるので，変圧器内部の事故を確実に検出する必要がある。検出方法としては，変圧器の1次側電流と2次側電流を比較する比率差動断電器や，短絡・地絡により絶縁油が分解しガスを発生するので，その分解ガスや油流を検出するブッフホルツ継電器や，分解ガスによる急激な圧力上昇を検出する衝撃圧力検出器がある。

解き方

比率差動継電器の動作：図 4.6 に示すように変圧器 1 次側と 2 次側の線電流を検出して比較する。

① 変圧器外部の事故が発生すると変圧器 1 次側電流と 2 次側電の大きさと方向は等しいので，継電器の動作コイルに電流は流れず不動作。

② 内部事故が発生すると電流は変圧器内部に向かい，1 次側電流と 2 次側電流の方向が逆になり，動作コイルに電流が流れ，動作する。機械的な保護装置としては，油流の急変や分解ガスを検出するブッフホルツ継電器が用いられ，変圧器内部の圧力上昇を防止する放圧装置が設置されている。

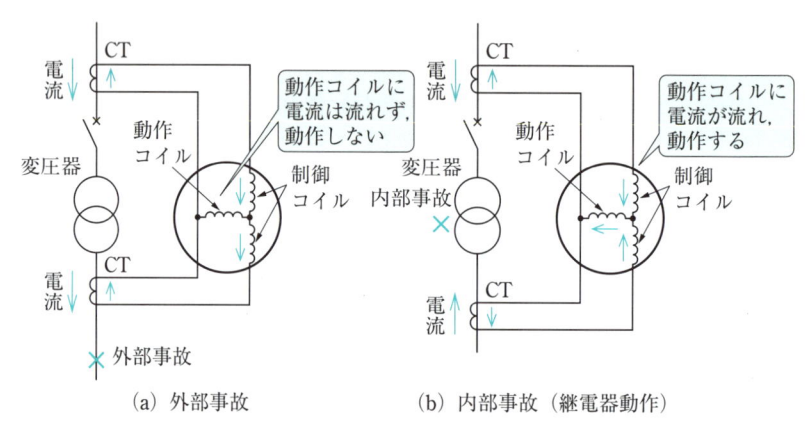

(a) 外部事故　　(b) 内部事故（継電器動作）

図 4.6　比率差動継電器（変圧器の保護）

例題 2

図に示す過電流継電器の各種限時特性（ア），（イ），（ウ）及び（エ）に対する名称として，正しいものを組み合わせたのは，次のうちどれか。

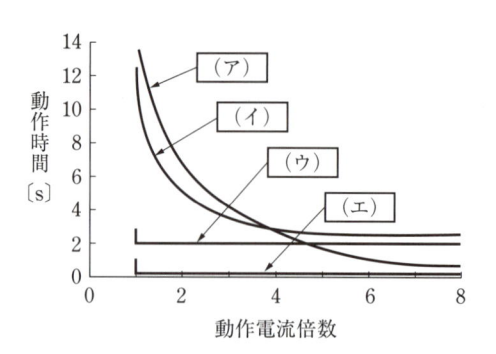

	（ア）	（イ）	（ウ）	（エ）
(1)	反限時特性	反限時定限時特性	定限時特性	瞬限時特性
(2)	反限時定限時特性	反限時特性	定限時特性	瞬限時特性
(3)	反限時特性	定限時特性	瞬限時特性	反限時定限時特性
(4)	定限時特性	反限時定限時特性	反限時特性	瞬限時特性
(5)	反限時定限時特性	反限時特性	瞬限時特性	定限時特性

［平成16年A問題］

答 （1）

考え方　過電流継電器は，短絡事故発生時に故障区間を狭め，故障点を早く除去するために，故障点に近い過電流継電器を早く動作させる。このため，電流が大きくなると動作時間を短くし，電流が小さいときは動作時間を長くする反限時特性と，電流値が一定値を超えると瞬時や一定時間後に動作する瞬時・定時動作を有している。

解き方　図に示される動作要素は，以下のとおりである。

（ア）反限時特性：電流の大きさと動作時間が反比例する。

（イ）反限時定限時特性：電流の大きさと動作時間が反比例する反限時特性と，大電流に対して限時を定めて動作させる定限時特性を組み合わせたもの。

（ウ）定限時特性：電流が一定値を超えたとき，一定の時間で動作する。

（エ）瞬限時特性：電流が一定値を超えたとき，瞬時に動作する。

4.3 調相設備

例題1

電力系統において無効電力を調整する方法として，適切でないのは次のうちどれか。
(1) 負荷時タップ切換変圧器のタップを切り換えた。
(2) 重負荷時に，電力用コンデンサを系統に接続した。
(3) 軽負荷時に，分路リアクトルを系統に接続した。
(4) 負荷に応じて同期調相機の界磁電流を調整した。
(5) 静止形無効電力補償装置（SVC）により，無効電力を調整した。

[平成13年A問題]

答 (1)

考え方 電力系統の無効電力を調整することで，電圧調整や電力損失を低減することができる。

無効電力を調整する方法としては，①進み無効電力となるコンデンサや，②遅れ無効電力となるリアクトルおよび③進相・遅相の両者となる同期調相機，④同じく両者を供給できる静止形無効電力補償装置（SVC）などがある。

解き方
(2) 重負荷時には，電力系統全体には遅れ無効電力が多くなっている。これは，電動機負荷や変圧器，電灯の安定器などリアクトル負荷などが接続されているためである。このようなときには，電力用コンデンサを系統に接続することで，電圧の上昇や電力損失の低減ができる。
(3) 軽負荷時には，遅れ無効電力が少なくなり，逆に送電線ケーブルや各所の力率改善用のコンデンサなどにより，進み無効電力が多くなる。フェランチ効果などによる末端の受電端電圧が上昇することもある。このような状態では，分路リアクトルを系統に接続して系統全体の無効電力を減じ，電圧を下げることになる。
(4) 同期調相機は同期電動機であり，界磁電流を増やすと進相負荷（コンデンサと同じ）となり，界磁電流を減じると遅相負荷（リアクトルと同じ）になる。
(5) 静止形無効電力補償装置（SVC）は，コンデンサとリアクトルを

設置し，半導体制御をして同期調相機と同じ進相および遅相の無効電力負荷となる。

(1) の負荷時タップ切換変圧器のタップ切替えは電圧の調節はできるが，無効電力の調整はできない。

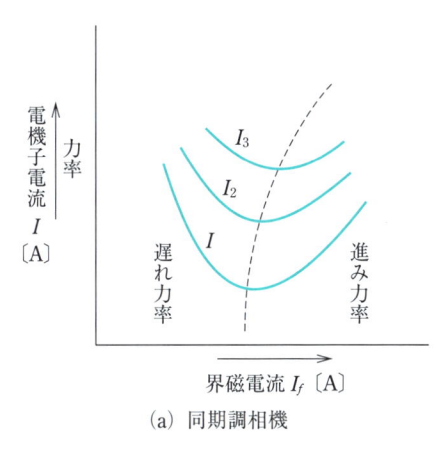

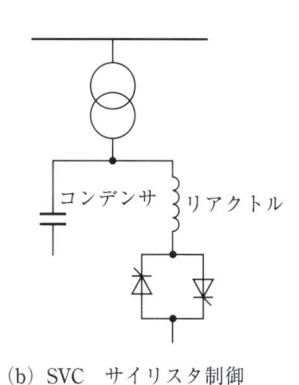

図 4.7
(a) 同期調相機
(b) SVC　サイリスタ制御リアクトル方式

例題 2

　一般に電力系統では，受電端電圧を一定に保つため，調相設備を負荷と　(ア)　に接続して無効電力の調整を行っている。

　電力用コンデンサは力率を　(イ)　ために用いられ，分路リアクトルは力率を　(ウ)　ために用いられる。

　同期調相機は，その　(エ)　を加減することによって，進み又は遅れの無効電力を連続的に調整することができる。

　静止形無効電力補償装置は，　(オ)　でリアクトルに流れる電流を調整することにより，無効電力を高速に制御することができる。

　上記の記述中の空白箇所（ア），（イ），（ウ），（エ）及び（オ）に記入する語句として，正しいものを組み合わせたのは次のうちどれか。

	（ア）	（イ）	（ウ）	（エ）	（オ）
(1)	並列	進める	遅らせる	界磁電流	半導体スイッチ
(2)	直列	遅らせる	進める	電機子電流	半導体整流装置
(3)	並列	遅らせる	進める	界磁電流	半導体スイッチ
(4)	直列	進める	遅らせる	電機子電流	半導体整流装置
(5)	並列	遅らせる	進める	電機子電流	半導体スイッチ

［平成 16 年 A 問題］

答　(1)

4.3 調相設備

考え方 電力系統の電圧調整として，変電所では調相設備を設置する。調相設備としては力率を進める電力用コンデンサ，力率を遅らせる分路リアクトルがある。また，これら両者の働きを1台で実施できる同期調相機および静止形無効電力補償装置がある。

解き方 電力系統では，受電端電圧を一定に保つために，調相設備を負荷と並列に接続する。電力用コンデンサは力率を進め，分路リアクトルは力率を遅らせる。

同期調相機は同期電動機であり，固定子巻線に負荷電流を流し，電機子巻線に界磁電流 I_f を流す。界磁電流が一定値以上になると負荷電流は進み，一定値以下になると負荷電流は遅れとなる。

静止形無効電力補償装置（SVC）は，コンデンサとリアクトルを組み合わせ，半導体スイッチで制御して，進相，遅相負荷となる。

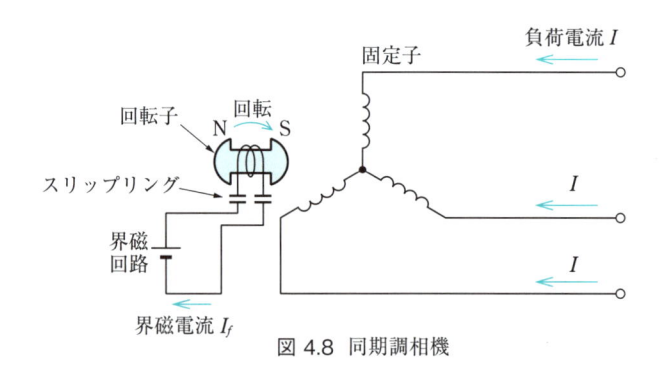

図 4.8 同期調相機

4.4 変圧器の並行運転

例題1

変圧器を2台以上並行運転する場合，必要としない条件は次のうちどれか。
(1) 定格容量が等しい。
(2) 変圧比が等しい。
(3) 並列に結線する際には，極性を合わせる。
(4) インピーダンスのリアクタンス分と抵抗分の比が等しい。
(5) 三相の場合は，相回転の方向が一致し，かつ角変位が等しい。

[平成6年A問題，昭和62年類題]

答 (1)

考え方　通常は負荷設備の容量に対して，変圧器を設置している。負荷設備が増えた場合には，新たに変圧器を増設して増えた負荷に供給するのが一般的であるが，負荷の変動が多く変圧器を効率的に運用する場合や，事故などで緊急的に負荷が増加した場合などに，変圧器を並行運転して負荷に電力を供給することがある。

このような変圧器の並行運転をする場合，各変圧器の条件は以下に示すとおりである。
① 電圧・変圧比，極性が等しいこと。
② インピーダンス電圧が等しいこと。
③ インピーダンスのリアクタンス分と抵抗分の比が等しいこと。
④ 三相の場合は相回転と角変位が等しいこと。

解き方　変圧器を並行運転する場合に必要な条件を以下に示す。
① 変圧比が等しいこと：2台の変圧比が異なると2次側電圧が異なってしまい，変圧器間に横流が流れ，変圧器を焼損することになる。
② 並列に結線する場合には，極性を合わせること：極性が合っていないと異常な電流が流れ，変圧器を過熱・焼損することになる。
③ インピーダンスのリアクタンス分と抵抗の比 R/x が等しいこと：抵抗 R/x の比が違うと各変圧器の発熱量 I^2R が異なることになり，変圧器が異常な発熱となる。

④ 三相の場合，相回転が一致し，角変位が等しいこと：相回転方向が逆になったり，角変位が等しくないと変圧器に異常電流が流れる。

なお，変圧器の容量は異なっている場合が多く，容量が異なっても各変圧器の容量に比例して負荷分担されればよいわけである。

例題 2

2台の変圧器A，Bがあり，それぞれの容量 P_A，P_B〔kV·A〕で百分率インピーダンスは $\%Z_A$〔%〕，$\%Z_B$〔%〕である。2台の変圧器を並行運転し，負荷全体 P〔kV·A〕に供給するとき，変圧器Aの出力は （ア） 〔kV·A〕であり，変圧器Bの出力は （イ） 〔kV·A〕となる。なお，$\%Z_A = \%Z_B$ の場合は，変圧器Aの出力は （ウ） 〔kV·A〕となり，変圧器Bの出力は （エ） 〔kV·A〕となる。

上記の空白箇所（ア），（イ），（ウ）および（エ）に記入する字句として，正しいものの組合せたものは次のうちどれか。

	ア	イ	ウ	エ
(1)	$\dfrac{\%Z_B P_A}{\%Z_A P_B + \%Z_B P_A}P$	$\dfrac{\%Z_A P_B}{\%Z_A P_B + \%Z_B P_A}P$	$\dfrac{P_A}{P_A + P_B}P$	$\dfrac{P_B}{P_A + P_B}P$
(2)	$\dfrac{\%Z_B P_A}{\%Z_A P_B + \%Z_B P_A}P$	$\dfrac{\%Z_A P_B}{\%Z_A P_B + \%Z_B P_A}P$	$\dfrac{P_B}{P_A + P_B}P$	$\dfrac{P_A}{P_A + P_B}P$
(3)	$\dfrac{\%Z_A P_B}{\%Z_A P_B + \%Z_B P_A}P$	$\dfrac{\%Z_B P_A}{\%Z_A P_B + \%Z_B P_A}P$	$\dfrac{P_A}{P_A + P_B}P$	$\dfrac{P_B}{P_A + P_B}P$
(4)	$\dfrac{\%Z_B P_A}{\%Z_A P_B + \%Z_B P_A}P$	$\dfrac{\%Z_A P_A}{\%Z_A P_B + \%Z_B P_A}P$	$\dfrac{P_B}{P_A + P_B}P$	$\dfrac{P_A}{P_A + P_B}P$
(5)	$\dfrac{\%Z_B P_A}{\%Z_A P_A + \%Z_B P_B}P$	$\dfrac{\%Z_A P_B}{\%Z_A P_A + \%Z_B P_B}P$	$\dfrac{P_A}{P_A + P_B}P$	$\dfrac{P_B}{P_A + P_B}P$

〔予想問題〕

答 (1)

考え方

A，B2台の変圧器（容量 P_A，P_B，百分率インピーダンス $\%Z_A$，$\%Z_B$ とすると，負荷 P〔kVA〕の分担は各変圧器の百分率インピーダンス $\%Z_A$，$\%Z_B$ に反比例するから，変圧器A，Bの負荷分担 $P_A{'}$，$P_B{'}$ は，

$$P_A{'} = \frac{\%Z_B}{\%Z_A + \%Z_B}P$$

$$P_B{'} = \frac{\%Z_A}{\%Z_A + \%Z_B}P$$

になる。

解き方 A変圧器の容量 P_A〔kVA〕を基準容量とすれば，B変圧器の百分率インピーダンス $\%Z_B$ をA変圧器の容量で換算した $\%Z_B'$ は，$\%Z_B' = \%Z_B \cdot P_A/P_B$ となるから，変圧器A，Bの負荷分担 P_A'，P_B' は，

$$P_A' = P \times \frac{\%Z_B'}{\%Z_A + \%Z_B'} = P \cdot \frac{\%Z_B \dfrac{P_A}{P_B}}{\%Z_A + \%Z_B \dfrac{P_A}{P_B}}$$

$$= \frac{\%Z_B P_A}{\%Z_A P_B + \%Z_B P_A} P \tag{1}$$

同様に，

$$P_B' = P \times \frac{\%Z_A}{\%Z_A + \%Z_B'} = P \cdot \frac{\%Z_A}{\%Z_A + \%Z_B \dfrac{P_A}{P_B}}$$

$$= \frac{\%Z_A P_B}{\%Z_A P_B + \%Z_B P_A} P \tag{2}$$

また，$\%Z_A = \%Z_B$ なら式(1)，式(2)はそれぞれ，

$$P_A' = \frac{P_A}{P_A + P_B} P$$

$$P_B' = \frac{P_B}{P_A + P_B} P$$

となり，変圧器の容量に比例した負荷分担ができることになる。

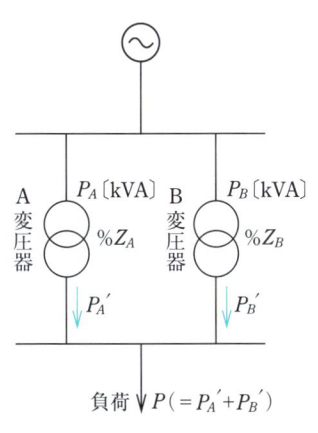

図 4.9 変圧器の並行運転

4.4 変圧器の並行運転

第4章 章末問題

4-1 電力系統にはさまざまなリアクトルが使用されている。深夜などの軽負荷時の電圧上昇を防ぐためには （ア） リアクトルが，電力用コンデンサの高調波対策には （イ） リアクトルが使用されている。また，送電系統の短絡電流を抑制するためには （ウ） リアクトルが，1線地絡時の地絡電流を小さくするためには （エ） リアクトルが使用されている。

　上記の記述中の空白箇所（ア），（イ），（ウ）および（エ）に記入する字句として，正しいものを組み合わせたのは次のうちどれか。

	（ア）	（イ）	（ウ）	（エ）
(1)	分路	直列	限流	中性点
(2)	並列	直列	限流	分路
(3)	直列	並列	直流	分路
(4)	分路	並列	消弧	直列
(5)	直列	分路	直流	中性点

［平成11年A問題，平成元年A類題］

4-2 変電所では主要機器をはじめ多数の電力機器が使用されているが，変電所に異常電圧が侵入したとき，避雷器は直ちに動作して大地に放電し，異常電圧をある値以下に抑制する特性を持ち，機器を保護する。この抑制した電圧を，避雷器の （ア） と呼んでいる。この特性をもとに変電所全体の （イ） の設計を最も経済的，合理的に決めている。これを （ウ） という。

　上記の記述中の空白箇所（ア），（イ）及び（ウ）に記入する語句として，正しいものを組み合わせたのは次のうちどれか。

	（ア）	（イ）	（ウ）
(1)	制限電圧	機器配置	保護協調
(2)	制御電圧	機器配置	絶縁協調
(3)	制限電圧	絶縁強度	絶縁協調
(4)	制御電圧	機器配置	保護協調
(5)	制御電圧	絶縁強度	絶縁協調

［平成16年A問題］

4-3　電力系統における変電所の役割と機能に関する記述として，誤っているのは次のうちどれか。

(1) 構外から送られる電気を，変圧器やその他の電気機械器具等により変成し，変成した電気を構外に送る。

(2) 送電線路で短絡や地絡事故が発生したとき，保護継電器により事故を検出し，遮断器にて事故回線を系統から切り離し，事故の波及を防ぐ。

(3) 送変電設備の局部的な過負荷運転を避けるため，開閉装置により系統切換を行って電力潮流を調整する。

(4) 無効電力調整のため，重負荷時には分路リアクトルを投入し，軽負荷時には電力用コンデンサを投入して，電圧をほぼ一定に保持する。

(5) 負荷変化に伴う供給電圧の変化時に，負荷時タップ切換変圧器等により電圧を調整する。

［平成21年A問題］

4-4　電力系統に現れる過電圧（異常電圧）はその発生原因により，外部過電圧と内部過電圧とに分類される。前者は，雷放電現象に起因するもので雷サージ電圧ともいわれる。後者は，電線路の開閉操作等に伴う開閉サージ電圧と地絡事故時等に発生する短時間交流過電圧とがある。

各種過電圧に対する電力系統の絶縁設計の考え方に関する記述として，誤っているのは次のうちどれか。

(1) 送電線路の絶縁及び発変電所に設置される電力設備等の絶縁は，いずれも原則として，内部過電圧に対しては十分に耐えるように設計される。

(2) 架空送電線路の絶縁は，外部過電圧に対しては，必ずしも十分に耐えるように設計されるとは限らない。

(3) 発変電所に設置される電力設備等の絶縁は，外部過電圧に対しては，避雷器によって保護されることを前提に設計される。その保護レベルは，避雷器の制限電圧に基づいて決まる。

(4) 避雷器は，過電圧の波高値がある値を超えた場合，特性要素に電流が流れることにより過電圧値を制限して電力設備の絶縁を保護し，かつ，続流を短時間のうちに遮断して原状に自復する機能を持った装置である。

(5) 絶縁協調とは，送電線路や発変電所に設置される電力設備等の絶

縁について，安全性と経済性のとれた絶縁設計を行うために，外部過電圧そのものの大きさを低減することである。

［平成19年A問題］

4-5　ガス絶縁開閉装置に関する記述として，誤っているのは次のうちどれか。
　（1）　金属製容器に遮断器，断路器，避雷器，変流器，母線，接地装置等の機器を収納し，絶縁ガスを充填した装置である。
　（2）　ガス絶縁開閉装置に充填する絶縁ガスは，六フッ化硫黄（SF_6）ガス等が使用される。
　（3）　開閉装置が絶縁ガス中に密閉されているため，塩害，塵埃等外部の影響を受けにくい。
　（4）　ガス絶縁開閉装置はコンパクトに製作でき，変電設備の縮小化が図られる。
　（5）　現地の据え付作業後にすべての絶縁ガスの充填を行い，充填後は絶縁試験，動作試験等を実施するため，据え付作業工期は長くなる。

［平成19年A問題］

4-6　電力系統の保護に用いられる継電器の説明として，誤っているのは次のうちどれか。
　（1）　過電流継電器は，一定の電流値以上で動作する。
　（2）　距離継電器は，故障点までのインピーダンスが一定値以下で動作する。
　（3）　差動継電器は，被保護区間を出入りする電流の差が一定値以下で動作する。
　（4）　不足電圧継電器は，一定の電圧値以下で動作する。
　（5）　短絡方向継電器は，一定方向に一定値以上の短絡電流が流れた場合に動作する。

［平成9年A問題］

4-7 　高圧受電設備の地絡保護装置として，通常 (ア) により動作する (イ) 継電器が用いられる。しかし，この継電器は構内の高圧ケーブルのこう長が (ウ) 場合には (エ) の地絡事故で不必要動作することがあるので，このような場合には (オ) 継電器を用いる。

　上記の記述中の空白箇所（ア），（イ），（ウ），（エ）および（オ）に記入する字句として，正しいものを組み合わせたのは次のうちどれか。

	（ア）	（イ）	（ウ）	（エ）	（オ）
(1)	零相電流	地絡方向	短い	構内	地絡過電圧
(2)	零相電流	地絡過電流	長い	外部	地絡方向
(3)	零相電流	地絡過電流	短い	外部	地絡方向
(4)	零相電圧	地絡過電圧	長い	外部	地絡方向
(5)	零相電圧	地絡方向	短い	構内	地絡過電流

[平成 7 年 A 問題]

4-8 　定格電圧 77/6〔kV〕，定格容量 10 000〔kVA〕の受電用変圧器の一次側に過電流継電器を施設したとき，変圧器定格電流の 180 % 過負荷時に継電器を動作させるためには，継電器の電流タップとして何 A を使用したらよいか。正しい値を次のうちから選べ。ただし，CT 比は，150/5〔A〕とする。

　(1) 3.5 　 (2) 4.0 　 (3) 4.5 　 (4) 5.0 　 (5) 5.5

[平成 2 年 A 問題]

4-9 　配電用変電所における 6.6〔kV〕非接地方式配電線の一般的な保護に関する記述として，誤っているのは次のうちどれか。

(1) 短絡事故の保護のため，各配電線に過電流継電器が設置される。
(2) 地絡事故の保護のため，各配電線に地絡方向継電器が設置される。
(3) 地絡事故の検出のため，6.6〔kV〕母線には地絡過電圧継電器が設置される。
(4) 配電線の事故時には，配電線引出口遮断器は，事故遮断して一定時間（通常 1 分）の後に再閉路継電器により自動再閉路される。
(5) 主要変圧器の二次側を遮断させる過電流継電器の動作時限は，各配電線を遮断させる過電流継電器の動作時限より短く設定される。

[平成 15 年 A 問題]

4-10 電力系統における変電所の役割に関する記述として，誤っているのは次のうちどれか．

(1) 変圧器により昇圧又は降圧して送配電に適した電圧に変換する．

(2) 負荷時タップ切換変圧器などにより電圧を調整する．

(3) 軽負荷時には電力用コンデンサ，重負荷時には分路リアクトルを投入して無効電力を調整する．

(4) 送変電設備の過負荷運転を避けるため，開閉装置により系統切換を行って電力潮流を調整する．

(5) 送配電線に事故が発生したときは，遮断器により事故回線を切り離す．

[平成12年A問題]

4-11 変電所に容量 20〔MVA〕および 10〔MVA〕の 2 台の変圧器 A, B がある．両変圧器とも百分率インピーダンスは 6〔％〕と等しい場合，この 2 台を並行運転して負荷 18〔MVA〕に供給したとき，変圧器 A の出力は ┌(ア)┐〔kVA〕であり，変圧器 B の出力は ┌(イ)┐〔kVA〕となる．

上記の記述中の空白箇所（ア），及び（イ）に記入する字句として，正しいものを組合せたのは次のうちどれか．

	ア	イ
(1)	15 MV·A	3 MV·A
(2)	12 MV·A	6 MV·A
(3)	10 MV·A	8 MV·A
(4)	8 MV·A	6 MV·A
(5)	6 MV·A	12 MV·A

[予想問題]

4-12 下表の定格をもつ 2 台の変圧器 A, B を並行運転している場合，この変電所から供給できる最大負荷〔MV·A〕は，およそいくらか．正しい値を次のうちから選べ．ただし，各変圧器の抵抗とリアクタンスの比は等しいものとする．

変圧器	電圧〔kV〕	容量〔MV·A〕	百分率インピーダンス〔%〕
A	33/6.6	5	5.5
B	33/6.6	4	5.0

(1) 7.5　　(2) 8.0　　(3) 8.5　　(4) 8.7　　(5) 9.0

[平成元年B問題]

4-13　変電所に設置される機器に関する記述として，誤っているのは次のうちどれか。

(1) 周波数変換装置は，周波数の異なる系統間において，系統又は電源の事故後の緊急応援電力の供給や電力の融通等を行うために使用する装置である。

(2) 線路開閉器（断路器）は，平常時の負荷電流や異常時の短絡電流及び地絡電流を通電でき，遮断器が開路した後，主として無負荷状態で開路して，回路の絶縁状態を保つ機器である。

(3) 遮断器は，負荷電流の開閉を行うだけではなく，短絡や地絡などの事故が生じたとき事故電流を迅速確実に遮断して，系統の正常化を図る機器である。

(4) 三巻線変圧器は，一般に一次側及び二次側をY結線，三次側をΔ結線とする。三次側に調相設備を接続すれば，送電線の力率調整を行うことができる。

(5) 零相変流器は，三相の電線を一括したものを一次側とし，三相短絡事故や3線地絡事故が生じたときのみ二次側に電流が生じる機器である。

[平成20年A問題]

4-14　計器用変成器において，変流器の二次端子は，次に｜（ア）｜負荷を接続しておかねばならない。特に，一次電流（負荷電流）が流れている状態では，絶対に二次回路を｜（イ）｜してはならない。これを誤ると，二次側に大きな｜（ウ）｜が発生し｜（エ）｜が過大となり，変流器を焼損する恐れがある。また，一次端子のある変流器は，その端子を被測定線路に｜（オ）｜に接続する。

上記の記述中の空白箇所（ア），（イ），（ウ），（エ）及び（オ）に当てはまる語句として，正しいものを組み合わせたのは次のうちどれか。

	（ア）	（イ）	（ウ）	（エ）	（オ）
(1)	高インピーダンス	開放	電圧	銅損	並列
(2)	低インピーダンス	短絡	誘導電流	銅損	並列
(3)	高インピーダンス	短絡	電圧	鉄損	直列
(4)	高インピーダンス	短絡	誘導電流	銅損	直列
(5)	低インピーダンス	開放	電圧	鉄損	直列

［平成 22 年 A 問題］

第5章

送電

Point 重要事項のまとめ

1 送電設備

送電設備として，鉄塔，送電線，がいし，アーマロッド，ダンパ，アークホーン，スペーサ，避雷器，遮断器，断路器，負荷開閉器，保護継電器，架空地線などがある（図5.1）。

2 線路定数

① 抵抗 R

$$R = \rho \frac{l}{S} \ [\Omega]$$

ここで，
ρ：抵抗率〔$\Omega \cdot mm^2/m$〕
S：断面積〔mm^2〕
l：長さ〔m〕

② インダクタンス L

$$L = 0.05\,\mu_s + 0.4605 \log_{10} \frac{D}{r} \ [mH/km]$$

③ 静電容量 C

$$C = \frac{0.02413\,\varepsilon_s}{\log_{10} \dfrac{D}{r}} \ [\mu F/km]$$

ここで，
μ_s：比透磁率
ε_s：比誘電率
D：線間距離〔m〕
r：電線の半径〔m〕

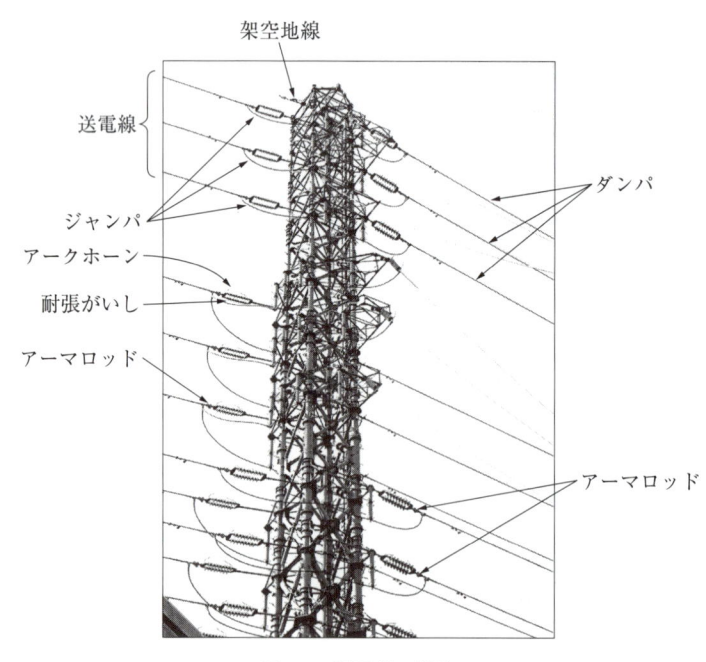

図 5.1 送電線の設備

3 中性点の接地方式

① 直接接地：絶縁上有利，保護継電器が動作しやすい，通信線の誘導大。
② 抵抗接地：保護継電器動作しやすい，通信線への誘導小。
③ 非接地：地絡電流を小さくできる，保護継電器が動作しずらい，通信線への誘導小，アーク地絡の発生。
④ 消弧リアクトル接地：地絡電流最小。

4 電圧降下（図5.2）

三相3線式送電線の電圧降下 v は近似的に，

$$v = E_s - E_r = \sqrt{3}\,(RI\cos\theta + XI\sin\theta)$$

で表される。
ここで，
R：送電線の抵抗
X：送電線のリアクタンス
I：負荷電流
θ：位相差
E_s, E_r：送受電端電圧

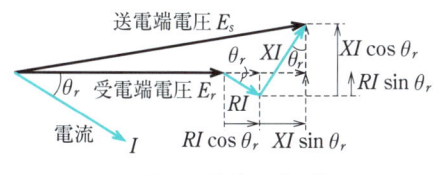

図5.2 線路の電圧降下

5 送電電力 P

$$P = \frac{V_s V_r}{X}\sin\delta$$

ここで，
$V_s,\ V_r$：送電・受電端電圧
X：線路リアクタンス
δ：送受電電圧位相差

6 安定度向上対策

(1) 線路リアクタンスの減少
(2) 送電線路電圧の格上げ
(3) 直列コンデンサの設置
(4) 発電機の高速励磁
(5) 高速遮断と再閉路の実施

7 フェランチ効果

軽負荷時や夜間などに受電端電圧 V_r が送電端電圧 V_s より高くなる現象。

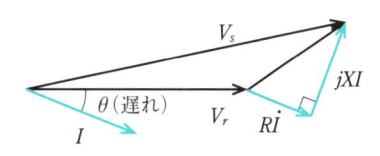

(a) 昼間 $V_r < V_s$

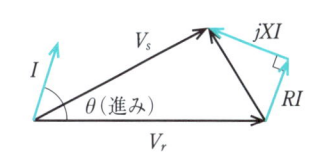

(b) 夜間 $V_r > V_s$

図5.3 フェランチ効果

対策：①電力コンデンサの切離し，②分路リアクトルの投入，③同期調相機の遅相運転，④不要な送電ケーブルの切離し，など

8 コロナ放電

約100kVを超える電圧の送電線では，コロナ放電が発生しやすくなり，①コロナ損，②ラジオ，テレビの受信障害，③コロナ雑音にによる電力搬送装置の機能低下，送電線の腐食などの悪影響を与える。

● コロナ臨界電圧：コロナが発生する最小の電圧。天候などにより影響を受け，多導体や複導体，鋼心アルミより線はコロナに対して有利である。

9 送電線路の電力損失 P_L

$P_L = 3RI^2$ 〔W〕（三相回路）

である。また，三相負荷電力 P は，

$P = \sqrt{3}\,VI\cos\theta$

だから，$I = P/(\sqrt{3}\,V\cos\theta)$ と示せるので，損失 P_L は，

$$P_L = 3RI^2 = \frac{3RP^2}{(3V^2\cos^2\theta)}$$

$$= \frac{RP^2}{(V^2\cos^2\theta)}\ 〔W〕$$

とも表される。

10 電磁誘導と対策

通信線が送電線に近接すると，電流により電磁誘導を生じ通信障害となる。

対策：①通信線と送電線の離隔を大とする。②通信線との間に遮へい線を設置。③短絡電流や地絡電流の抑制。④高調波の発生防止。

電磁誘導起電圧

三相送電線各線の電流を $\dot{I}_a$, $\dot{I}_b$, $\dot{I}_c$ とし，各相の通信線との相互インダクタンスを $\omega l M_a$, $\omega l M_b$, $\omega l M_c$ とすると，通信線に誘導される電磁誘導起電圧 $\dot{E}_m$ は，

$$\dot{E}_m = j\omega l(M_a\dot{I}_a + M_b\dot{I}_b + M_c\dot{I}_c)$$

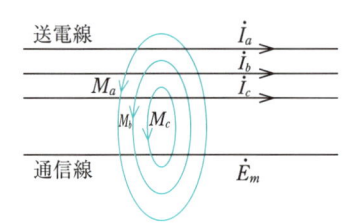

誘導起電圧 $\dot{E}_m$
$\dot{E}_m = j\omega l(M_a\dot{I}_a + M_b\dot{I}_b + M\dot{I}_c)$

図 5.4 電磁誘導

11 静電誘導と対策

通信線と送電線の静電容量により，静電誘導電圧を生じ，通信障害となる。

対策：①電線の地上高さを高くし，通信線と距離を大とする。②遮へい線の設置，③送電線のねん架を十分行う。

静電誘導電圧

$$\dot{E}_s = \frac{C_a\dot{E}_a + C_b\dot{E}_b + C_c\dot{E}_c}{C_a + C_b + C_c + C_0}$$

ねん架が十分に行えて $C_a = C_b = C_c$ なら $\dot{E}_s = 0$ となる。

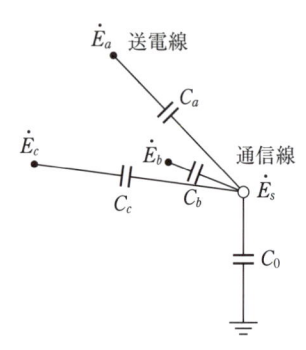

図 5.5 静電誘導

12 雷害・塩害

① 雷害：（直撃雷）送電線への落雷，（誘導雷）雷雲の放電により送電線に帯電していた電荷が自由電荷となるもの，逆フラッシュオーバ；架空地線や鉄塔に落雷し，鉄塔の電位が上昇して，送電線に放電するもの。

② 塩害：潮風により塩分ががいしなどに付着して縁面放電をして，絶縁破壊するもの。

13 直流送電（図5.6）

(1) 長所
① 使用する導体が2本（三相交流は3本）でよい。
② 最大電圧が交流の$1/\sqrt{2}$で，絶縁上有利。
③ ケーブルで送電する場合は，誘電体損がない。
④ 異系統を連系しても短絡容量が増えない。
⑤ 交流のように安定度の問題がない。

(2) 短所
① 交直変換器が必要。
② 高調波を発生する。

14 ケーブルの種類と埋設法

(1) 種類
① CV（架橋ポリエチレン）ケーブル
② OF（油入）ケーブル
③ ベルトケーブル，Hケーブル，SLケーブル

(2) 埋設法
① 直接埋設式：ケーブルを直接地中に布設
② 管路式：管路の中に布設
③ 暗きょ式：共同溝や洞道内に布設

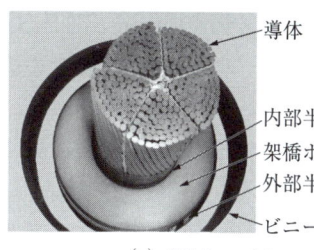

(a) CVケーブル
 ・導体
 ・内部半導体層
 ・架橋ポリエチレン
 ・外部半導体層
 ・ビニールシース

(b) OFケーブル
 ・導体
 ・絶縁紙
 ・油通路（中央部に絶縁油が通る）
 ・ビニール絶縁層

図5.7

15 ケーブルの許容電流 I

ケーブルの許容電流は，布設される場所の熱抵抗とケーブルの発熱量により制限される。

$$I = \sqrt{\frac{T_1 - T_2 - T_d}{nrR_{th}}}$$

ここで，
I：許容電流
T_1：ケーブルの最高許容温度
T_2：大地の基底温度
T_d：誘電損による温度上昇
n：心線数
r：導体抵抗
R_{th}：熱抵抗

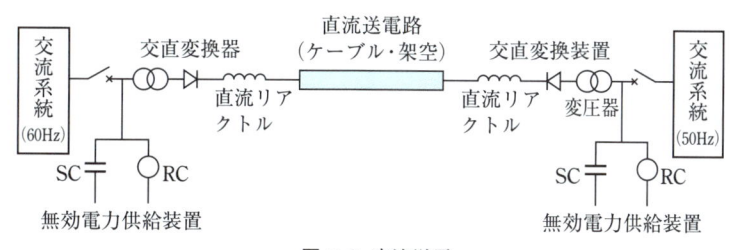

図5.6 直流送電

16 ケーブルの故障点検出法（図5.8）

① マーレーループ法：故障点までの抵抗を測定。
② パルス法：パルス反射波から故障点までの距離を求める。
③ 容量法：断線事故の場合，ケーブルの静電容量を求めて，故障点までの距離を出す。

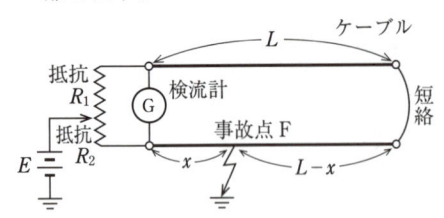

図5.8 マーレーループ法による測定

17 送電線のたるみ

$$D = \frac{WS^2}{8T} \quad , \quad L = S + \frac{8D}{3S}$$

ここで，
D：送電線のたるみ〔m〕
W：合成荷重〔N/m〕
S：径間〔m〕
T：電線の水平張力〔N〕
L：電線実長〔m〕

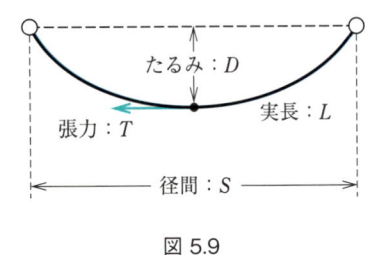

図5.9

18 百分率（パーセント）インピーダンス法

変圧器や線路のインピーダンス Z を百分率インピーダンス %Z で示すと，短絡電流 I_S を求めやすくなる。

$$\%Z = \frac{Z}{Z_B} \times 100$$

$$= \frac{\sqrt{3}\, I_B Z}{V_B} \times 100 \,〔\%〕 \quad (1)$$

$$= \frac{I_B}{\dfrac{V_B}{\sqrt{3}\, Z}} \times 100$$

$$= \frac{I_B}{I_S} \times 100 \,〔\%〕 \quad (2)$$

ただし，
Z_B：基準インピーダンス
I_B：基準電流（$= P_B/\sqrt{3}\, V_B$）
P_B：基準容量
V_B：基準電圧

19 短絡電流の求め方

前項の式(2)より，短絡電流 I_S は，

$$I_S = I_B \cdot \frac{100}{\%Z_S}$$

を計算する。例として図5.10に示すように %Z_1 = 5 %（5MV·A 基準），%Z_2 = 15 %（10MV·A 基準）であるとき，F点の短絡電流 I_S を求める。

① 10MV·A 基準にした %Z_1' を求める。

$$\%Z_1' = \frac{10\,〔MVA〕}{5\,〔MVA〕} \times 5 \,〔\%〕$$
$$= 10\,〔\%〕$$

② 全体の百分率インピーダンス Z は，
$$\%Z = \%Z_1' + \%Z_2$$
$$= 10 + 15 = 25\,〔\%〕$$

③ F点の三相短絡電流 I_S は，

$$I_S = I_B \cdot \frac{100}{\%Z} = \frac{P_B}{\sqrt{3}\, V_B} \times \frac{100}{\%Z}$$

$$= \frac{10 \times 10^6}{\sqrt{3} \times 22\,000} \times \frac{100}{25}$$

$$\fallingdotseq 1\,050\,〔A〕$$

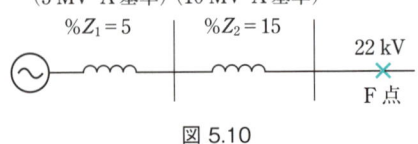

図5.10

5.1 送電設備

例題 1

架空送電線路の構成要素に関する記述として，誤っているのは次のうちどれか。

(1) アークホーン：
　がいしの両端に設けられた金属電極をいい，雷サージによるフラッシオーバの際生じるアークを電極間に生じさせ，がいし破損を防止するものである。

(2) トーショナルダンパ：
　着雪防止が目的で電線に取り付ける。風による振動エネルギーで着雪を防止し，ギャロッピングによる電線間の短絡事故などを防止するものである。

(3) アーマロッド：
　電線の振動疲労防止やアークスポットによる電線溶断防止のため，クランプ付近の電線に同一材質の金属を巻き付けるものである。

(4) 相間スペーサ：
　強風による電線相互の接近及び衝突を防止するため，電線相互の間隔を保持する器具として取り付けるものである。

(5) 埋設地線：
　塔脚の地下に放射状に埋設された接地線，あるいは，いくつかの鉄塔を地下で連結する接地線をいい，鉄塔の塔脚接地抵抗を小さくし，逆フラッシオーバを抑止する目的等のため取り付けるものである。

［平成 20 年 A 問題］

答 (2)

考え方

架空送電線路は数 km～数十 km に及び，地上約 20～70 m の架空電線とそれを支持する鉄塔，がいし，架空地線などから構成されている。屋外や地上高も高いため，雷や風雪など自然の脅威から電線路を守る必要がある。

雷害にはアークホーンや架空地線，埋設地線など，風雷害にはトーショナルダンパやアーマロッド，相間スペーサなどがあげられる。

解き方 図 5.11 にアークホーン，トーショナルダンパ，アーマロッド，相間スペーサ埋設地線を示す。

トーショナルダンパの設置目的は，架空送電線の振動をダンパで吸収し，振動を防止するもので，着雪防止ではない。

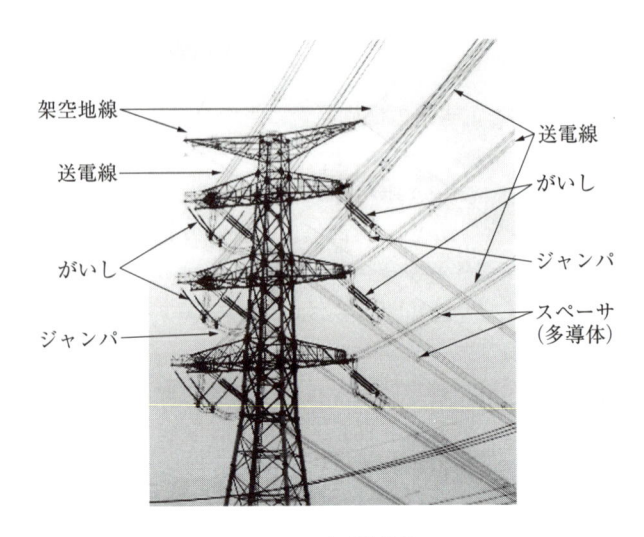

図 5.11 送電線設備

例題 2

架空送電線路の付属品に関する記述として，誤っているのは次のうちどれか。

(1) スリーブ：
　　電線相互の接続に用いられる。
(2) ジャンパ：
　　電線を保持し，がいし装置に取り付けるために用いられる。
(3) スペーサ：
　　多導体方式において，強風などによる電線相互の接近・衝突を防止するために用いられる。
(4) アーマロッド：
　　懸垂クランプ内の電線に巻き付けて，電線振動による応力の軽減やアークによる電線損傷の防止のために用いられる。
(5) ダンパ：
　　電線の振動を抑制して，断線を防止するために用いられる。

［平成 16 年 A 問題］

答 (2)

考え方 架空送電線の付属品としては，電線の接続（スリーブ），がいしへの取付け器具（クランプ），複導体や多導体の各電線の位置を保持する（スペーサ），電線に巻き付け，電線損傷の防止をする（アーマロッド），電線の振動エネルギーを吸収し，電線の振動を抑制する（ダンパ）ものなどがある。

解き方 図 5.12 に各付属装置を示す。

ジャンパは，鉄塔部における電線相互をつなぐもので，がいし装置に付けるものではない。

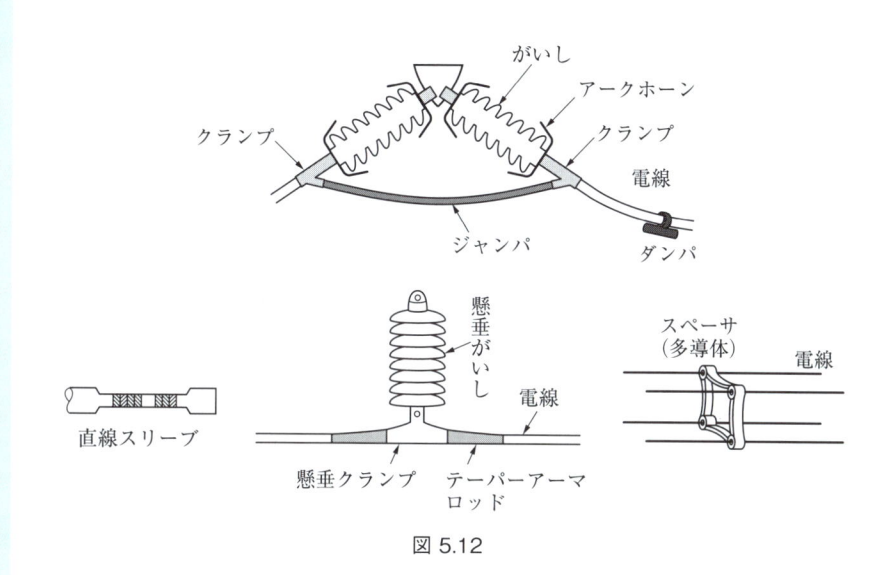

図 5.12

5.2 線路定数（線路の特性）

例題1

　架空送電線路の線路定数には，抵抗，インダクタンス，静電容量などがある。導体の抵抗は，その材質，長さ及び断面積によって定まるが，　(ア)　が高くなれば若干大きくなる。また，交流電流での抵抗は　(イ)　効果により直流電流での値に比べて増加する。インダクタンスと静電容量は，送電線の長さ，電線の太さや　(ウ)　などによって決まる。一方，各相の線路定数を平衡させるため，　(エ)　が行われる。

　上記の記述中の空白箇所 (ア)，(イ)，(ウ) 及び (エ) に記入する語句として，正しいものを組み合わせたのは次のうちどれか。

	(ア)	(イ)	(ウ)	(エ)
(1)	温度	フェランチ	材質	多導体化
(2)	電圧	表皮	配置	多導体化
(3)	温度	表皮	材質	多導体化
(4)	電圧	フェランチ	材質	ねん架
(5)	温度	表皮	配置	ねん架

［平成14年A問題］

答　(5)

考え方　長い送電線もその基本的な電気的特性は，抵抗 R〔Ω〕，インダクタンス L〔mH〕，静電容量 C〔μF〕などで表され，一般の電気回路として取り扱える。

解き方

① 導体の抵抗 R〔Ω〕は，$R = \rho l/S$〔Ω〕（ρ：抵抗率〔Ω·mm²/m〕，S：断面積〔mm²〕，l：長さ〔m〕）で示される。なお，抵抗は温度が高くなると大きくなる。また，交流では表皮効果により断面積が小さくなるので，抵抗は増加する。電流が電線の表面近くを流れるが，電流が表面から電線中心部の深さを示す浸透の深さ δ は，

$$\delta = \frac{1}{2\pi\sqrt{f\sigma\mu \times 10^{-9}}} \text{〔cm〕}$$

$$\delta = \frac{1}{2\pi\sqrt{f\sigma\mu \times 10^{-9}}} \text{ (cm)}$$

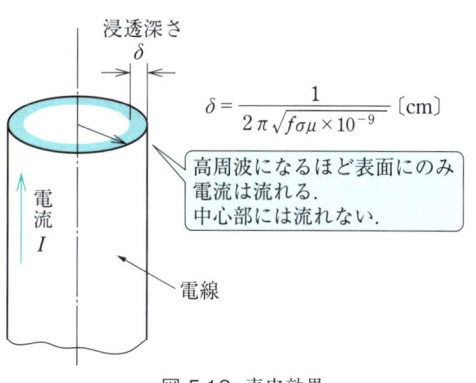

図 5.13 表皮効果

となる。ここで，f：周波数〔Hz〕，σ：導電率〔S/cm〕，μ：比透磁率である。したがって，周波数 f が高いほど δ は小さくなり，電線の表面に近い部分に電流が流れるようになる。

② 電線路のインダクタンス L や静電容量 C は，送電線の長さや太さ，ねん架により異なってくる。一般的に，ねん架を十分行ったほうが，L や C は三相分が安定する。

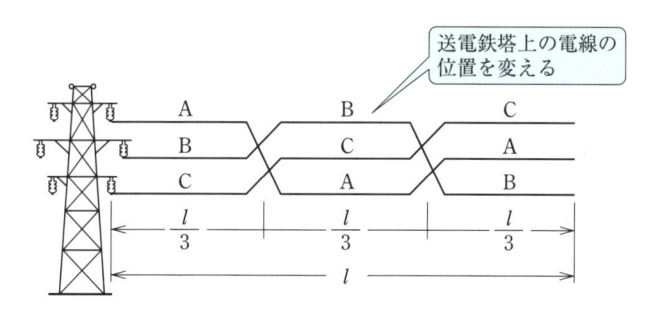

図 5.14 ねん架

例題 2

　架空送電線路の線路定数には，抵抗 R，作用インダクタンス L，作用静電容量 C 及び漏れコンダクタンス G がある。このうち，G は実用上無視できるほど小さい場合が多い。R の値は電線断面積が大きくなると小さくなり，温度が高くなれば　(ア)　なる。また，一般に電線の交流抵抗値は直流抵抗値より　(イ)　なる。L と C は等価線間距離 D と電線半径 r の比 (D/r) により大きく影響される。比 (D/r) の値が大きくなれば，L の値は　(ウ)　なり，C の値は　(エ)　なる。

　上記の記述中の空白箇所（ア），（イ），（ウ）及び（エ）に記入する語句として，正しいものを組み合わせたのは次のうちどれか。

5.2 線路定数（線路の特性）　　127

	(ア)	(イ)	(ウ)	(エ)
(1)	大きく	大きく	大きく	小さく
(2)	大きく	小さく	大きく	大きく
(3)	小さく	大きく	小さく	小さく
(4)	小さく	大きく	大きく	小さく
(5)	大きく	大きく	小さく	大きく

[平成17年A問題]

答 (1)

考え方 送電線路は図5.15に示すように，抵抗R，インダクタンスL，静電容量C，漏れコンダクタンスGの4つの定数で示される。この4つを線路定数という。

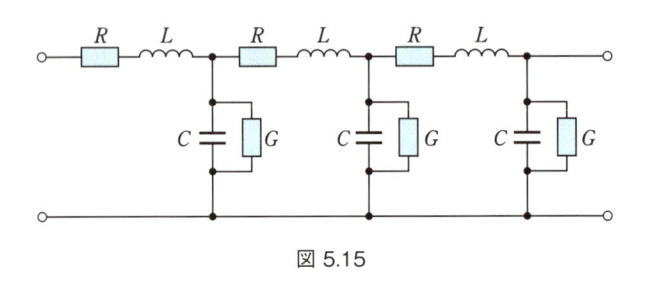

図5.15

解き方 (1) 抵抗Rは，次式で示される。

$$R = \frac{\rho l}{S} \ [\Omega]$$

ここで，ρ：抵抗率〔Ω·m〕，l：長さ〔m〕，S：断面積〔m²〕である。なお，抵抗率は物質と温度により定まり，一般に温度が上がると抵抗率も上昇する。したがって，温度上昇により抵抗も大きくなる。

(2) 電線に交流を通じると表皮効果により，電流は電線表面部に集中するため，直流の場合より抵抗は大きくなる。表皮深さδは，

$$\delta = \frac{1}{2\pi\sqrt{f\sigma\mu \times 10^{-9}}} \ [\mathrm{cm}]$$

ここで，f：周波数，σ：導電率〔s/cm〕，μ：比透磁率である。

(3) 作用インダクタンスLおよび作用静電容量Cは，等価線間距離をD，電線半径をrとすると，

$$L = 0.05\mu_s + 0.4605 \log_{10}\frac{D}{r} \ [\mathrm{mH/km}]$$

$$C = \frac{0.02413}{\log_{10}\frac{D}{r}} \ [\mu\mathrm{F/km}]$$

で表される。D/rが大きくなるとLは大きくなり，Cは小さくなる。

5.3 中性点接地方式

例題1

電力系統の中性点接地方式に関する記述として，誤っているのは次のうちどれか。

(1) 直接接地方式は，他の中性点接地方式に比べて，地絡事故時の地絡電流は大きいが健全相の電圧上昇は小さい。
(2) 消弧リアクトル接地方式は，直接接地方式や抵抗接地方式に比べて，一線地絡電流が小さい。
(3) 非接地方式は，他の中性点接地方式に比べて，地絡電流及び短絡電流を抑制できる。
(4) 抵抗接地方式は，直接接地方式と非接地方式の中間的な特性を持ち，154〔kV〕以下の特別高圧系統に適用されている。
(5) 消弧リアクトル接地方式及び非接地方式は，直接接地方式や抵抗接地方式に比べて，通信線に対する誘導障害が少ない。

［平成13年A問題］

答 (3)

考え方 中性点を接地する場合と非接地の場合の特長を整理すると表5.1のようになる。

表 5.1

	接地抵抗（Ω）	地絡電流	地絡事故時の健全相色圧	1線地絡時の通信線への誘導	保護継電器の動作	適用
中性点直接接地	0	最大	小	最大	最も確実	超高圧送電系統
抵抗接地	数十〜千	中（100〜300 A）	やや大	中	確実	特別高圧送電系統
消弧リアクトル接地	リアクタンス	最小（地絡電流を打ち消す）	大	最小	極めて困難	高圧配電系統
非接地	∞	小（送電線が長くなると大）	大	小	困難	高圧配電系統

解き方 (1) 直接接地は地絡電流が大きく，健全相の電圧上昇は小さい。
(2) 消弧リアクトル接地方法は電流を打ち消すようなリアクトルを設置するので，一線地絡電流が小さい。
(3) 非接地方式は地絡電流は小さいが，短絡電流は接地方式には関係せず他の接地方式と同じく，大きくなる。
(4) 抵抗接地は154 kV以下の特別高圧系統に適用される。
(5) 消弧リアクトル接地方式は通信線に与える誘導障害が少ない。

例題 2 送配電線路に接続する変圧器の中性点接地方式に関する記述として，誤っているのは次のうちどれか。
(1) 非接地方式は，高圧配電線路で広く用いられている。
(2) 消弧リアクトル接地方式は，電磁誘導障害が小さいという特長があるが，設備費は高めになる。
(3) 抵抗接地方式は，変圧器の中性点を100〔Ω〕から1〔kΩ〕程度の抵抗で接地する方式で，66〔kV〕から154〔kV〕の送電線路に主に用いられている。
(4) 直接接地方式や低抵抗接地方式は，接地線に流れる電流が大きくなり，その結果として電磁誘導障害が大きくなりがちである。
(5) 直接接地方式は，変圧器の中性点を直接大地に接続する方式で，その簡便性から電圧の低い送電線路や配電線路に広く用いられている。

[平成17年A問題]

答 (5)

考え方 接地方式は大別すると接地系と非接地系に分けられる。接地系では地絡電流が大きく，非接地系では地絡電流が小さい。地絡電流が大きいと，保護継電器が動作しやすく，通信線への誘導障害が大きくなる。一方，地絡電流が小さいと保護継電器が動作しづらいが，通信線への障害が小さい。

解き方 (1) 高圧配電線は人間が感電する機会が多くなるので，人間が触れたときに地絡電流を小さくできる非接地方式が採用される。
(2) 消弧リアクトル接地方式は地絡電流を最も小さくできるが，消弧リアクトルの設備費が高くなる。
(3) 抵抗接地方式は，100 Ω～1 kΩ程度で接地される。
(4) 直接接地や低抵抗接地方式は，接地線に流れる電流が大きく，電磁誘導障害が大きくなる。
(5) 直接接地は，電線路と大地間の電圧が$1/\sqrt{3}$になるため絶縁が$1/\sqrt{3}$に低減でき，送電設備の絶縁上有利となる。

5.4 電圧降下と損失

例題1

三相3線式交流送電線があり，電線1線当たりの抵抗が R〔Ω〕，受電端の線間電圧が V_r〔V〕である。いま，受電端から力率 $\cos\theta$ の負荷に三相電力 P〔W〕を供給しているものとする。

この送電線での3線の電力損失を P_L とすると，電力損失率 P_L/P を表す式として，正しいのは次のうちどれか。

ただし，線路のインダクタンス，静電容量及びコンダクタンスは無視できるものとする。

(1) $\dfrac{RP}{(V_r\cos\theta)^2}$ (2) $\dfrac{3RP}{(V_r\cos\theta)^2}$ (3) $\dfrac{RP}{3(V_r\cos\theta)^2}$

(4) $\dfrac{RP^2}{(V_r\cos\theta)^2}$ (5) $\dfrac{3RP^2}{(V_r\cos\theta)^2}$

［平成19年A問題］

答 (1)

考え方　送電線の電力損失 P_L〔W〕は，送電線の線路電流 I^2 と抵抗 r の積となり，$P_L = 3I^2 r$ で示される。また，線路の電力損失率は，P_L/P で表される。

解き方　三相3線式交流送電線路に力率 $\cos\theta$，三相電力 P〔W〕の負荷が接続されていると三相電力 P は，

$$P = \sqrt{3}\,VI\cos\theta$$

で示される。ここで，V：線間電圧〔V〕，I：線電流〔A〕である。

したがって，この式から線電流 I〔A〕は，

$$I = \dfrac{P}{\sqrt{3}\,V\cos\theta}$$

となる。

線路の抵抗を R〔Ω〕とすると電力損失 P_L は3線分で，

$$P_L = 3RI^2 = 3R\left(\dfrac{P}{\sqrt{3}\,V\cos\theta}\right)^2 = \dfrac{RP^2}{(V\cos\theta)^2}$$

となる。よって，電力損失率は次のようになる。

$$\text{電力損失率} = \dfrac{P_L}{P} = \dfrac{\frac{RP^2}{(V\cos\theta)^2}}{P} = \dfrac{RP}{(V\cos\theta)^2}$$

例題 2

受電端電圧が 20〔kV〕の三相 3 線式の送電線路において，受電端での電力が 2 000〔kW〕，力率が 0.9（遅れ）である場合，この送電線路での抵抗による全電力損失〔kW〕の値として，最も近いのは次のうちどれか。
ただし，送電線 1 線当たりの抵抗値は 8〔Ω〕とし，線路のインダクタンスは無視するものとする。

(1) 33.3　　(2) 57.8　　(3) 98.8　　(4) 171　　(5) 333

［平成 17 年 A 問題］

答　(3)

考え方　三相 3 線式の送電線路における電力損失 P_L〔W〕は，電流を I〔A〕，抵抗を R〔Ω〕とすると，

$$P_L = 3RI^2 \text{〔W〕}$$

で示される。

また，受電電圧 V_R〔kV〕，負荷電流 I〔A〕とすると力率 $\cos\theta$ の負荷 P〔kW〕は，

$$P = \sqrt{3}\, V_R I \cos\theta$$

であるから，この式を変形して電流 I〔A〕を示す式を求めると，

$$I = \frac{P}{\sqrt{3}\, V_R \cos\theta}$$

となる。

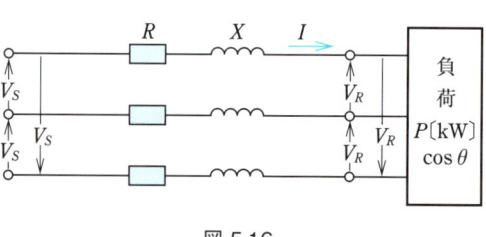

図 5.16

解き方　送電線の線電流（負荷電流）I〔A〕は，

$$I = \frac{P}{\sqrt{3}\, V_R \cos\theta} \text{〔A〕}$$

だから，三相 3 線式の損失 P_L は，

$$P_L = 3RI^2 = 3R \cdot \left(\frac{P}{\sqrt{3}\, V_R \cos\theta}\right)^2 = R\left(\frac{P}{V_R \cos\theta}\right)^2$$

$$= 8 \times \left(\frac{2\,000}{20 \times 0.9}\right)^2 = 98\,800 = 98.8 \text{〔kW〕}$$

5.5 送電電力と安定度

例題 1

三相3線式1回線送電線路において，送電端および受電端の線間電圧をそれぞれ V_s および V_r，その間の相差角を δ とした場合，送電されている有効電力に関する次の記述のうち，誤っているのはどれか．ただし，電線1条あたりのリアクタンスは X で，その他の定数は無視する．

(1) X に反比例する　(2) V_s に比例する　(3) V_r に比例する
(4) $\sin\delta$ に比例する　(5) $\cos\delta$ に比例する

［平成4年A問題］

答 (5)

考え方　設問の三相3線式送電のベクトル図を図5.17に示す．

三相分の送電電力 P は図より，

$$P = 3E_r I \cos\theta = \frac{3E_r \cdot XI\cos\theta}{X}$$

ここで，$XI\cos\theta = E_s \sin\delta$ であるから，

$$P = \frac{3E_r E_s \sin\delta}{X}$$

ここで，線間電圧 $V_r = \sqrt{3}\,E_r$，$V_s = \sqrt{3}\,E_s$ を用いて表示すると，

$$P = \frac{3}{X}\left(\frac{V_s}{\sqrt{3}}\right)\left(\frac{V_r}{\sqrt{3}}\right)\sin\delta = \frac{V_s V_r \sin\delta}{X}$$

で示される．

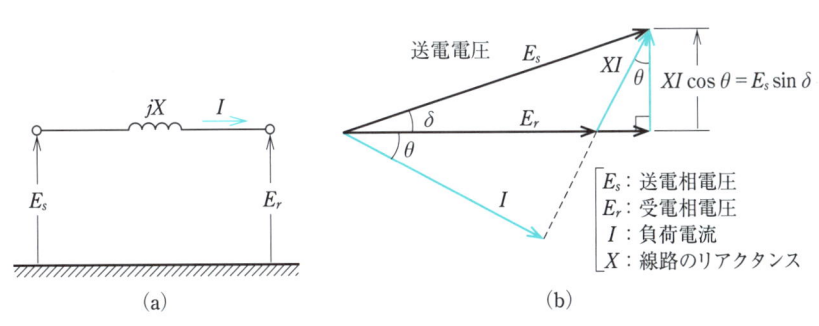

E_s：送電相電圧
E_r：受電相電圧
I：負荷電流
X：線路のリアクタンス

(a)　(b)
図5.17 送電のベクトル図

解き方 送電線で送れる送電電力 P は，

$$P = \frac{V_s V_r \sin\delta}{X}$$

で示される。ここで，V_s：送電端電圧，V_r：受電端電圧，X：線路のリアクタンス，δ：送電端電圧と受電端電圧の位相差である。

したがって，送電電力は，V_s，V_r，$\sin\delta$ に比例し，線路リアクタンスに反比例する。解答群の(1)〜(4)は正しく，(5)の $\cos\delta$ に比例することはない。

例題 2

交流三相3線式1回線の送電線路があり，受電端に遅れ力率角 θ〔rad〕の負荷が接続されている。送電端の線間電圧を V_s〔V〕，受電端の線間電圧を V_r〔V〕，その間の相差角は δ〔rad〕である。

受電端の負荷に供給されている三相有効電力〔W〕を表す式として，正しいのは次のうちどれか。

ただし，送電端と受電端の間における電線1線当たりの誘導性リアクタンスは X〔Ω〕とし，線路の抵抗，静電容量は無視するものとする。

(1) $\dfrac{V_s V_r}{X}\cos\delta$　　(2) $\dfrac{\sqrt{3}\,V_s V_r}{X}\cos\theta$　　(3) $\dfrac{V_s V_r}{X}\sin\delta$

(4) $\dfrac{\sqrt{3}\,V_s V_r}{X}\sin\delta$　　(5) $\dfrac{V_s V_r}{X\sin\delta}\cos\theta$

［平成21年A問題］

答 (3)

考え方 三相3線式送電線路を書き，送電電力 P が送受電端電圧 V_s，V_r と線路リアクタンス X との関係を整理する。

解き方 図5.17に示すように3相送電電力 P は，

$$P = 3E_r I\cos\theta = 3E_r \cdot \frac{XI\cos\theta}{X} = \frac{3E_r E_s}{X}\sin\delta$$

となる。ここで $V_r = \sqrt{3}\,E_r$，$V_s = \sqrt{3}\,E_s$ を代入すると，

$$P = \frac{V_s V_r}{X}\sin\delta$$

となる。送電電力 P を大きくするためには，送電端電圧 V_s と受電端電圧 V_r を大きくして，高電圧あるいは超高電圧にすることである。だから，長距離送電線で大電力を送電する場合には，高い電圧ほど有利になる。送電系統が安定して送電できる能力を安定度といい，送電電力 P に示すように $\sin\delta$ に比例し $\delta = 90°$ で最大となるが，通常は $\delta = 90°$ 未満で運転する。

5.6 フェランチ効果

例題 1

交流送電線の受電端電圧値は送電端電圧値より低いのが普通である。しかし，線路電圧が高く，こう長が (ア) なると，受電端が開放又は軽負荷の状態では，線路定数のうち (イ) の影響が大きくなり，(ウ) 電流が線路に流れる。このため，受電端電圧値は送電端電圧値より大きくなることがある。これを (エ) 現象という。このような現象を抑制するために，(オ) を接続するなどの対策が講じられる。

上記の記述中の空白箇所（ア），（イ），（ウ），（エ）及び（オ）に記入する語句として，正しいものを組み合わせたのは次のうちどれか。

	（ア）	（イ）	（ウ）	（エ）	（オ）
(1)	短く	静電容量	進み	フェランチ	直列リアクトル
(2)	長く	インダクタンス	遅れ	自己励磁	直列コンデンサ
(3)	長く	静電容量	遅れ	自己励磁	分路リアクトル
(4)	長く	静電容量	進み	フェランチ	分路リアクトル
(5)	短く	インダクタンス	遅れ	フェランチ	進相コンデンサ

［平成 19 年 A 問題］

答 (4)

考え方　「送電端の電圧より受電端の電圧が高くなる」そんな不思議な話がある。このように受電端電圧が送電端電圧より上昇してしまうことをフェランチ効果（現象）という。

解き方　図 5.18(a)に示すように昼間では，送電線の負荷電流は変圧器や電動機負荷などにより，電流の位相は受電電圧より遅れており，送電電圧 $\dot{V}_s$ ＞ 受電電圧 $\dot{V}_r$ となっている。

一方，送電線路が長く，深夜などになると負荷としての変圧器や電動機などが減り，相対的に地中ケーブルや電力用コンデンサなどの静電容量が増え，電流の位相が進む。これにより送電電圧 $\dot{V}_s$ ＜ 受電電圧 $\dot{V}_r$ となり，受電端の電圧が送電端より高くなるフェランチ現象を生じ，電気機器の絶縁に悪影響を与える。対策としては，①軽負荷時にコンデンサなどの開放，②分路リアクトルの接続などがある。

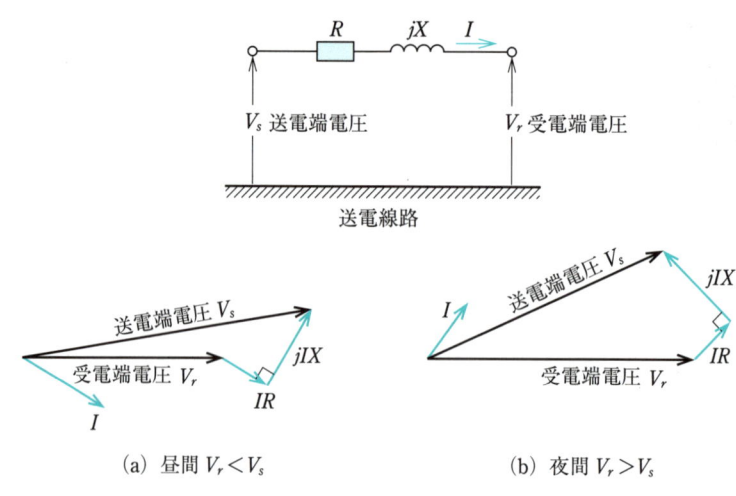

図 5.18 フェランチ効果

(a) 昼間 $V_r < V_s$

(b) 夜間 $V_r > V_s$

5.7 雷害対策（架空地線）

例題 1

送電線路の鉄塔の上部に十分な強さをもった （ア） を張り，鉄塔を通じて接地したものを架空地線といい，送電線への直撃雷を防止するために設置される。

図において，架空地線と送電線とを結ぶ直線と，架空地線から下ろした鉛直線との間の角度 θ を （イ） と呼んでいる。この角度が （ウ） ほど直撃雷を防止する効果が大きい。

架空地線や鉄塔に直撃雷があった場合，鉄塔から送電線に （エ） を生じることがある。これを防止するために，鉄塔の接地抵抗を小さくするような対策が講じられている。

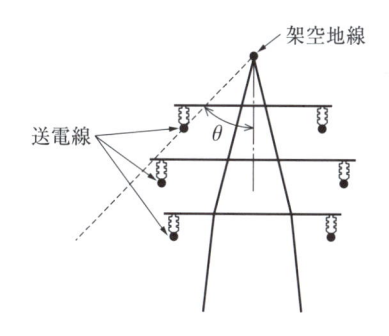

上記の記述中の空白箇所（ア），（イ），（ウ）及び（エ）に記入する語句として，正しいものを組み合わせたのは次のうちどれか。

	（ア）	（イ）	（ウ）	（エ）
(1)	裸線	遮へい角	小さい	逆フラッシオーバ
(2)	絶縁電線	遮へい角	大きい	進行波
(3)	裸線	進入角	小さい	進行波
(4)	絶縁電線	進入角	大きい	進行波
(5)	裸線	進入角	大きい	逆フラッシオーバ

［平成 15 年 A 問題］

答 (1)

考え方　架空送電線を自然の脅威から守る保護装置や設備が必要である。雷から送電線や鉄塔を保護するために架空地線や埋設地線が設置されている。架空地線は，鉄塔上部に設置され，送電線への直撃雷を防止し，埋設地線は，鉄塔基礎部に電線を埋め込み雷電流を地中に逃し，鉄塔の異常電圧上昇を抑制する。

解き方　架空地線は，送電線の鉄塔上部に亜鉛メッキ鋼より線やアルミ被鋼線の裸線を張り，送電線の直撃雷を防止するものである。図 5.19 送電線との角度 θ を遮へい角と呼び，θ が小さいほど架空地線に落雷し，送電線に落雷しない可能性が高くなる。したがって，送電線の直撃雷からの保護のためには，架空地線を高い位置に配置するとか，複数本配置するなどの方法がある。

架空地線や鉄塔に直撃雷があると鉄塔の電位が上がり，がいしを通じて送電線へ放電を起こす。これを逆フラッシュオーバという。これらを防止するためには，鉄塔脚部から地中に埋設地線を設置し，目標の接地抵抗を 25 Ω 程度に下げるようにしている。

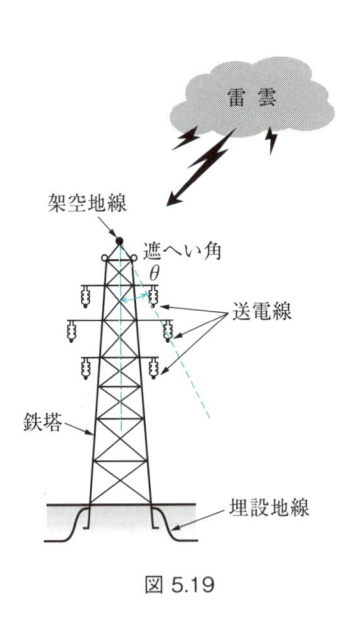

図 5.19

例題2

架空送電線路の架空地線に関する記述として，誤っているのは次のうちどれか。
(1) 架空地線は，架空送電線への直撃雷及び誘導雷を防止することができる。
(2) 架空地線の遮へい角が小さいほど，直撃雷から架空送電線を遮へいする効果が大きい。
(3) 架空地線は，近くの弱電流電線に対し，誘導障害を軽減する働きもする。
(4) 架空地線には，通信線の機能を持つ光ファイバ複合架空地線も使用されている。
(5) 架空地線に直撃雷が侵入した場合，雷電流は鉄塔の接地抵抗を通じて大地に流れる。接地抵抗が大きいと，鉄塔の電位を上昇させ，逆フラッシオーバが起きることがある。

［平成19年A問題］

答 (1)

考え方 架空地線は，送電線への直撃雷や誘導雷から守る目的で設置されているが，雷などの自然事象から完全に保護することは難しい。直撃雷も上部から落雷するものと，鉄塔が高くなると側面からの落雷など，地形と鉄塔，送電線位置の関係から落雷も変わる。架空地線のしゃへい角 θ を小さくすることは，送電線の雷害からの保護として有効なため，できるだけ θ を小さくする方策がとられている。

解き方
(1) 架空地線は電線路や鉄塔に落雷する**直撃雷**と，雷雲間や雷雲と大地間の落雷により，電線路に誘導される**誘導雷**に対して効果があるが，完全に防止することは難しい。
(2) 遮へい角が小さいほど，直撃雷から送電線の遮へい効果は大きい。
(3) 架空地線は近傍の弱電流電線や通信線に対して誘導障害を軽減する。
(4) 架空地線には，光ファイバ複合のものも使用されている。
(5) 架空地線に落雷があると，鉄塔，接地抵抗を通じて雷電流（数万〔A〕）が流れる。このとき，接地抵抗が大きいと鉄塔の電位が上昇し，鉄塔から送電線に放電する逆フラッシオーバーが起きることがあるので，接地抵抗の低減や埋設地線の設置が求められる。

5.8 コロナ放電

例題1

架空送電線路におけるコロナ放電に関する記述として，誤っているのは次のうちどれか。

(1) コロナ放電が発生すると，電気エネルギーの一部が音，光，熱などに形を変えて現れ，コロナ損という電力損失を伴う。
(2) コロナ放電は，電圧が高いほど，また，電線が太いほど発生しやすくなる。
(3) 多導体方式は，単導体方式で比べてコロナ放電の発生が少ないので，電力損失が少なくなる。
(4) 電線表面の電位の傾きがある値を超えると，コロナ放電が生じるようになる。
(5) コロナ放電が発生すると，電波障害や通信障害が生じる。

［平成16年A問題］

答 (2)

考え方　送電線に交流の高電圧をかけるとコロナ放電を生じる。コロナ放電は，電線の形状や大気環境により開始電圧が異なってくるが，電線の半径が大きくなるほど発生しにくくなる。

コロナ放電が始まる最小電圧をコロナ臨界電圧 E_0 といい，

$$E_0 = 48.8 m_0 m_1 \delta^{\frac{2}{3}} \left(1 + \frac{0.301}{\sqrt{\delta r}}\right) r \log_{10} \frac{D}{r} \ \text{〔kV/cm〕}$$

で示される。ここで，

m_0：電線の表面状態による係数
m_1：天候による係数
δ：相対空気密度
r：電線半径〔cm〕
D：線間距離〔cm〕

である。

解き方

(1) コロナ放電は，電線表面で光や音や熱を発するもので，コロナ損失となり，送電電力のロスとなる。

(2) コロナ臨界電圧は，上式に示すように半径 r にほぼ比例するので，半径 r が大きくなるほど臨界電圧は上昇し，コロナが発生しにくくなる。

(3) 電線を 1 相につき 4 本以上配置する多導体方式では，見かけの導体半径が大きくなり，コロナ臨界電圧が上昇し，コロナ放電しにくくなる。

(4) 電線表面の電位傾度が一定値を超えると，コロナ放電が生じるようになる。

(5) コロナ放電は，音や光および放電によるノイズ（高調波）を発生し，近傍の通信線へ障害を与えることがある。

したがって，誤りは(2)である。

例題 2

送配電線路や変電機器等におけるコロナ障害に関する記述として，誤っているのは次のうちどれか。

(1) 導体表面にコロナが発生する最小の電圧はコロナ臨界電圧と呼ばれる。その値は，標準の気象条件（気温 20〔℃〕，気圧 1 013〔hPa〕，絶対湿度 11〔g/m³〕）では，導体表面での電位の傾きが波高値で約 30〔kV/cm〕に相当する。

(2) コロナ臨界電圧は，気圧が高くなるほど低下し，また，絶対湿度が高くなるほど低下する。

(3) コロナが発生すると，電力損失が発生するだけでなく，導体の腐食や電線の振動などを生じるおそれもある。

(4) コロナ電流には高周波成分が含まれるため，コロナの発生は可聴雑音や電波障害の原因にもなる。

(5) 電線間隔が大きくなるほど，また，導体の等価半径が大きくなるほどコロナ臨界電圧は高くなる。このため，相導体の多導体化はコロナ障害対策として有効である。

［平成 20 年 A 問題］

答 (2)

考え方 コロナは，電線表面の電位傾度が大きくなった場合に生じる。標準の気象条件においては，20〜30 kV/cm 程度になる。コロナの発生により，送電損失の増加と通信線の通信障害などが発生する。

解き方

(1) コロナが発生するコロナ臨界電圧は標準気象条件で，電線表面の電位傾度で約 20～30 kV/cm である。

(2) コロナ臨界電圧は気圧が高くなるほど高くなり，絶対湿度が高くなるほど低下してコロナ放電しやすくなる。

(3) コロナを発生すると，電力損失や導体表面の腐食や電線の振動などを生じる。

(4) コロナ電流には，可聴雑音や高周波成分を含むので，電波障害の原因となる。

(5) コロナ放電を開始するコロナ臨界電圧 V_0 は，

$$V_0 = 48.8 m_0 m_1 \delta^{\frac{2}{3}} \left(1 + \frac{0.301}{\sqrt{r\delta}}\right) r \log_{10} \frac{D}{r}$$

で示される。ここで，

m_0：電線の表面状態による係数

m_1：天候による係数

δ：相対空気密度

r：電線半径〔cm〕

D：線間距離〔cm〕

であり，電線間隔が大きくなるほど，また導体の等価半径が大きくなるほど，コロナ放電を開始する電圧は高くなる。

したがって，誤りは(2)で，気圧が高くなるほどコロナは発生しにくくなる。

5.9 通信線の誘導障害

例題1

架空送電線路が通信線路に接近していると，通信線路に電圧が誘導されて設備やその取扱者に危害を及ぼす等の障害が生じるおそれがある。この障害を誘導障害といい，次の2種類がある。
① 架空送電線路の電圧により通信線路に誘導電圧を発生させる　(ア)　障害。
② 架空送電線路の電流が，架空送電線路と通信線路間の　(イ)　を介して通信線路に誘導電圧を発生させる　(ウ)　障害。

三相架空送電線路が十分にねん架されていれば，平常時は，電圧や電流によって通信線路に現れる誘導電圧は　(エ)　となるので0〔V〕となる。三相架空送電線路に　(オ)　事故が生じると，電圧や電流は不平衡になり，通信線路に誘導電圧が現れ，誘導障害が生じる。

上記の記述中の空白箇所（ア），（イ），（ウ），（エ）及び（オ）に当てはまる語句として，正しいものを組み合わせたのは次のうちどれか。

	（ア）	（イ）	（ウ）	（エ）	（オ）
(1)	静電誘導	相互インダクタンス	電磁誘導	ベクトルの和	1線地絡
(2)	磁気誘導	誘導リアクタンス	ファラデー	ベクトルの差	2線地絡
(3)	磁気誘導	誘導リアクタンス	ファラデー	大きさの差	三相短絡
(4)	静電誘導	自己インダクタンス	電磁誘導	大きさの和	1線地絡
(5)	磁気誘導	相互インダクタンス	電荷誘導	ベクトルの和	三相短絡

［平成18年A問題］

答　(1)

考え方

架空送電線が通信線へ及ぼす誘導障害としては，①静電誘導と②磁気誘導がある。①静電誘導は送電線の電圧と送電線，通信線間の静電容量により電圧が誘導される。②磁気誘導は送電線の電流と通信線間の相互インダクタンスにより電圧が誘導され，通信障害を生じる。

解き方　①送電線の電圧と静電容量により生じるものは静電誘導，②電流と相互インダクタンスにより生じるものは電磁誘導である。静電誘導および電磁誘導により生じる電圧 $\dot{E}_s$, $\dot{E}_m$ は，図 5.20 に示すように各相と通信線の静電容量 C_a, C_b, C_c が等しいことや，各相の通信線の相互インダクタンス M_a, M_b, M_c が等しいと，それぞれの電圧はベクトル和となるので，0〔V〕となる。これらを実現するにはねん架が有効な手段となる。

一線地絡事故が起こると電圧，電流は不平衡となり，通信線路に誘導電圧を発生し誘導障害を起こす。

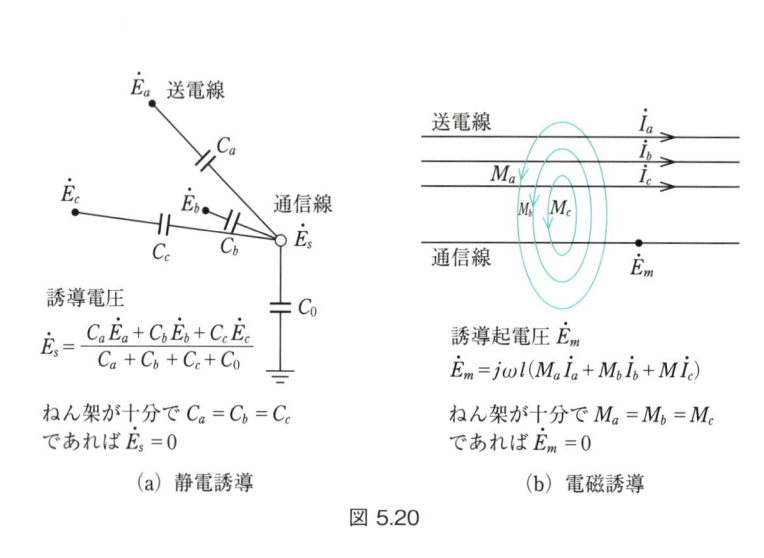

(a) 静電誘導

誘導電圧
$$\dot{E}_s = \frac{C_a \dot{E}_a + C_b \dot{E}_b + C_c \dot{E}_c}{C_a + C_b + C_c + C_0}$$

ねん架が十分で $C_a = C_b = C_c$ であれば $\dot{E}_s = 0$

(b) 電磁誘導

誘導起電圧 $\dot{E}_m$
$$\dot{E}_m = j\omega l(M_a \dot{I}_a + M_b \dot{I}_b + M \dot{I}_c)$$

ねん架が十分で $M_a = M_b = M_c$ であれば $\dot{E}_m = 0$

図 5.20

5.10 直流送電

例題 1

直流送電に関する記述として，誤っているのは次のうちどれか。
(1) 交流送電と比べて，送電線路の建設費は安いが，交直変換所の設置が必要となる。
(2) 交流送電のような安定度問題がないので，長距離送電に適している。
(3) 直流の高電圧大電流の遮断は，交流の場合より容易である。
(4) 直流は，変圧器で簡単に昇圧や降圧ができない。
(5) 交直変換器からは高調波が発生するので，フィルタ設置等の対策が必要である。

[平成 15 年 A 問題]

答 (3)

考え方　異周波数間（50 Hz と 60 Hz）の系統を連系したり，あるいは島しょへの単独長距離送電などで直流送電が採用できる。

直流送電の長所は，以下のとおりである。
① 交流に比べ絶縁が $1/\sqrt{2}$ に低減でき，特に特別高圧や超高圧以上で有利になる。
② 交流では安定度が問題になるが，直流では設備の能力まで送電できる。
③ ケーブルで送電する場合，交流のように誘電体損がないので有利である。
④ 使用導体が，大地を帰路とする場合は，1 本となり有利となる。
⑤ 周波数に関係なく両系統を連系できるので，異周波系統の連系ができる。

また，直流送電の短所は，以下のとおりである。
① 交直変換装置が必要となり，設備費が増加する。
② 交直変換装置に高周波が発生するので，吸収するコンデンサ，リアクトルなどが必要である。

解き方

(1) 直流送電では交直変換所の設置が必要。
(2) 安定度の問題がないので長距離送電に適している。
(3) 直流の大電流は交流と違い電流が0になる点がないので、遮断が困難である。
(4) 直流は変圧器で簡単に昇圧、降圧できない。
(5) 交直変換器からは高調波が発生が発生するので、これを防止するフィルタが必要である。

誤りは(3)で、直流の遮断は困難である。

5.11 百分率インピーダンス

例題 1

66 kV 1回線送電線の1線のインピーダンスが 11〔Ω〕、電流が 300〔A〕のとき、百分率インピーダンス〔%〕の値として正しいものは次のうちどれか。

(1) 2.17 (2) 4.33 (3) 5.00 (4) 8.66 (5) 15.0

[平成3年A問題]

答 (4)

考え方　百分率インピーダンス $\%Z$ は、送電線のインピーダンス Z〔Ω〕を基準容量 P_B、基準電圧 V_B での基準インピーダンス Z_B で表すと、

$$\%Z = \frac{Z}{Z_B} \times 100$$

で示される。また、ここで Z_B は、

$$Z_B = \frac{V_B}{\sqrt{3}\, I_B}$$

となるので、次のように表される。

$$\%Z = \frac{Z}{Z_B} \times 100 = \frac{\sqrt{3}\, I_B Z}{V_B} \times 100 \,〔\%〕= \frac{P_B Z}{V_B} \times 100 \,〔\%〕$$

解き方　$\%Z = \dfrac{\sqrt{3}\, I_B Z}{V_B} \times 100$〔%〕に数値を代入すると、

$$\%Z = \frac{\sqrt{3} \times 300 \times 11}{66 \times 10^3} \times 100 \,〔\%〕= 8.66 \,〔\%〕$$

例題 2

線間電圧 V〔V〕の三相3線式送電線で、負荷端から電源側をみた百分率インピーダンスを $\%Z$ とするとき、負荷端での三相短絡電流〔A〕を表す式として、正しいのは次のうちどれか。ただし、基準容量は P_n〔V·A〕とする。

(1) $\dfrac{P_n}{\sqrt{3}\, V} \times \dfrac{100}{\%Z}$　(2) $\dfrac{P_n}{3V} \times \dfrac{100}{\%Z}$　(3) $\dfrac{P_n}{3V} \times \dfrac{\%Z}{100}$

(4) $\dfrac{P_n}{\sqrt{3}\, V} \times \dfrac{\%Z}{100}$　(5) $\dfrac{P_n}{V} \times \dfrac{100}{\%Z}$

[平成15年A問題]

答 (1)

考え方　百分率インピーダンス %Z は，

$$\%Z = \frac{Z}{Z_B} \times 100 = \frac{\sqrt{3}\,I_B Z}{V_B} \times 100\,[\%] = \frac{P_B Z}{V_B} \times 100\,[\%]$$

で示される。また，短絡電流 I_S 〔A〕は，百分率インピーダンス %Z で表すと，

$$I_S = \frac{I_B}{\%Z} \times 100\,[\text{A}]$$

で示される。

解き方　短絡電流 I_S 〔A〕は，

$$I_S = \frac{I_B}{\%Z} \times 100\,[\text{A}]$$

で示される。ここで，基準電流 I_B 〔A〕は，

$$I_B = \frac{P_B}{\sqrt{3}\,V_B}$$

なので，上式に I_B を代入すると，

$$I_S = \frac{P_B}{\sqrt{3}\,V_B} \times \frac{100}{\%Z}$$

設問では，基準電圧 $P_B = P_n$，基準電圧 $V_B = V$ として表示されているので，

$$I_S = \frac{P_n}{\sqrt{3}\,V} \times \frac{100}{\%Z}$$

となる。

例題 3　図のような三相3線式配電系統がある。配電用変電所の変圧器容量は10 000〔kV·A〕，変圧比は 66〔kV〕/6.6〔kV〕，百分率リアクタンスは自己容量基準で 7.5〔%〕であり，配電用変電所より上位系統側の百分率インピーダンスは基準容量 10 000〔kV·A〕で 0.5〔%〕とする。配電系統の末端 L 点には負荷（抵抗負荷とする）が接続されており，配電用変電所の引出口 F 点から L 点までの百分率インピーダンスは基準容量 10 000〔kV·A〕で 10〔%〕とする。F 点において三相完全短絡事故が発生したとき，F 点における短絡電流〔kA〕の値として，最も近いのは次のうちどれか。
　ただし，百分率インピーダンスは抵抗分を無視するものとする。
　(1) 4.9　　(2) 8.7　　(3) 10.9　　(4) 11.7　　(5) 12.5

```
      66 kV/6.6 kV
0.5 %              F                L
   ─〔〕─×──────10 %──────•
                                    ↓負荷
     10 000 kV·A
       7.5 %
```

[平成19年A問題]

答 (3)

考え方 F点で三相短絡を生じた場合は，上位系統（電源側）から電流が供給されるので，百分率インピーダンスは変圧器分と上位系統分のみが関与する。配電線の百分率インピーダンスは関与しない。変圧器分は，そのインピーダンスはリアクタンス分がほとんどなので，百分率インピーダンスとしてよい。

解き方 上位系統の百分率インピーダンス0.5％および変圧器分7.5％はいずれも基準容量10 000〔kV·A〕なので，これを合計すると，F点までの百分率インピーダンス%Zは，

$$\%Z = 0.5 + 7.5 = 8.0\ \%$$

6.6〔kV〕の基準電流I_Bは，

$$I_B = \frac{P_B}{\sqrt{3}\ V_B} = \frac{10\ 000}{\sqrt{3} \times 6.6} = 875\ 〔A〕$$

したがって，三相短絡電流I_Sは，

$$I_S = \frac{I_B}{\%Z} \times 100 = \frac{875}{8.0} \times 100 = 10\ 938 ≒ 10.9\ 〔kA〕$$

となる。

なお，L点までの百分率インピーダンス10％が与えられているが，F点の三相短絡電流には関係なく，不要な数値である。

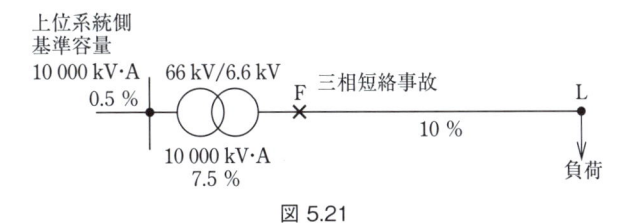

```
 上位系統側
 基準容量
10 000 kV·A   66 kV/6.6 kV   三相短絡事故
   0.5 %                                      L
    ─────〔〕─────×──────10 %──────•
                                              ↓負荷
            10 000 kV·A
              7.5 %
```

図 5.21

5.11 百分率インピーダンス

5.12 地中送電線

例題 1

CVTケーブルは，3心共通シース型CVケーブルと比べて （ア） が大きくなるため，（イ） を大きくとることができる。また，（ウ） の吸収が容易であり，（エ） やすいため，接続箇所のマンホールの設計寸法を縮小化できる。

上記の記述中の空白箇所（ア），（イ），（ウ）及び（エ）に当てはまる語句として，正しいものを組み合わせたのは次のうちどれか。

	（ア）	（イ）	（ウ）	（エ）
(1)	熱抵抗	最高許容温度	発生熱量	曲げ
(2)	熱放散	許容電流	熱伸縮	曲げ
(3)	熱抵抗	許容電流	熱伸縮	伸ばし
(4)	熱放散	最高許容温度	発生熱量	伸ばし
(5)	熱放散	最高許容温度	熱伸縮	伸ばし

[平成19年A問題]

答 (2)

考え方 地中ケーブルとしてはCVケーブル，CVTケーブル，OFケーブルなどがある。CVケーブルは，架橋ポリエチレンを用いたケーブルで，6kVから500kVの電圧まで広い範囲で使用されている。CVTケーブルは，CVケーブルを3本より合わせながら配置したものである。

解き方 CVTケーブルは，3心共通シース型CVに比べると被覆が少ない分，熱放散が大きいため，許容電流を大きくとることができる。また，熱伸縮の吸収が容易であり，曲げやすいため施工しやすい。したがって，曲げ半径が小さくできるので，マンホールの設計寸法を縮小化できる。

導体（金属）
絶縁物（架橋ポリエチレン）
内部半導体層
外部半導体層
遮へい軟銅線
導体（金属）
絶縁物（架橋ポリエチレン）
遮へい層（ビニールシース）

図 5.22 CVT ケーブル

例題 2

今日わが国で主に使用されている電力ケーブルは，紙と油を絶縁体に使用する OF ケーブルと，　(ア)　を絶縁体に使用する CV ケーブルである。

OF ケーブルにおいては，充てんされた絶縁油を加圧することにより，　(イ)　の発生を防ぎ絶縁耐力の向上を図っている。このために，給油設備の設置が必要である。

一方，CV ケーブルは絶縁体の誘電正接，比誘電率が OF ケーブルよりも小さいために，誘電損や　(ウ)　が小さい。また，絶縁体の最高許容温度は OF ケーブルよりも高いため，導体断面積が同じ場合，　(エ)　は OF ケーブルよりも大きくすることができる。

上記の記述中の空白箇所（ア），（イ），（ウ）及び（エ）に記入する語句として，正しいものを組み合わせたのは次のうちどれか。

	（ア）	（イ）	（ウ）	（エ）
(1)	架橋ポリエチレン	熱	充電電流	電流容量
(2)	ブチルゴム	ボイド	抵抗損	電流容量
(3)	ブチルゴム	熱	抵抗損	使用電圧
(4)	架橋ポリエチレン	ボイド	充電電流	電流容量
(5)	架橋ポリエチレン	ボイド	抵抗損	使用電圧

［平成 17 年 A 問題］

答 (4)

考え方　OF ケーブルは，絶縁紙に油を加圧して供給し，絶縁を保持している。また，CV ケーブルは，架橋ポリエチレンを絶縁体に使用している。従来は，水トリーの発生などが CV ケーブル特有の故障としてあったが，最近は製造品質も向上している。

解き方 OFケーブルでは，絶縁油を加圧して供給してボイドの発生を防いでいる。CVケーブルは，誘電正接，比誘電率がOFケーブルよりも小さいため，誘電体損や充電電流が小さいのでケーブルの発熱量が小さい。導体断面積が同じ場合，電流容量はOFケーブルより大きくできる。

ケーブルの充電電流 I_c は，
$$I_c = j\omega CE = j2\pi fCE$$
ここで，静電容量 C は，
$$C = \frac{2\pi\varepsilon_0\varepsilon_s}{\ln\frac{b}{a}}$$

で示され，比誘電率 ε_s に比例するので，比誘電率が小さいほうが充電電流は小さくなる。ここで，ε_0 は真空の誘電率，ε_s は比誘電率，a，b はケーブルの絶縁体の内径と外径である。

例題 3

地中ケーブルの布設方法には，大別して直接埋設式，管路式，暗きょ式などがある。これらに関する記述として，誤っているのは次のうちどれか。

(1) 工事費並びに工期は直接埋設式が最も安価・短期であり，次に管路式，暗きょ式の順になる。
(2) 直接埋設式では，管路あるいは暗きょといった構造物を伴わないので，事故復旧は管路式，暗きょ式よりも容易に実施できる。
(3) 直接埋設式では，ケーブル外傷等の被害は管路式や暗きょ式と比べてその機会が多くなる。
(4) 暗きょ式，管路式は，布設後の増設が直接埋設式に比べると一般に容易である。
(5) 暗きょ式の一種である共同溝は，電力ケーブル，電話ケーブル，ガス管，上下水道管などを共同の地下溝に施設するものである。

[平成18年A問題]

答 (2)

考え方 地中ケーブルの布設には①直接埋設式，②管路式，③暗きょ式がある。工事費では，直接埋設式が最も安価で，管路式，暗きょ式と費用が高くなる。その反面として，ケーブルの引替えや増設などにおいては暗きょ式や管路式が優れている。

解き方 各埋設方式の特長を示すと以下のとおりである。

① 直接埋設式：ケーブルごとの埋設となるので工事費は安価，工期は短い。また，ケーブルの増設，引替えなどは困難である。さらに，ケーブル事故時には事故個所の確定や点検，事故復旧が難しい。ケーブル外傷などの被害も多い。

② 管路式：ケーブルを地中に設置した管路に入れて地中送電するもので，工事費，工期は直接埋設式と暗きょ式の中間にある。また，ケーブルの増設，引替えなども比較的実施しやすい。

③ 暗きょ式：コンクリートでつくられた暗きょの中にケーブルを配置する方式である。共同溝も暗きょ式の一種で，電力ケーブル，通信ケーブル，上下水道管などを地下溝に施設するものである。暗きょ式では工事費は高くなるが，ケーブルの増設，引替え，点検，事故復旧の対応がしやすい。

誤りは(2)で直接埋設式は，事故の復旧が難しい。

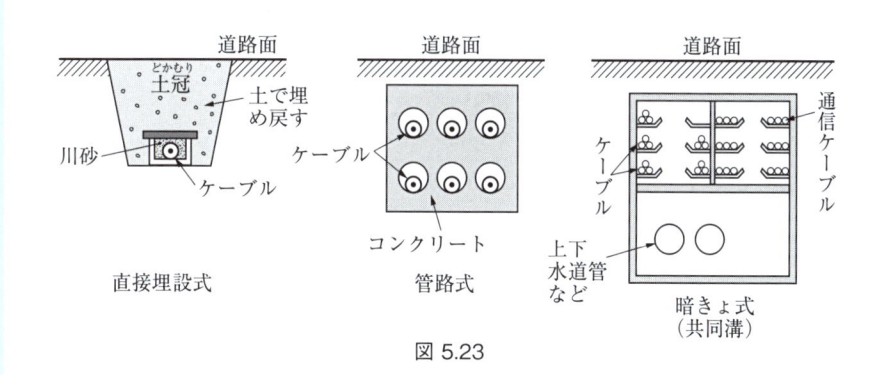

図 5.23

5.13 電線のたるみ

例題 1

両端の高さが同じで径間距離 250 〔m〕の架空電線路があり、電線 1 〔m〕当たりの重量は 20.0 〔N〕で、風圧荷重はないものとする。
いま、水平引張荷重が 40.0 〔kN〕の状態で架線されているとき、たるみ D 〔m〕の値として、最も近いのは次のうちどれか。

(1) 2.1　　(2) 3.9　　(3) 6.3　　(4) 8.5　　(5) 10.4

〔平成 18 年 A 問題〕

答 (2)

考え方　図 5.24 に示すように、送電線を 2 点で支持しているときの電線のたるみ D 〔m〕および電線の長さ L 〔m〕は、

$$D = \frac{WS^2}{8T}, \quad L = S + \frac{8D}{3S}$$

で示される。ここで、W：合成荷重〔N/m〕、S：径間〔m〕、T：電線の水平張力〔N〕である。

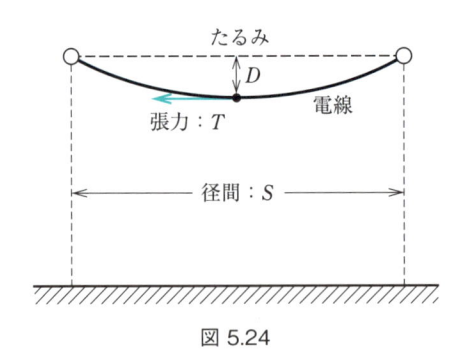

図 5.24

解き方　電線のたるみ D 〔m〕は、

$$D = \frac{WS^2}{8T} \text{〔m〕}$$

である。これに数値を代入して、自重 $W = 20$ 〔N〕、張力 $T = 40$ 〔kN〕だから、次のようになる。

$$D = \frac{20 \times 250^2}{8 \times 40 \times 10^3} = 3.9 \text{〔m〕}$$

例題 2

送電線に加わる荷重と電線質量による荷重との比（負荷係数）は、被氷雪を考慮した場合、正しいのは次のうちどれか。ただし、W_w, W_v 及び W_i は、次の荷重を表すものとする。

W_w：電線質量による荷重〔N/m〕, W_v：風圧荷重〔N/m〕, W_i：被氷雪質量による荷重〔N/m〕

(1) $\dfrac{W_v^2 + W_w^2 + W_i^2}{W_w^2}$　　(2) $\dfrac{\sqrt{W_v + W_w + W_i}}{W_w}$

(3) $\dfrac{\sqrt{W_v^2 + W_w^2 + W_i^2}}{W_w}$　　(4) $\dfrac{\sqrt{(W_v + W_w)^2 + W_i^2}}{W_w}$

(5) $\dfrac{\sqrt{W_v^2 + (W_w + W_i)^2}}{W_w}$

〔平成10年A問題〕

答 (5)

考え方　電線に加わる荷重として、電線の自重 W_w と、電線に着雪した氷雪の質量 W_i および氷雪が着いた状態で電線が受ける風圧 W_v が、ベクトル的に加わったものとなる。

解き方　図5.25に示すように、電線が受ける荷重 W_0〔N/m〕は、

$$W_0 = \sqrt{W_v^2 + (W_w + W_i)^2}$$

になる。ここで、W_v：風圧荷重〔N/m〕, W_w：電線質量による荷重〔N/m〕, W_i：被氷雪質量による荷重〔N/m〕である。したがって、W_0 と W_w の比（負荷係数）α は、

$$\alpha = \frac{W_0}{W_w} = \frac{\sqrt{W_v^2 + (W_w + W_i)^2}}{W_w}$$

となる。

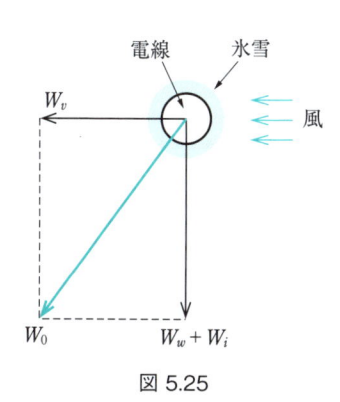

図 5.25

5.13 電線のたるみ

第5章 章末問題

5-1 送配電線路に使用するがいしの性能を表す要素として，特に関係のない事項は次のうちどれか。

(1) 系統短絡電流
(2) フラッシオーバ電圧
(3) 汚損特性
(4) 油中破壊電圧
(5) 機械的強度

[平成 18 年 A 問題]

5-2 次の用語群は，架空送電線路における事故事象（A）とその対応策（B）を組み合わせたものである。（A）と（B）の組み合わせのうち，誤っているのは次のうちどれか。

	(A)	(B)
(1)	雷害	架空地線
(2)	塩害	がいし直列個数の増加
(3)	ギャロッピング	相間絶縁スペーサ
(4)	微風振動	ダンパ
(5)	雪害	アークホーン

[平成 11 年 A 問題]

5-3 次の用語群は，電力系統に関する現象（A）とその現象を左右する要素（B）を組み合わせたものである。（A）と（B）の組み合わせのうち，誤っているのは次のうちどれか。

	(A)	(B)
(1)	電圧降下	インピーダンス
(2)	充電電流	静電容量
(3)	誘導障害	接地方式
(4)	コロナ放電	線路電流
(5)	異常電圧	雷

[平成 12 年 A 問題]

5-4　非接地，直接接地，抵抗接地および消弧リアクトル接地の中性点接地方式において，電線路の一線地絡時の地絡電流が小さいものから大きいものの順に左から右に並んでいるのは次のうちどれか。

(1)　直接接地，消弧リアクトル接地，抵抗接地，非接地
(2)　非接地，消弧リアクトル接地，抵抗接地，直接接地
(3)　非接地，抵抗接地，消弧リアクトル接地，直接接地
(4)　消弧リアクトル接地，直接接地，抵抗接地，非接地
(5)　消弧リアクトル接地，非接地，抵抗接地，直接接地

[平成7年A問題]

5-5　中性点抵抗接地方式は，　(ア)　に比べて　(イ)　を制限しつつ故障回線を選択遮断しようとする方式である。抵抗のとりうる値には幅があるが，過大になると　(ウ)　に近くなり　(エ)　は少なくなるが，アーク地絡現象のおそれがあるなどの問題が生じる。

上記の記述中の空白箇所（ア），（イ），（ウ）および（エ）に記入する字句として，正しいものを組み合わせたのは次のうちどれか。

	（ア）	（イ）	（ウ）	（エ）
(1)	非接地方式	地絡電流	直接接地方式	残留電流
(2)	直接接地方式	地絡電流	非接地方式	誘導障害
(3)	消弧リアクトル接地方式	短絡電流	直接接地方式	充電電流
(4)	非接地方式	地絡電流	消弧リアクトル接地方式	通信障害
(5)	消弧リアクトル接地方式	零相電流	直接接地方式	誘導障害

[平成5年A問題]

5-6　図のような単相等価回路で表すことができる三相3線式1回線の短距離送電線がある。送受電端間の電圧降下（$E_s - E_r$）を表す近似式として，正しいのは次のうちどれか。ただし，送電端の電圧および受電端の電圧と電流の間の位相角をそれぞれ遅れの θ_s および θ_r とする。

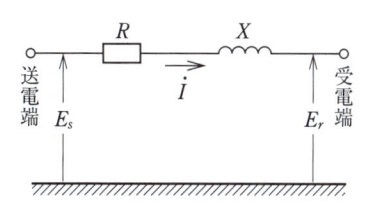

(1) $I(R\cos\theta_r + X\sin\theta_r)$

(2) $I(R\sin\theta_r + X\cos\theta_r)$

(3) $I(R\cos\theta_s - X\sin\theta_s)$

(4) $I(R\sin\theta_s - X\cos\theta_s)$

(5) $I(R\cos\theta_r + X\sin\theta_s)$

[平成 4 年 A 問題]

5-7 一つの送電線路において，同一負荷に対して電力を供給する場合，送電電圧を 2 倍にすると，送電線路の抵抗損はもとの電圧のときに比べて何倍になるか，その倍率として，正しいのは次のうちどれか。

ただし，線路定数は不変とする。

(1) 4 倍 (2) 2 倍 (3) 1 倍 (4) $\frac{1}{2}$ 倍 (5) $\frac{1}{4}$ 倍

[平成 12 年 A 問題]

5-8 架空送電線の絶縁設計の考え方として，　(ア)　に対しては，フラッシオーバ事故を皆無にすることは困難であり，その事故低減策として，　(イ)　などの避雷対策を講ずる。また，がいし個数の決定は，　(ウ)　および　(エ)　に十分耐えるようにする。

上記の記述中の空白箇所（ア），（イ），（ウ）および（エ）に記入する字句として，正しいものを組み合わせたのは次のうちどれか。

	(ア)	(イ)	(ウ)	(エ)
(1)	内部異常電圧	アークホーン	開閉過電圧	常時対地電圧
(2)	内部異常電圧	アークホーン	雷過電圧	短時間過電圧
(3)	雷撃	架空地線	雷過電圧	常時対地電圧
(4)	雷撃	架空地線	開閉過電圧	短時間過電圧
(5)	雷撃	アークホーン	開閉過電圧	短時間過電圧

[平成 7 年 A 問題]

5-9 電力系統における直流送電について交流送電と比較した次の記述のうち，誤っているのはどれか。

(1) 直流送電線の送・受電端でそれぞれ交流-直流電力変換装置が必要であるが，交流送電のような安定度問題がないため，長距離・大容量送電に有利な場合が多い。

(2) 直流部分では交流のような無効電力の問題はなく，また，誘電体損がないので電力損失が少ない。そのため，海底ケーブルなど長距離

の電力ケーブルの使用に向いている。

(3) 系統の短絡容量を増加させないで交流系統間の連系が可能であり，また，異周波数系統間連系も可能である。

(4) 直流電流では電流零点がないため，大電流の遮断が難しい。また，絶縁については，公称電圧値が同じであれば，一般に交流電圧より大きな絶縁距離が必要となる場合が多い。

(5) 交流-直流電力変換装置から発生する高調波・高周波による障害への対策が必要である。また，漏れ電流による地中埋設物の電食対策も必要である。

［平成 21 年度 A 問題］

5-10 一次電圧 66〔kV〕，二次電圧 6.6〔kV〕，容量 80〔MV·A〕の三相変圧器がある。一次側に換算した誘導性リアクタンスの値が 4.5〔Ω〕のとき，百分率リアクタンスの値〔%〕として，最も近いのは次のうちどれか。

(1) 2.8　(2) 4.8　(3) 8.3　(4) 14.3　(5) 24.8

［平成 20 年 A 問題］

5-11 次に示す各種の損失のうち，ケーブルの許容電流の決定要因と直接関係のないものはどれか。

(1) 抵抗損　(2) シース損　(3) 誘電損　(4) 渦電流損
(5) 漂遊負荷損

［平成 16 年 A 問題］

5-12 地中電線路の絶縁劣化診断方法として，関係ないものは次のうちどれか。

(1) 直流漏れ電流法　(2) 誘電正接法　(3) 絶縁抵抗法
(4) マーレーループ法　(5) 絶縁油中ガス分析法

［平成 20 年 A 問題］

5-13 電圧 22〔kV〕，周波数 50〔Hz〕，こう長 1〔km〕の三相 3 線式地中電線路がある。ケーブルの心線 1 線当たりの静電容量が 0.44〔μF/km〕であるとき，この電線路の無負荷充電容量〔kvar〕の値として，最も近いのは次のうちどれか。

(1) 11　(2) 18　(3) 39　(4) 67　(5) 116

［平成 15 年 A 問題］

5-14 電圧33〔kV〕，周波数60〔Hz〕，こう長2〔km〕の交流三相3線式地中電線路がある。ケーブルの心線1線当たりの静電容量が0.24〔μF/km〕，誘電正接が0.03〔%〕であるとき，このケーブルの心線3線合計の誘電体損〔W〕の値として，最も近いのは次のうちどれか。
(1) 9.4　(2) 19.7　(3) 29.5　(4) 59.1　(5) 177

[平成21年A問題]

5-15 CVケーブルに関する記述として，誤っているのは次のうちどれか。
(1) CVケーブルは，給油設備が不要のため，保守性に優れている。
(2) 3心のCVケーブルは，CVTケーブルに比べて接続作業性が悪い。
(3) CVケーブルの絶縁体には，塩化ビニル樹脂が使用されている。
(4) CVケーブルは，OFケーブルに比べて許容最高温度が高い。
(5) CVケーブルは，OFケーブルに比べて絶縁体の比誘電率が小さい。

[平成14年A問題]

5-16 次の記述は，地中送電線路のケーブルに発生するシース電圧，シース電流及びシース損に関するものである。誤っているのは次のうちどれか。
(1) 常時シース電圧及びシース損を低減する目的で，クロスボンド方式が一般的に用いられている。
(2) シース損には，線路の長手方向に流れる電流によって発生するシース回路損と，金属シース内に発生する渦電流損とがある。
(3) 三相回路に3心ケーブルを用いると，各相の導体が接近しているので，大きなシース電圧が発生する。
(4) 送電電流が増加すると，シース損も増加する。
(5) 架空送電線と地中送電線が接続している系統において，架空送電線から地中送電線に雷サージが侵入した場合，金属シースにもサージ電流が発生する。

[平成11年A問題]

5-17 図のように高低差のない支持点A，Bで，径間長Sの架空送電線において，架線の水平張力Tを調整してたるみDを10〔%〕小さくし，電線地上高を高くしたい。この場合の水平張力の値として，正しいのは次のうちどれか。ただし，両側の鉄塔は十分な強度があるものとする。

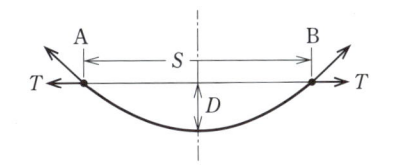

(1) $0.9^2\,T$　　(2) $0.9\,T$　　(3) $\dfrac{T}{\sqrt{0.9}}$　　(4) $\dfrac{T}{0.9}$　　(5) $\dfrac{T}{0.9^2}$

[平成 10 年 A 問題]

5-18　三相 3 線式 1 回線の専用配電線がある。変電所の送り出し電圧が 6 600 〔V〕，末端にある負荷の端子電圧が 6 450 〔V〕，力率が遅れの 70 〔％〕であるとき，次の(a)及び(b)に答えよ。ただし，電線 1 線当たりの抵抗は 0.45 〔Ω/km〕，リアクタンスは 0.35 〔Ω/km〕，線路のこう長は 5 〔km〕とする。

(a)　この負荷に供給される電力 W_1〔kW〕の値として，最も近いのは次のうちどれか。

　(1) 180　　(2) 200　　(3) 220　　(4) 240　　(5) 260

(b)　負荷が遅れ力率 80 〔％〕，W_2〔kW〕に変化したが線路損失は変わらなかった。W_2〔kW〕の値として，最も近いのは次のうちどれか。

　(1) 254　　(2) 274　　(3) 294　　(4) 314　　(5) 334

[平成 18 年 B 問題]

5-19　電線 1 線の抵抗が 5 〔Ω〕，誘導性リアクタンスが 6 〔Ω〕である三相 3 線式送電線について，次の(a)及び(b)に答えよ。

(a)　この送電線で受電端電圧を 60 〔kV〕に保ちつつ，かつ，送電線での電圧降下率を受電端電圧基準で 10 〔％〕に保つには，負荷の力率が 80 〔％〕（遅れ）の場合に受電可能な三相皮相電力〔MV・A〕の値として，最も近いのは次のうちどれか。

　(1) 27.4　　(2) 37.9　　(3) 47.4　　(4) 56.8　　(5) 60.5

(b)　この送電線の受電端に，遅れ力率 60 〔％〕で三相皮相電力 63.2 〔MV・A〕の負荷を接続しなければならなくなった。この場合でも受電端電圧を 60 〔kV〕に，かつ，送電線での電圧降下率を受電端電圧基準で 10 〔％〕に保ちたい。受電端に設置された調相設備から系統に供給すべき無効

電力〔Mvar〕の値として，最も近いのは次のうちどれか。

(1) 12.6　(2) 15.8　(3) 18.3　(4) 22.1　(5) 34.8

［平成 20 年 B 問題］

5-20　容量 50〔kV·A〕，一次側及び二次側の定格電圧がそれぞれ 3.64〔kV〕及び 200〔V〕，短絡インピーダンス（百分率インピーダンス降下）5〔%〕の単相変圧器 3 台を，図のように一次側 Y，二次側 Δ に結線している。この変圧器群の一次側に 6.3〔kV〕の三相交流電源を接続して，二次側に接続された 120〔kW〕の平衡した三相抵抗負荷に電力を供給しているとき，次の(a)及び(b)に答えよ。ただし，変圧器の損失は無視するものとする。

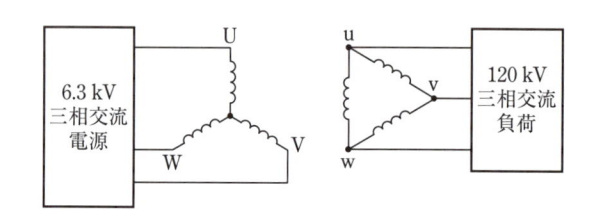

(a) この単相変圧器の一次側巻線に流れている電流〔A〕の値として，最も近いのは次のうちどれか。

(1) 6.3　(2) 11　(3) 19　(4) 33　(5) 200

(b) 負荷が接続されている端子で三相短絡が発生したとき，短絡点に流れる短絡電流〔kA〕の値として，最も近いのは次のうちどれか。

(1) 2.9　(2) 5.0　(3) 7.1　(4) 8.7　(5) 15

［平成 14 年 B 問題］

5-21　図のような系統において，昇圧用変圧器の容量は 30〔MV·A〕，変圧比は 11〔kV〕/33〔kV〕，百分率インピーダンスは自己容量基準で 7.8〔%〕，計器用変流器（CT）の変流比は 400〔A〕/5〔A〕である。系統の点 F において，三相短絡事故が発生し，1 800〔A〕の短絡電流が流れたとき，次の(a)及び(b)に答えよ。

ただし，CT の磁気飽和は考慮しないものとする。

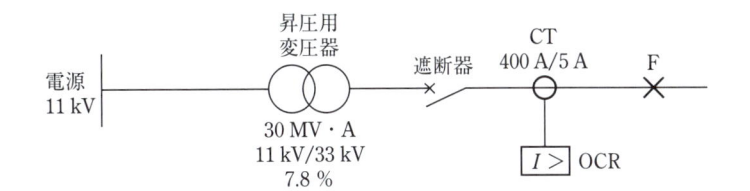

```
                                       昇圧用
                                       変圧器       遮断器    CT
                                                          400 A/5 A    F
       電源 ─────────────○○○───────×────○─────────×
       11 kV                                       │
                        30 MV・A                   │
                        11 kV/33 kV               [I>] OCR
                        7.8 %
```

(a) 系統の基準容量を 10〔MV・A〕としたとき，事故点 F から電源側をみた百分率インピーダンス〔%〕の値として，最も近いのは次のうちどれか。

　　(1) 5.6　　(2) 9.7　　(3) 12.3　　(4) 29.2　　(5) 37.0

(b) 過電流継電器（OCR）を 0.09〔s〕で動作させるには，OCR の電流タップ値を何アンペアの位置に整定すればよいか，正しい値を次のうちから選べ。

　　ただし，OCR のタイムレバー位置は 3 に整定されており，タイムレバー位置 10 における限時特性は図示のとおりである。

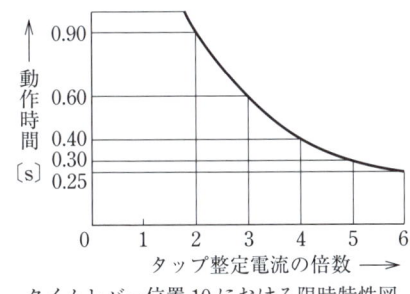

```
   動   0.90
   作   0.60
   時   0.40
   間   0.30
  〔s〕 0.25
        0  1  2  3  4  5  6
           タップ整定電流の倍数 ─→
```
タイムレバー位置 10 における限時特性図

　　(1) 3.0〔A〕　(2) 3.5〔A〕　(3) 4.0〔A〕　(4) 4.5〔A〕
　　(5) 5.0〔A〕

[平成 18 年 B 問題]

5-22　図のような交流三相 3 線式の系統がある。各系統の基準容量と基準容量をベースにした百分率インピーダンスが図に示された値であるとき，次の(a)及び(b)に答えよ。

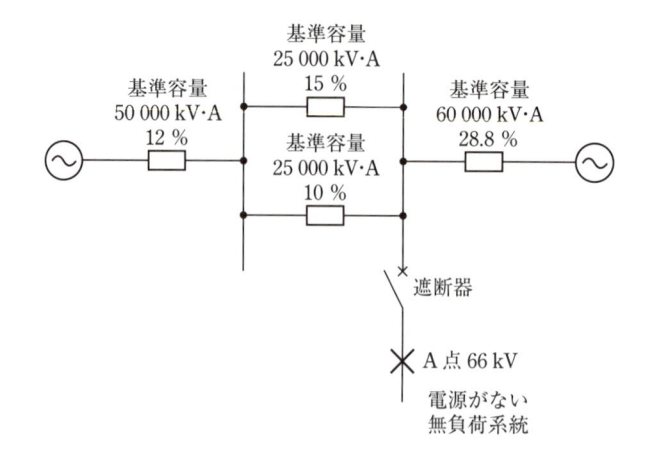

(a) 系統全体の基準容量を 50 000〔kV·A〕に統一した場合，遮断器の設置場所からみた合成百分率インピーダンス〔％〕の値として，正しいのは次のうちどれか。

　　(1) 4.8　　(2) 12　　(3) 22　　(4) 30　　(5) 48

(b) 遮断器の投入後，A 点で三相短絡事故が発生した。三相短絡電流〔A〕の値として，最も近いのは次のうちどれか。

　　ただし，線間電圧は 66〔kV〕とし，遮断器から A 点までのインピーダンスは無視するものとする。

　　(1) 842　　(2) 911　　(3) 1 458　　(4) 2 104　　(5) 3 645

〔平成 21 年 B 問題〕

5-23　図のように，定格電圧 66〔kV〕の電源から三相変圧器を介して二次側に遮断器が接続された系統がある。この三相変圧器は定格容量 10〔MV·A〕，変圧比 66/6.6〔kV〕，百分率インピーダンスが自己容量基準で 7.5〔％〕である。変圧器一次側から電源側をみた百分率インピーダンスを基準容量 100〔MV·A〕で 5〔％〕とするとき，次の(a)及び(b)に答えよ。

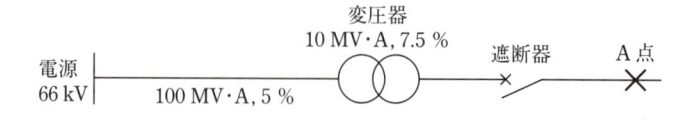

(a) 基準容量を 10〔MV·A〕として，変圧器二次側から電源側をみた百分率インピーダンス〔%〕の値として，正しいのは次のうちどれか。

(1) 2.5　(2) 5.0　(3) 7.0　(4) 8.0　(5) 12.5

(b) 図の A 点で三相短絡事故が発生したとき，事故電流を遮断できる遮断器の定格遮断電流〔kA〕の最小値として，正しいのは次のうちどれか。ただし，変圧器二次側から A 点までのインピーダンスは無視するものとする。

(1) 8　(2) 12.5　(3) 16　(4) 20　(5) 25

[平成 16 年 B 問題]

5-24　定格容量 80〔MV·A〕，一次側定格電圧 33〔kV〕，二次側定格電圧 11〔kV〕，百分率インピーダンス 18.3〔%〕（定格容量ベース）の三相変圧器 T_A がある。三相変圧器 T_A の一次側は 33〔kV〕の電源に接続され，二次側は負荷のみが接続されている。電源の百分率内部インピーダンスは，1.5〔%〕（系統基準容量 80〔MV·A〕ベース）とする。なお，抵抗分及びその他の定数は無視する。次の(a)及び(b)に答よ。

(a) 将来の負荷変動等は考えないものとすると，変圧器 T_A の二次側に設置する遮断器の定格遮断電流の値〔kA〕として，最も適切なものは次のうちどれか。

(1) 5　(2) 8　(3) 12.5　(4) 20　(5) 25

(b) 定格容量 50〔MV·A〕，百分率インピーダンスが 12.0〔%〕の三相変圧器 T_B を三相変圧器 T_A と並列に接続した。40〔MW〕の負荷をかけて運転した場合，三相変圧器 T_A の負荷分担〔MW〕の値として，正しいのは次のうちどれか。ただし，三相変圧器群 T_A と T_B にはこの負荷のみが接続されているものとし，抵抗分及びその他の定数は無視する。

(1) 15.8　(2) 19.5　(3) 20.5　(4) 24.2　(5) 24.6

[平成 22 年 B 問題]

5-25　架空電線路の径間，電線の長さ及びたるみに関して，次の(a)及び(b)に答えよ。

(a) 径間を S [m]，電線のたるみを D [m] とするとき，電線の長さ L [m] を示す式として，正しいのは次のうちどれか。

(1) $S+\dfrac{8D^2}{3S}$ 　(2) $S+\dfrac{8D}{3S}$ 　(3) $S+\dfrac{3D^2}{8S}$ 　(4) $S+\dfrac{3D}{8S}$

(5) $S+\dfrac{D^2}{3S}$

(b) 架空電線路の径間が 50 [m] で，導体の温度が 40 [℃] のときのたるみは 1 [m] であった。この電線路の導体の温度が 70 [℃] になったときのたるみ [m] の値として，最も近いのは次のうちどれか。

ただし，電線の線膨張係数は 1 [℃] につき 0.000017 とし，張力による電線の伸縮は無視するものとする。

(1) 1.03　(2) 1.14　(3) 1.22　(4) 1.34　(5) 1.47

［平成 15 年 B 問題］

第6章

配電

Point 重要事項のまとめ

1 配電設備（図6.1）
① 柱上変圧器
② がいし（高圧ピンがいし，高圧耐張がいし）
③ 柱上開閉器
④ 架空地線
⑤ 高圧カットアウト
⑥ 腕金
⑦ 配電線（高圧線：OC線，低圧線：OW線，低圧引下線：DV線）

2 配電方式
① 樹枝状式：負荷の分布に応じて樹枝状の配電線となる。幹線から枝状に分岐線が出ている方式。
② 低圧バンキング方式：2台以上の柱上変圧器の低圧側を並列に接続して負荷に供給する方式（図6.2）。

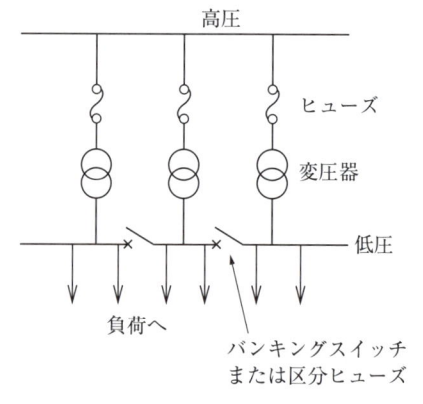

図 6.2 低圧バンキング

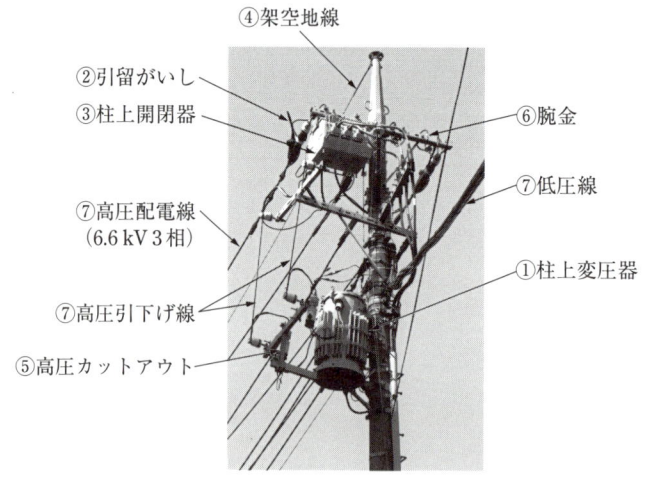

図 6.1 配電設備

③ ネットワーク方式
(a) スポットネットワーク方式：変電所から 22～33 kV で 3 回線受電して，変圧器 2 次側の低圧を並列に接続して供給するもの。スポットネットワークの 3 回線のうち，1 回線が事故で停止しても 2 線での供給が可能であり，低圧側の停電故障の回数が減少し供給信頼度が高い。大形ビル，病院などへの供給方式として用いられる（図 6.3）。

(b) レギュラーネットワーク方式：変電所から 22～33 kV で 2～3 回線受電し，変圧器 2 次側の負荷を網目状に接続して供給するもの。受電用の 1 回線事故や，変圧器の故障時にも 2 次側負荷へのループ受電が可能になり，停電故障が少なくなる。地下街などへの供給に使用される（図 6.4）。

図 6.3 スポットネットワーク

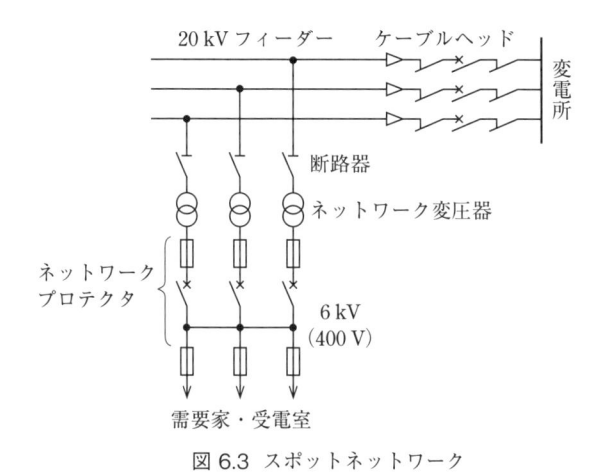

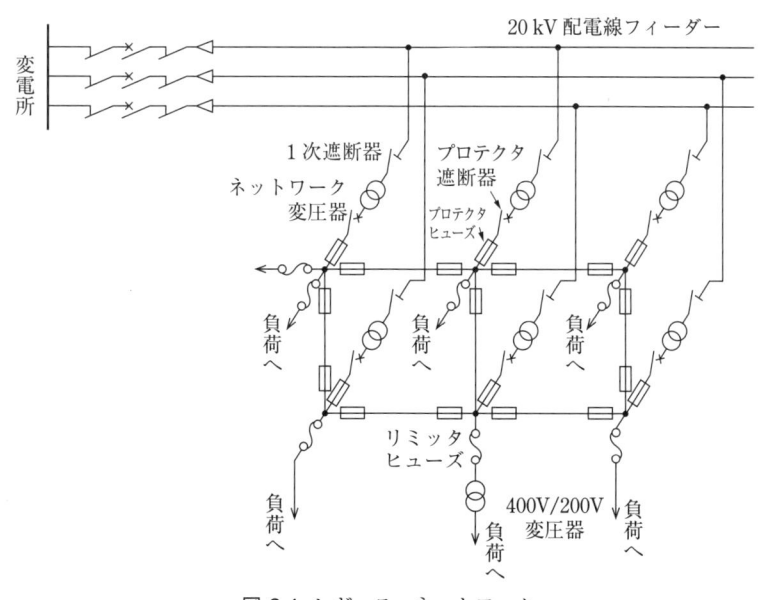

図 6.4 レギュラーネットワーク

3 単相三線式配電

変圧器2次側を外線と中性線間で各100 V, 外線と外線間で200 Vを利用できる。

中性線は接地され, 両外線の負荷が等しい場合には中性線の電流もゼロになる。大型の家電機器（エアコン, 電磁調理器など）の普及に伴い, 100 Vと200 Vの両方を供給できる方式である（図6.5）。

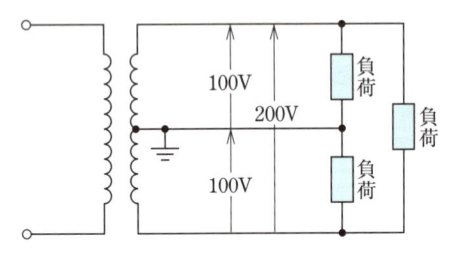

図 6.5 単相3線式結線

4 V結線

単相変圧器3台のうち, 1台故障した場合や将来は三相変圧器の容量に増設予定で現状は負荷が少ない場合に, 2台の単相変圧器を結線し, 負荷に供給する方式（図6.6）。

変圧器の利用率は, $\sqrt{3}/2 = 0.86$, Δ結線との出力比較では $\sqrt{3}/3 = 0.58$ と低くなる。

5 電圧降下と線路損失

① 図6.7（a）に示すような放射状の負荷がある場合, B点, C点のA点からの電圧降下 Δe_B, Δe_C は, 1線あたり,

$$\Delta e_B = (I_1 + I_2)R_2$$
$$\begin{aligned}\Delta e_C &= \Delta e_B + I_1 R_1 \\ &= (I_1 + I_2)R_2 + I_1 R_1 \\ &= I_1(R_1 + R_2) + I_2 R_2\end{aligned}$$

となる。

② 図6.7（b）に示すように単相2線式の配電線では, A, B間を流れる電流を I〔A〕とすると, 点A, B, C間にキルヒホッフの法則を適用して,

$$0.05I - 0.05(20 - I) - 0.1(50 - I) = 0$$

したがって, これを整理して,

$$0.05I - 1.0 + 0.05I - 5 + 0.1I = 0$$
$$0.20I = 6$$
$$I = 30〔A〕$$

また, 点Bの電圧 E_B および点Cの電圧 E_C は, 点Aの電圧を E_A とすると

$$\begin{aligned}E_B &= E_A - 0.1(50 - I) \\ &= 100 - 0.1 \times 20 = 98〔V〕\end{aligned}$$
$$\begin{aligned}E_C &= E_A - 0.05I \\ &= 100 - 0.05 \times 30 = 98.5〔V〕\end{aligned}$$

となる。

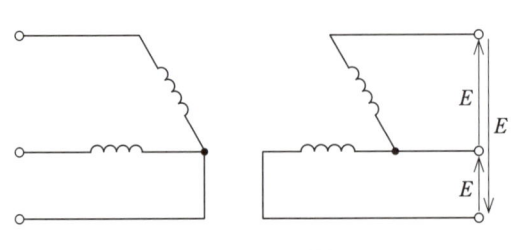

図 6.6 V結線

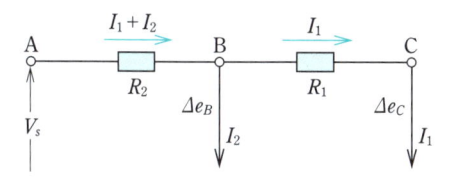

(a) 放射状線路

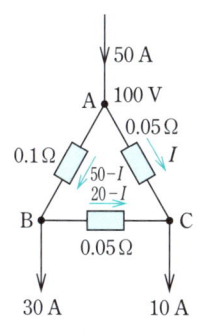

(b) 環状線路

図 6.7 電圧降下

6 電気材料

① 絶縁材に求められる特性
a. 絶縁抵抗が高いこと
b. 長期間絶縁特性が劣化しないこと
c. 人体に対して安全であること
d. 機械的強度が大きく，加工が容易なこと
e. 絶縁材料の電力損失が小さいこと

② 磁性材料に求められる特性
a. 透磁率が大きいこと
b. 保持力が大きいこと
c. 飽和磁束密度が大きいこと
d. 機械的強度が大きいこと

6.1 配電設備

例題 1

高圧架空配電線路を構成する機器又は材料に関する記述として，誤っているのは次のうちどれか。
 (1) 配電線に用いられる電線には，原則として裸電線を使用することができない。
 (2) 配電線路の支持物としては，一般に鉄筋コンクリート柱が用いられている。
 (3) 柱上開閉器は，一般に気中形や真空形が用いられている。
 (4) 柱上変圧器の鉄心は，一般に方向性けい素鋼帯を用いた巻鉄心の内鉄形が用いられている。
 (5) 柱上変圧器は，電圧調整のため，負荷時タップ切換装置付きが用いられている。

［平成17年A問題］

答 (5)

考え方 配電線は高圧送電線などに比べ一番，人体が触れる危険性が高いため，電気の供給や使用しやすいことは当然ながら，安全度の高い設備が必要とされる。

配電線路は従来，裸電線をがいしで支持していたが感電防止など安全対策のために，現在は絶縁被覆を有した絶縁電線を使用している。また，柱上変圧器なども古くはポリ塩化ビフェニール（PCB）入りの絶縁油を使用した時代もあったが，今では，まったくPCBの含有されていない絶縁油となっている。

電柱についても，木柱からコンクリート柱になり，強度や環境面を配慮したものとなっている。

解き方 (1) 配電線の電線は原則として絶縁電線を使用し，裸電線は使用することはできない。
 (2) 配電線路の支持物も一般には鉄筋コンクリート柱が使用されている。
 (3) 柱上開閉器は一般に気中形や真空形が使用され，絶縁油は使用さ

れていない。
(4) 柱上変圧器の鉄心は，方向性けい素鋼帯を用いた巻鉄心内鉄形が用いられる。
(5) 柱上変圧器の2次側電圧は105Vおよび210Vタップにしており，電圧切替えのタップは約5個付いているが，負荷時タップ切替装置は設置されていない。

負荷時タップ切替装置は配電変電所などに設置される。

例題 2

高圧架空配電線路に使用する電線の太さを決定する要素として，特に必要のない事項は次のうちどれか。
(1) 電力損失　(2) 高調波　(3) 電圧降下　(4) 機械的強度
(5) 許容電流

［平成17年A問題］

答 (2)

考え方　高圧架空配電線は，例えば市中を6 000Vで配電している。この配電線路に必要な条件を考える。多くの配電線は家やビル，そして公衆の人に触れられる機会が最も多い線路といえる。

したがって，高圧架空配電線に要求される項目としては，①電線が切れたり，たれ下ったりしない電線の機械的強度，②各ビルや工場などの需要家に必要な電圧を供給するために電圧降下の少ないこと，③過電流による電線の溶断，④配電線の電力損失の低減，などが求められる。

解き方　高圧架空電線路に使用する電線の太さを決定する要素は，①電力損失，②電圧降下，③機械的強度，④許容電流，などが必要な項目である。

一方，高調波に対しては，線路や変電所に高調波抑制用のコンデンサやリアクトルを設置する。また，高調波の発生源として各ビルや工場などにコンデンサやリアクトルの設置も有効であり，高調波は高圧架空電線路の電線の太さを決定する要素には当たらない。

6.2 配電方式

例題1

単相100〔V〕の集中負荷に電力を供給するとき，100〔V〕単相2線式，100/200〔V〕単相3線式，100〔V〕三相3線式で供給する場合，三相3線式の線路抵抗損を1としたときの各供給方式の線路抵抗損の比として，正しいものを組み合わせたのは次のうちどれか。

ただし，3線式の場合，負荷は図のように線間に均等分割されるものとし，負荷の総容量，配電距離及び電線の材料・太さは全て同一とする。

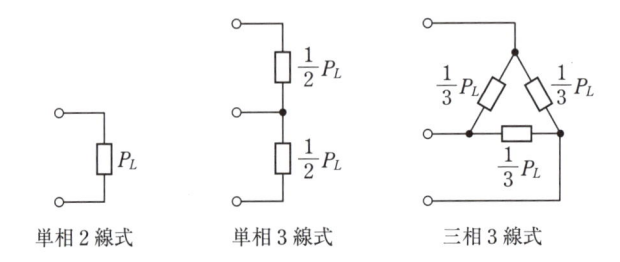

単相2線式 P_L　　単相3線式 $\frac{1}{2}P_L$, $\frac{1}{2}P_L$　　三相3線式 $\frac{1}{3}P_L$, $\frac{1}{3}P_L$, $\frac{1}{3}P_L$

	単相2線式	単相3線式	三相3線式
(1)	2	$\frac{1}{2}$	1
(2)	2	$\frac{3}{4}$	1
(3)	3	$\frac{3}{2}$	1
(4)	$\sqrt{3}$	$\frac{\sqrt{3}}{2}$	1
(5)	3	$\frac{3}{4}$	1

［平成12年A問題］

答 (1)

考え方 負荷に電力を供給するとき，線路の損失や電圧降下について，単相2線式，単相3線式，三相3線式について整理しておこう．負荷が大きくなれば三相3線式が有利であり，100 V，200 V の両方が利用できる単相3線式も広く設置されている．

解き方 題意により，負荷の総容量，配電距離および電線の材料・太さなどすべて同一として各配線方式を比較する．図 6.8 に各方式を図示する．ここで，線間電圧はそれぞれ V [V]，各線の抵抗を R [Ω]，電流をそれぞれ I_1, I_2, I_3 とし，各方式の線路抵抗損を P_{L1}, P_{L2}, P_{L3}，全負荷を P_L とすると，

$$I_1 = \frac{P_L}{V}$$

$$I_2 = \frac{\frac{1}{2}P_L}{V} = \frac{I_1}{2}$$

$$I_3 = \sqrt{3} \cdot \frac{\frac{1}{3}P_L}{V} = \frac{I_1}{\sqrt{3}}$$

となる．また，線路損失 P_{L1}, P_{L2}, P_{L3} は，

$$P_{L1} = 2RI_1^2$$

$$P_{L2} = 2RI_2^2 = 2R\left(\frac{I_1}{2}\right)^2 = \frac{RI_1^2}{2}$$

（中性線は負荷が平衡していると電流が流れない）

$$P_{L3} = 3RI_3^2 = 3R\left(\frac{I_1}{\sqrt{3}}\right)^2 = RI_1^2$$

したがって，

$$P_{L1} : P_{L2} : P_{L3} = 2 : \frac{1}{2} : 1$$

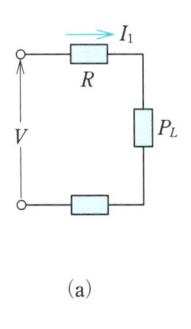

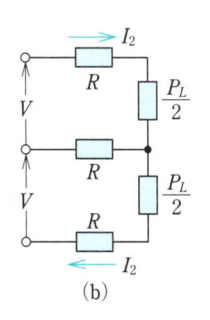

図 6.8

6.3 スポットネットワーク配電

例題 1

図に示すスポットネットワーク受電設備において，（ア），（イ）及び（ウ）の設備として，最も適切なものを組み合わせたのは次のうちどれか。

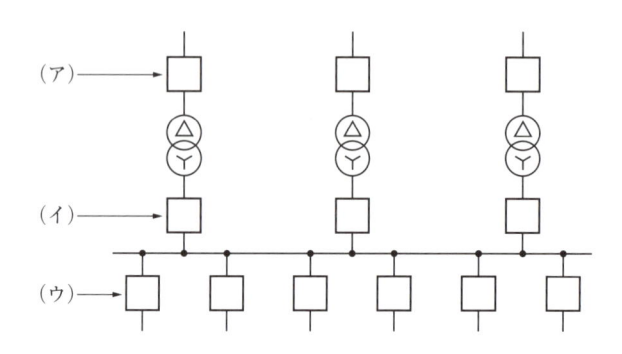

	（ア）	（イ）	（ウ）
(1)	ネットワークプロテクタ	断路器	幹線保護装置
(2)	ネットワークプロテクタ	断路器	プロテクタヒューズ
(3)	断路器	ネットワークプロテクタ	プロテクタ遮断器
(4)	断路器	幹線保護装置	プロテクタヒューズ
(5)	断路器	ネットワークプロテクタ	幹線保護装置

［平成 18 年 A 問題］

答 (5)

考え方　需要負荷密度の高いビルなどの配電方式として，スポットネットワーク方式が用いられる。通常，変電所からの 20～30 kV 配電用フィーダー 3 回線で供給を受け，ネットワーク変圧器で 2 次側 6 000 V（高圧），400 V（低圧）にして 2 次側のネットワーク母線を連結している，供給信頼度の高い配電方式である。

解き方 スポットネットワークの設備は図6.9に示すように受電点から，断路器，ネットワーク変圧器，プロテクタヒューズ，プロテクタ遮断器，ネットワーク母線，幹線保護ヒューズが設置され，負荷に供給されている。

スポットネットワークの保護方式としては，①逆電力遮断，②無電圧投入，③差電圧投入，などがある。

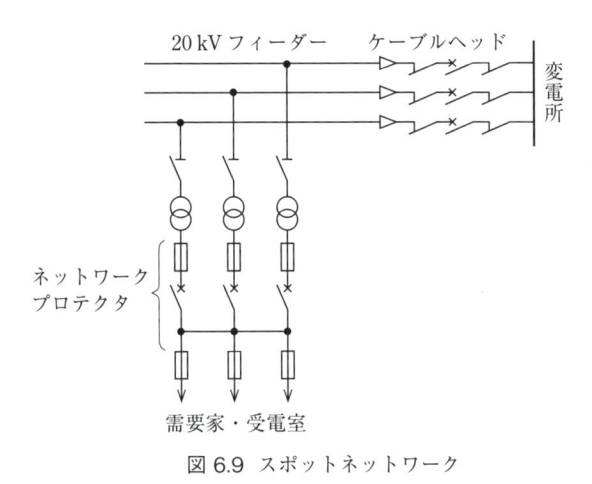

図6.9 スポットネットワーク

6.4 単相3線式配電

例題 1

図に示すような単相3線式配電線路において,線路全体の電力損失 P_L〔W〕の値として正しいものは次のうちどれか。

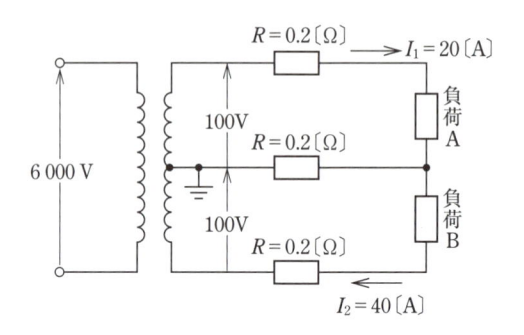

(1) 240　(2) 360　(3) 480　(4) 720　(5) 960

〔平成6年A問題類似〕

答 (3)

考え方

単相3線式配電は,2次側で100 Vと200 Vを利用できる便利な方式である。また,2次側両外線の電流が等しければ,中性線に電流が流れず,抵抗の損失が少なくなる。2次側の線路損失 P_L は,$P_L = RI^2$ で求められる。

解き方

両外線の電流 $I_1 = 20$〔A〕,$I_2 = 40$〔A〕と不平衡なので,中性線に電流 $I = 40 - 20 = 20$〔A〕の電流が流れる(図6.10)。

したがって,各線の損失を合計すると,線路全体の損失 P_L は,

$$P_L = RI_1^2 + RI^2 + RI_2^2$$
$$= R(I_1^2 + I^2 + I_2^2)$$
$$= 0.2(20^2 + 20^2 + 40^2) = 0.2 \times (400 + 400 + 1\,600)$$
$$= 480 \text{〔W〕}$$

図 6.10

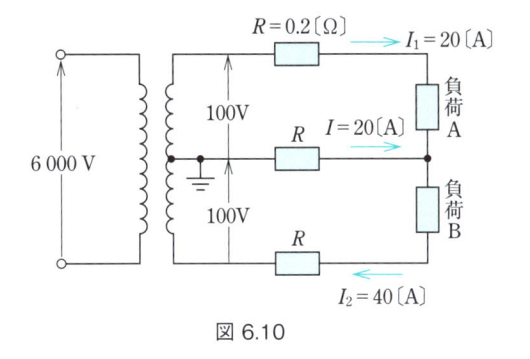

例題 2

図のような単相3線式配電線路において，中性線がA点において断線したとき，B，C間にかかる電圧 $[V]$ はおおよそいくらか。正しい値を次のうちから選べ。

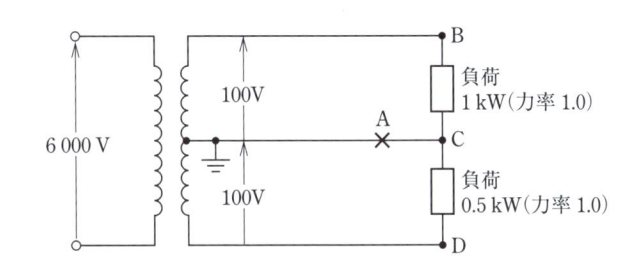

(1) 33　　(2) 67　　(3) 100　　(4) 134　　(5) 154

[平成元年A問題]

答 (2)

考え方　単相3線式配電では，中性線を接地して中性線〜両外線間を 100 V にしている。中性線が断線すると各負荷は直列になり，両外線間の 200 V が加わることになる。そうなると各負荷の電圧が不平衡を生じ，絶縁破壊に至ることになる。

解き方　中性線が断線し，負荷が直列になった状態を図 6.11 に示す。

各負荷抵抗 R_1，R_2 は，各負荷電力を P_1，P_2 $[W]$，電圧を V とすると，

$$P_1 = R_1 I_1^2 = VI_1 = \frac{V^2}{R_1}$$

$$P_2 = P_2 I_2^2 = VI_2 = \frac{V^2}{R_2}$$

であるから,

$$R_1 = \frac{V^2}{P_1} = \frac{100^2}{1\,000} = 10\,[\Omega]$$

$$R_2 = \frac{V^2}{P_2} = \frac{100^2}{500} = 20\,[\Omega]$$

中性線断線時には R_1 と R_2 の直列回路に電圧 200 V が加わるので, B, C 間の電圧 V_{BC} は,

$$V_{BC} = \frac{R_1}{R_1+R_2} \times 200 = \frac{10}{10+20} \times 200 = 67\,[\mathrm{V}]$$

になる。なお, C, D 間の電圧は $V_{CD} = \{20/(10+20)\} \times 200 = 133\,[\mathrm{V}]$ と高くなり, 絶縁が破壊する恐れがある。

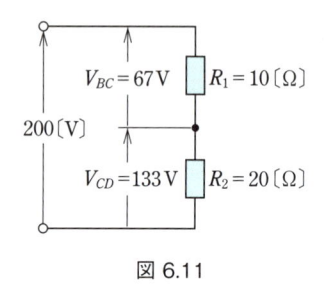

図 6.11

6.5 V結線

例題1

定格容量 100 kVA の単相変圧器を3台用いて，Δ-Δ 結線として負荷に電気を供給していたが，変圧器が1台故障したので故障変圧器を撤去し，V 結線で三相負荷に供給するとき，何 kVA まで負荷を制限しなければならないか，正しい値を次のうちから選べ

(1) 98 　(2) 121 　(3) 144 　(4) 160 　(5) 173

[平成7年B問題類似]

答 (5)

考え方

V 結線は2台の変圧器で三相負荷に供給するため，単相変圧器1台の容量 ×2 台の負荷（$100×2 = 200$〔kVA〕）には供給できない。V 結線は変圧器1台の故障時や，将来増設が見込まれる負荷に対して有効な手段である。

解き方

定格出力 P〔kVA〕の単相変圧器を V 結線にしたときの変圧器の出力 P_V は，

$$P_V = \sqrt{3}\,P$$

で示される。したがって，供給電できる負荷は，

$$P_V = \sqrt{3} \times 100 = 173 \text{〔kVA〕}$$

となる。

なお，故障した変圧器が復旧すると供給できる負荷 $P_Δ$ は，

$$P_Δ = 3 \times 100 = 300 \text{〔kVA〕}$$

$$\frac{P_Δ}{P_V} = \frac{3}{\sqrt{3}} = \sqrt{3}$$

となる。

図 6.12　V 結線

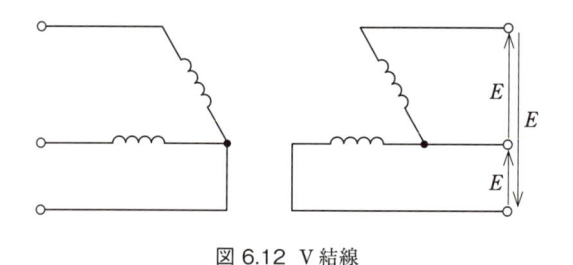

例題 2

配電で使われる変圧器に関する記述として，誤っているのは次のうちどれか。図を参考にして答えよ。

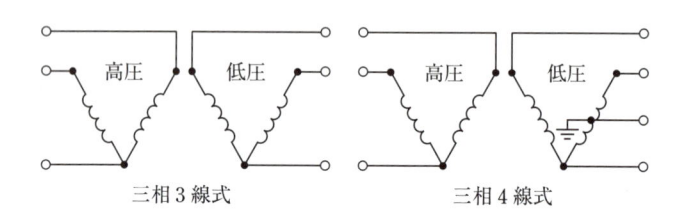

三相 3 線式　　　三相 4 線式

(1) 柱上に設置される変圧器の容量は，50〔kV·A〕以下の比較的小型のものが多い。
(2) 柱上に設置される三相 3 線式の変圧器は，一般的に同一容量の単相変圧器の V 結線を採用しており，出力は Δ 結線の $1/\sqrt{3}$ 倍となる。また，V 結線変圧器の利用率は $\sqrt{3}/2$ となる。
(3) 三相 4 線式（V 結線）の変圧器容量の選定は，単相と三相の負荷割合やその負荷曲線及び電力損失を考慮して決定するので，同一容量の単相変圧器を組み合わせることが多い。
(4) 配電線路の運用状況や設備実態を把握するため，変圧器二次側の電圧，電流及び接地抵抗の測定を実施している。
(5) 地上設置形の変圧器は，開閉器，保護装置を内蔵し金属製のケースに納めたもので，地中配電線供給エリアで使用される。

〔平成 21 年 A 問題〕

答　(3)

考え方 配電に使用される柱上変圧器などの特長を整理する。柱上変圧器は各家庭や小工場，住宅などの需要家に電力を供給するもので通常は50 kV·A 以下のものが多い。また，V 結線とすると 1 台あたりの利用率は $\sqrt{3}/2 = 0.866$ となる。また，V 結線で三相 4 線式にするなどの使用も行われている。

解き方
(1) 柱上変圧器の容量は，一般に 50 kV·A 以下のものが多い。
(2) 柱上変圧器は，一般に単相変圧器を 2 台設置した V 結線での供給が多く，利用率は $\sqrt{3}/2 = 0.866$ となり，Δ 結線との負荷の比率は $\sqrt{3}/3 = 1/\sqrt{3} = 0.58$ となる。
(4) 配電線路に直結されている負荷は，年度により住宅が増えたり，減少したりするので，その負荷に見合った変圧器の容量にする必要があり，定期的に変圧器 2 次側の電圧，電流測定や保安，保護のための接地抵抗の測定を実施している。
(5) 地上設置形の変圧器は，地中配電線（ケーブル）供給エリアで都市部に設置されている。

誤りは(3)で，三相 4 線式（V 結線）では，三相負荷に加えて単相負荷が接続される相の共用変圧器の負荷が，専用変圧器より大きくなる。したがって，共用変圧器は容量を増加させる必要があり，異容量の単相変圧器の組合せになることが多い。

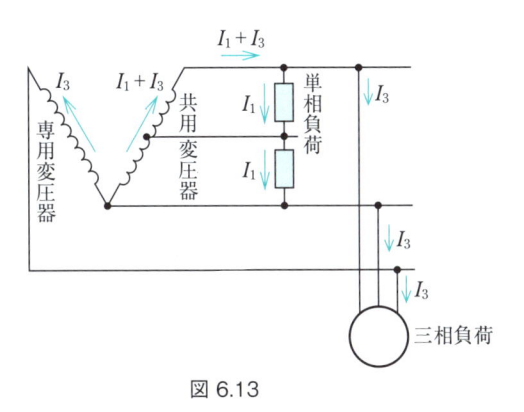

図 6.13

6.5 V 結線

6.6 電圧調整

例題 1

次の文章は，配電線路の電圧調整に関する記述である。

配電線路より電力供給している需要家への供給電圧を適正範囲に維持するため，配電用変電所では，一般に （ア） によって，負荷変動に応じて高圧配電線路への送出電圧を調整している。高圧配電線路においては，一般的に線路の末端になるほど電圧が低くなるため，高圧配電線路の電圧降下に応じ，柱上変圧器の （イ） によって二次側の電圧調整を行っていることが多い。また，高圧配電線路の距離が長い場合など， （イ） によっても電圧降下を許容範囲に抑えることができない場合は， （ウ） や，開閉器付電力用コンデンサ等を高圧配電線路の途中に施設することがある。さらに，電線の （エ） によって電圧降下そのものを軽減する対策をとることもある。

上記の記述中の空白箇所（ア），（イ），（ウ）及び（エ）に当てはまる語句として，正しいものを組み合わせたのは次のうちどれか。

	（ア）	（イ）	（ウ）	（エ）
(1)	配電用自動電圧調整器	タップ調整	負荷時タップ切換変圧器	太線化
(2)	配電用自動電圧調整器	取替	負荷時タップ切換変圧器	細線化
(3)	負荷時タップ切換変圧器	タップ調整	配電用自動電圧調整器	細線化
(4)	負荷時タップ切換変圧器	タップ調整	配電用自動電圧調整器	太線化
(5)	負荷時タップ切換変圧器	取替	配電用自動電圧調整器	太線化

［平成 20 年 A 問題］

答 (4)

考え方

供給電圧については，電気事業法施行規則第 44 条に，

　　　標準電圧　100 V の場合　101±6 V

　　　標準電圧　200 V の場合　202±20 V

と規定されており，電気供給者（電力会社）はこれを守らなければならない。配電線路では，特に需要家の電気設備に近いため，配電用変電所で負荷時タップ切替えにより電圧を調整し，柱上変圧器でタップ調整して電圧の維持をしている。

解き方 配電用変電所では，負荷の季節帯，時間帯変化に対して負荷時タップ切替えで，送出しの電圧 20 000 V および 6 000 V を調整している。柱上変圧器は，線路のこう長や負荷の状況により，その地点での1次電圧が変わるので，タップ調整して2次電圧（200 V，100 V）を調整している。これらの方法によっても電圧を適正範囲に維持できないときは，配電用自動電圧調整器や負荷開閉器付コンデンサを設置したり，配電線を太くして，電圧降下を少なくするなどの方法がとられている。

6.7 電圧降下

例題1

図のような三相3線式配電線路で，各負荷に電力を供給する場合，全線路の電圧降下〔V〕の値として，最も近いのは次のうちどれか。

ただし，電線の太さは全区間同一で抵抗は1〔km〕当たり0.35〔Ω〕，負荷の力率はいずれも100〔％〕で線路のリアクタンスは無視するものとする。

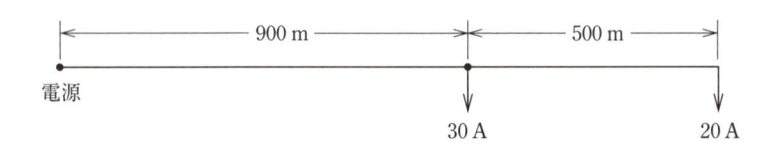

```
電源 ├──── 900 m ────┼──── 500 m ────┤
                    ↓                ↓
                   30 A             20 A
```

(1) 19.3　(2) 22.4　(3) 33.3　(4) 38.5　(5) 57.8

[平成16年A問題]

答 (3)

考え方　電源から900 mの部分では，電流は30〔A〕＋20〔A〕流れており，その先の500 m部では20 Aが流れているので，この電流による電圧降下を生じることになる。

解き方　図6.14に示すように，900 m部の抵抗R_1および500 m部の抵抗R_2は，

$$R_1 = 0.35 \times 0.9 = 0.315 \text{〔Ω〕}$$
$$R_2 = 0.35 \times 0.5 = 0.175 \text{〔Ω〕}$$

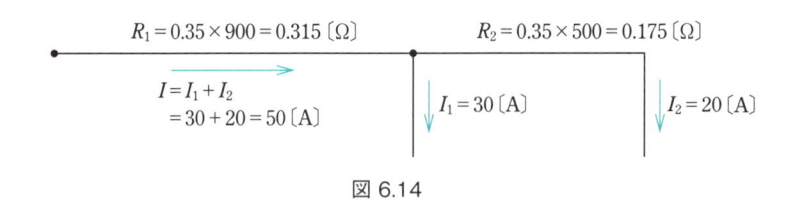

```
    R₁ = 0.35×900 = 0.315〔Ω〕   R₂ = 0.35×500 = 0.175〔Ω〕
●───────────────────────────┬───────────────────────────┤
    I = I₁ + I₂ →            ↓ I₁ = 30〔A〕              ↓ I₂ = 20〔A〕
      = 30 + 20 = 50〔A〕
```

図6.14

である。三相3線式の電圧降下 e は，
$$e = \sqrt{3}\,(RI\cos\theta + XI\sin\theta)\ \text{[V]}$$
で示される。900 m 部での電圧降下 e_1 は，負荷の力率が 100 % なので，
$$\begin{aligned}e_1 &= \sqrt{3}\,(R\cos\theta + X\sin\theta)I \\ &= \sqrt{3}\times 0.315\times(30+20) = 27.28\ \text{[V]}\end{aligned}$$
500 m 部での電圧降下 e_2 は，
$$e_2 = \sqrt{3}\,(R\cos\theta + X\cos\theta)I_2 = \sqrt{3}\times 0.175\times 20 = 6.06\ \text{[V]}$$
したがって，全電圧降下 e は，
$$e = e_1 + e_2 = 27.28 + 6.06 = 33.3\ \text{[V]}$$
なお，題意により $\cos\theta = 1$ なので $\sin\theta = 0$ となり，$X = 0$ とした。

6.8 接地方式と保護方式

例題1

配電用変電所における 6.6〔kV〕非接地方式配電線の一般的な保護に関する記述として，誤っているのは次のうちどれか。

(1) 短絡事故の保護のため，各配電線に過電流継電器が設置される。
(2) 地絡事故の保護のため，各配電線に地絡方向継電器が設置される。
(3) 地絡事故の検出のため，6.6〔kV〕母線には地絡過電圧継電器が設置される。
(4) 配電線の事故時には，配電線引出口遮断器は，事故遮断して一定時間（通常1分）の後に再閉路継電器により自動再閉路される。
(5) 主要変圧器の二次側を遮断させる過電流継電器の動作時限は，各配電線を遮断させる過電流継電器の動作時限より短く設定される。

[平成15年A問題]

答 (5)

考え方　配電用変電所の 6.6 kV 非接地方式配電線の保護としては，短絡電流は過電流継電器（OCR）が用いられる。一方，接地事故を生じたときは地絡電流が小さいので地絡過電圧継電器（OVGR）や，変電所内部事故なのか，変電所外部のフィーダー線や需要家の事故なのかを判定する地絡方向継電器（DGR）が組み合わされて設置される。変圧器2次側母線の地絡事故であれば，2次側の変圧器を遮断するが，フィーダー側であれば，フィーダーのみを遮断する。

解き方　図 6.15 に示すように配電用変電所には短絡保護用の過電流継電器（51 OCR）や地絡方向継電器（67 DGR）が設置される。また，非接地系の場合，地絡電流が小さいので地絡過電圧継電器で検出する。配電線（フィーダー）引出口遮断器は，事故時，通常一線地絡などでは事故点が除去されることが多いのと，需要家の PAS の自動開放による事故除去もあり，事故遮断の約 1 分後に自動再閉路して送電する。

誤りは(5)で，主変圧器 2 次側を遮断するタイミングは，各配線の遮断動作時間より大きくする。これは，まず事故側の配電線を遮断し，それでも事故が除去されないときに変圧器の 2 次側を遮断することである。

変圧器 2 次側遮断器の動作時間が短いと，配電線の部分的な事故が大きな停電事故に発展してしまうことになる。

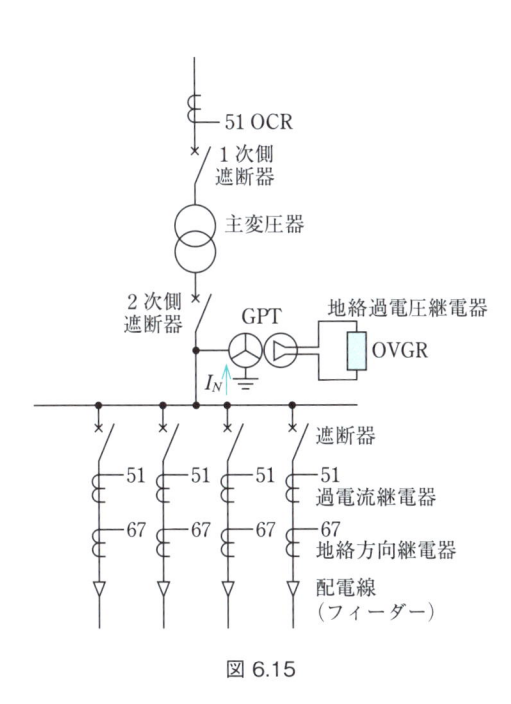

図 6.15

6.8 接地方式と保護方式

6.9 配電系統の保護システム

例題 1

次の記述は，高低圧配電系統（屋内配線を含む）の保護システムに関するものである。

1. 配電用変電所の高圧配電線引出口には，過電流及び地絡保護のために継電器と ［（ア）］ が設けられる。
2. 柱上変圧器には，過電流保護のために ［（イ）］ が設けられる。
3. 低圧引込線には，過電流保護のためにヒューズ（ケッチ）が低圧引込線の ［（ウ）］ 取付点に設けられる。
4. 屋内配線には，過電流保護のために ［（エ）］ 又はヒューズが，地絡保護のために通常漏電遮断器が設けられる。

上記の記述中の空白箇所（ア），（イ），（ウ）及び（エ）に記入する語句として，正しいものを組み合わせたのは次のうちどれか。

	（ア）	（イ）	（ウ）	（エ）
(1)	遮断器	柱上開閉器	柱側	配線用遮断器
(2)	高圧ヒューズ	柱上開閉器	家側	電流制限器
(3)	高圧ヒューズ	柱上開閉器	柱側	配線用遮断器
(4)	遮断器	高圧カットアウト	家側	電流制限器
(5)	遮断器	高圧カットアウト	柱側	配線用遮断器

［平成13年A問題］

答 (5)

考え方 配電用変電所→柱上変圧器→引込口→屋内配線までの保護方法を整理する。変電所出口には遮断器，柱上変圧器には高圧カットアウト，引込口にはヒューズ（ケッチ），屋内配線には過電流保護として配電用遮断器とヒューズ，地絡保護装置が通常設置されている。

解き方
(1) 配電線路の保護として，配電用変電所の高圧電線引出口には，継電器と遮断器が設置されている。
(2) 柱上変圧器の過電流保護として高圧カットアウトが設置される。
(3) 低圧引込線にはケッチヒューズが柱側取付点に設置されている。
(4) 屋内配線には過電流保護のために配電用遮断器（MCCB）またはヒューズを設置し，地絡保護のために漏電遮断器（ELB）を設置する。

6.10 配電設備の運用

例題 1

図のように，二つの高圧配電線路 A 及び B が連系開閉器 M（開放状態）で接続されている。いま，区分開閉器 N と連系開閉器 M との間の負荷への電力供給を，配電線路 A から配電線路 B に無停電で切り替えるため，連系開閉器 M を投入（閉路）して短時間ループ状態にした後，区分開閉器 N を開放した。

このように，無停電で配電線路の切り替え操作を行う場合に，考慮しなくてもよい事項は次のうちどれか。

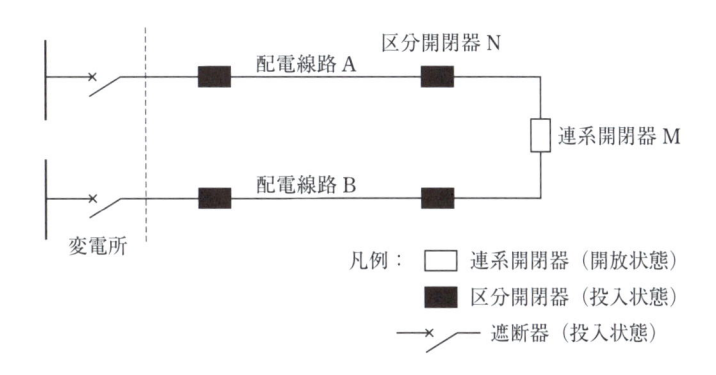

凡例：☐ 連系開閉器（開放状態）
■ 区分開閉器（投入状態）
—✕— 遮断器（投入状態）

(1) ループ状態にする前の開閉器 N と M の間の負荷の大きさ
(2) ループ状態にする前の連系開閉器 M の両端の電位差
(3) ループ状態にする前の連系開閉器 M の両端の位相差
(4) ループ状態での両配電系統の短絡容量
(5) ループ状態での両配電系統の電力損失

［平成 16 年 A 問題］

答 (5)

考え方 系統の連系を行う場合，連系開閉器や区分開閉器に過大な電流が流れないことが必要である。このためには，両系統の電圧，位相，負荷，短絡容量などを確認しておく必要がある。

解き方 配電線路 A と配電線路 B は，異なる変電所から供給されているので，両者を連系開閉器で接続する場合には，極端に過大な連系電流が流れないことが条件になる。この電流を小さくするには，(1) 開閉器 N と M 間の負荷の大きさを小さくする，(2) 連系開閉器 M の両端の電位差を小さくする，(3) 連系開閉器 M の両端の位相差を小さくする，(4) 両配電系統の短絡容量を小さくする，などがあげられる。

(5)の両配電系統の電力損失は，両系統のループには関係ない。

6.11 電気材料

例題 1

固体絶縁材料の劣化に関する記述として，誤っているのは次のうちどれか。

(1) 膨張，収縮による機械的な繰り返しひずみの発生が，劣化の原因となる場合がある。
(2) 固体絶縁物内部の微小空げきで高電圧印加時のボイド放電が発生すると，劣化の原因となる。
(3) 水分は，CVケーブルの水トリー劣化の主原因である。
(4) 硫黄などの化学物質は，固体絶縁材料の変質を引き起こす。
(5) 部分放電劣化は，絶縁体外表面のみに発生する。

［平成 21 年 A 問題］

答 (5)

考え方　固体絶縁材は機械的，化学的，熱的劣化により絶縁性が低下する。

これらがあまり発生しないように電気設備を製造，設置するわけであるが，外気や日射にさらされたり，雨や水分，振動，機械的応力などにより絶縁物は劣化する。したがって，日常の巡視や点検，自主検査時などに，その劣化状況を把握して部品の取替えや更新が必要となる。

解き方　固体絶縁物の劣化要因としては，(1) 膨張，収縮による機械的な繰返し，(2) 固体絶縁物内のボイド放電，(3) CVケーブルでは水分が水トリー劣化を起こす，(4) 硫黄などによる固体絶縁材の化学的変質や熱による固体絶縁材の劣化，などがあげられる。

誤りは(5)で，部分放電は絶縁体外表面のみでなく，絶縁物内部にも発生する。

例題 2

ガス遮断器に使用されている SF_6 ガスの特性に関する記述として，誤っているのは次のうちどれか。
(1) 無色で特有の臭いがある。
(2) 不活性，不燃性である。
(3) 比重が空気に比べて大きい。
(4) 絶縁耐力が空気に比べて高い。
(5) 消弧能力が空気に比べて高い。

［平成 13 年 A 問題］

答 (1)

考え方 六フッ化硫黄（SF_6）ガスは，無色無臭で人体に無害であり，化学的にも安定し，絶縁性の優れたガスであり，ガス遮断器（GCB）やガス開閉器（GIS）に広く使用されている。

解き方 SF_6 ガスの特性を示すと，(1) 無色無臭である，(2) 不活性，不燃性，(3) 比重が空気に比べ大きい，(4) 絶縁耐力が空気に比べ高い，(5) 消弧能力が空気に比べ高い，などである。

したがって，設問の誤りは(1)の無色で，特有の臭いがある。SF_6 ガスは，その優れた絶縁性能から多くの GIS，GCB に使用されてきたが，近年，地球温暖化ガス（CO_2 の数千倍）として指定されたので，必然的に使用量が減じてくることになる。

第6章 章末問題

6-1 高圧架空配電線路を構成する機器又は材料として，使用されることのないものは，次のうちどれか。

(1) 柱上開閉器 (2) 避雷器 (3) DV線 (4) 中実がいし
(5) 支線

［平成15年A問題］

6-2 架空配電線路と比較したときの地中配電線路の一般的な特徴に関する記述として，誤っているのは次のうちどれか。

(1) 架空設備が地中化されることにより，街並みの景観が向上する。
(2) 設備の建設費用は，架空配電線路より高額である。
(3) 変圧器等を施設するためのスペースが歩道などに必要である。
(4) 台風や雷に際しては，架空配電線路より設備事故が発生しにくいため，供給信頼度が高い。
(5) いったん線路の損壊事故が発生した場合の復旧は，架空配電線路の場合より短時間で済む場合が多い。

［平成20年A問題］

6-3 負荷電力 P_1〔kW〕，力率 $\cos\phi_1$（遅れ）の負荷に電力を供給している三相3線式高圧配電線路がある。負荷電力が P_1〔kW〕から P_2〔kW〕に，力率が $\cos\phi_1$（遅れ）から $\cos\phi_2$（遅れ）に変わったが，線路損失の変化はなかった。このときの $\dfrac{P_1}{P_2}$ の値を示す式として，正しいのは次のうちどれか。ただし，負荷の端子電圧は変わらないものとする。

(1) $\dfrac{\cos\phi_1}{\cos\phi_2}$ (2) $\dfrac{\cos\phi_2}{\cos\phi_1}$ (3) $\dfrac{\cos^2\phi_1}{\cos^2\phi_2}$ (4) $\dfrac{\cos^2\phi_2}{\cos^2\phi_1}$
(5) $\cos\phi_1\cdot\cos\phi_2$

［平成14年A問題］

6-4 低圧ネットワーク配電方式に関する記述として，誤っているのは次のうちどれか。

(1) 低圧ネットワーク配電方式には，スポットネットワーク方式とレ

ギュラーネットワーク方式がある。

(2) レギュラーネットワーク方式は，大工場や高層ビル等，一箇所に集中した負荷（大口需要家）に供給する方式である。

(3) ネットワーク変圧器の一次側に接続される配電線の供給電圧は，一般的に 22〔kV〕又は 33〔kV〕である。

(4) 一般的にネットワーク変圧器一次側には断路器が設置され，遮断器は省略される。

(5) ネットワーク変圧器二次側に，保護装置としてネットワークプロテクタが設置される。

[平成 12 年 A 問題]

6-5 配電系統の構成方式の一つであるスポットネットワーク方式に関する記述として，誤っているのは次のうちどれか。

(1) 都市部の大規模ビルなど高密度大容量負荷に供給するための，2回線以上の配電線による信頼度の高い方式である。

(2) 万一，ネットワーク母線に事故が発生したときには，受電が不可能となる。

(3) 配電線の 1 回線が停止するとネットワークプロテクタが自動開放するが，配電線の復旧時にはこのプロテクタを手動投入する必要がある。

(4) 配電線事故で変電所遮断器が開放すると，ネットワーク変圧器に逆電流が流れ，逆電力継電器により事故回線のネットワークプロテクタを開放する。

(5) ネットワーク変圧器の一次側は，一般には遮断器が省略され，受電用断路器を介して配電線と接続される。

[平成 14 年 A 問題]

6-6 100/200〔V〕単相 3 線式配電方式に関する記述として，誤っているのは次のうちどれか。

(1) 中性線が断線すると，異常電圧を発生することがある。

(2) 負荷の分布によっては，負荷電圧が不平衡になることがある。

(3) 配電容量が等しい場合，100〔V〕単相 2 線式配電方式より電線の銅量が少なくてすむ。

(4) バランサは，電源の近くに設けるほうが効果が大きい。

(5) 単相 200〔V〕負荷の使用が可能である。

[平成 15 年 A 問題]

6-7 こう長 2〔km〕の交流三相 3 線式の高圧配電線路があり，その端末に受電電圧 6 500〔V〕，遅れ力率 80〔％〕で消費電力 400〔kW〕の三相負荷が接続されている。

いま，この三相負荷を力率 100〔％〕で消費電力 400〔kW〕のものに切り替えたうえで，受電電圧を 6 500〔V〕に保つ。高圧配電線路での電圧降下は，三相負荷を切り替える前と比べて何倍になるか，最も近いのは次のうちどれか。

ただし，高圧配電線路の 1 線当たりの線路定数は，抵抗が 0.3〔Ω/km〕，誘導性リアクタンスが 0.4〔Ω/km〕とする。また，送電端電圧と受電端電圧との相差角は小さいものとする。

(1) 1.6　(2) 1.3　(3) 0.8　(4) 0.6　(5) 0.5

［平成 21 年 A 問題］

6-8 わが国の高圧配電系統では，主として三相 3 線式中性点非接地方式が採用されており，一般に一線地絡事故時の地絡電流は　(ア)　アンペア程度であることから，配電用変電所の高圧配電線引出口には，地絡保護のために　(イ)　継電方式が採用されている。

低圧配電系統では，電灯線には単相 3 線式が採用されており，単相 3 線式の電灯と三相 3 線式の動力を共用する方式として　(ウ)　も採用されている。柱上変圧器には，過電流保護のために　(エ)　が設けられ，柱上変圧器内部及び低圧配電系統内での短絡事故を高圧配電系統側に波及させないよう施設している。

上記の記述中の空白箇所 (ア)，(イ)，(ウ) 及び (エ) に当てはまる語句として，正しいものを組み合わせたのは次のうちどれか。

	(ア)	(イ)	(ウ)	(エ)
(1)	百～数百	過電流	V 結線三相 4 線式	高圧カットアウト
(2)	百～数百	地絡方向	Y 結線三相 4 線式	配線用遮断器
(3)	数～数十	地絡方向	Y 結線三相 4 線式	高圧カットアウト
(4)	数～数十	過電流	V 結線三相 4 線式	配線用遮断器
(5)	数～数十	地絡方向	V 結線三相 4 線式	高圧カットアウト

［平成 19 年 A 問題］

6-9 次の a～d は配電設備や屋内設備における特徴に関する記述で，誤っているものが二つある。それらの組み合わせは次のうちどれか。

a. 配電用変電所において，過電流及び地絡保護のために設置されているのは，継電器，遮断器及び断路器である。
b. 高圧配電線は大部分，中性点が非接地方式の放射状系統が多い。そのため経済的で簡便な保護方式が適用できる。
c. 架空低圧引込線には引込用ビニル絶縁電線（DV電線）が用いられ，地絡保護を主目的にヒューズが取り付けてある。
d. 低圧受電設備の地絡保護装置として，電路の零相電流を検出し遮断する漏電遮断器が一般的に取り付けられている。

(1) aとb　　(2) aとc　　(3) bとc　　(4) bとd　　(5) cとd

[平成21年度A問題]

6-10 高圧受電設備のフィーダで短絡事故が発生し，CTの一次側に短絡電流1 200 Aが流れた。CTの変流比が300/5 Aのとき，OCRは何秒で動作するか。正しい値を次のうちから選べ。ただし，OCRの電流タップは4 A，レバーは2に整定されているものとし，OCRのレバー10における限時特性は，図示のとおりとする。

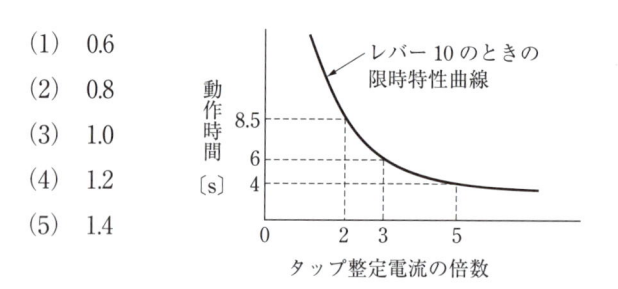

(1) 0.6
(2) 0.8
(3) 1.0
(4) 1.2
(5) 1.4

[平成2年A問題]

6-11 配電線路の保護方式についての次の記述のうち，誤っているのはどれか。

(1) 中性点非接地系統の地絡故障保護には，地絡過電流継電器を用いる。
(2) 短絡故障保護には，過電流継電器を用いる。
(3) 中性点単一低抵抗接地系統の地絡故障保護には，地絡過電流継電器が使用されている。
(4) 架空配電線の事故は瞬時的な事故が多いので，再閉路方式が有効である。
(5) ケーブル部分で発生しやすい間欠アーク地絡では，電流や電圧に波形ひずみを生じ，継電器の誤不動作の原因となることがある。

[平成5年A問題]

6-12　多回線引出しの非接地方式の高圧配電線における1線地絡故障時には，零相電圧および零相電流が発生する。この故障配電線を選択して遮断するため，零相電圧を検出する　(ア)　継電器と零相電流の大きさ・向きを検出する　(イ)　継電器が用いられている。この方式は，故障配電線では零相電流の方向が健全配電線と異なり，　(ウ)　側から　(エ)　側に流れることを利用し，故障配電線を選択している。

上記の記述中の空白箇所（ア），（イ），（ウ）および（エ）に記入する字句として，正しいものを組み合わせたのは次のうちどれか。

	（ア）	（イ）	（ウ）	（エ）
(1)	地絡過電圧	地絡方向	電源	負荷
(2)	地絡過電圧	地絡方向	負荷	電源
(3)	地絡方向	過電流	電源	負荷
(4)	地絡方向	地絡過電圧	負荷	電源
(5)	地絡方向	過電流	負荷	電源

［平成3年A問題］

6-13　規模の大きいビルなどの屋内配線に400V配電方式の採用が増加しつつある。この配電方式は受電用変圧器の二次側を　(ア)　に結線し，中性点を直接接地した　(イ)　で構成される。用途としては，電動機などの動力負荷は電圧線間に接続し，　(ウ)　などの照明負荷は中性線と電圧線との間に接続し，電灯・動力設備の共用，電圧格上げによる供給力の増加を図ったものである。

なお，　(エ)　，コンセント回路などは変圧器を介し100Vで供給する。

上記の記述中の空白箇所（ア），（イ），（ウ）および（エ）に記入する記号または字句として，正しいものを組み合わせたのは次のうちどれか。

	（ア）	（イ）	（ウ）	（エ）
(1)	Y	三相4線式	蛍光灯および水銀灯	白熱電灯
(2)	Y	三相3線式	白熱電灯	蛍光灯および水銀灯
(3)	Y	三相4線式	白熱電灯	蛍光灯および水銀灯
(4)	Δ	三相3線式	白熱電灯	蛍光灯および水銀灯
(5)	Δ	三相3線式	蛍光灯および水銀灯	白熱電灯

［平成10年A問題］

6-14　合計容量が同一の負荷に，種類，太さおよび長さが同一の電線で供給する場合，100/200V単相3線式では，100V単相2線式に比べ，次の（ア）および（イ）の値がそれぞれ何倍になるか。正しい値を組み合わせたものを

(1)から(5)までのうちから選べ。ただし，単相3線式の場合，中性線と各電圧線間の負荷は同一である（平衡している）ものとする。

（ア）　100 V 負荷に対する電圧降下
（イ）　電力損失

  (1)　（ア）1　　（イ）1/2　　　(2)　（ア）1/2　（イ）1/2
  (3)　（ア）1/2　（イ）1/4　　　(4)　（ア）1/4　（イ）1/2
  (5)　（ア）1/4　（イ）1/4

［平成元年 A 問題］

6-15　三相3線式配電線により，遅れ力率70％，W_1〔kW〕の負荷に電力を供給している。負荷が遅れ力率91％，W_2〔kW〕に変化したが，線路損失は変わらなかった。W_2 は W_1 の何倍か。正しい値を次のうちから選べ。ただし，負荷の端子電圧は変わらないものとする。

  (1)　0.77　　(2)　1.1　　(3)　1.3　　(4)　1.7　　(5)　2.3

［平成8年 A 問題］

6-16　図のような環状配電線路がある。線路の抵抗（往復）と各分岐点における負荷電流は，それぞれ図の値とする。点 a および点 b の電圧〔V〕として，正しい値を組み合わせたのは次のうちどれか。ただし，給電点 F の電圧は単相 105 V とし，また，各負荷の力率は100％とする。

	a 点の電圧	b 点の電圧
(1)	103.0	103.2
(2)	103.2	103.4
(3)	103.4	103.4
(4)	103.6	103.8
(5)	103.8	103.6

［平成6年 A 問題］

6-17　配電用変電所に使われている変圧器は，負荷電流の変化などによって生じる　（ア）　変動を補償して，良質の電力を供給するために　（イ）　を行う機能を有しており，巻線には　（ウ）　が設けられていて，一定の　（エ）　で可変にできるように設計されている。

　上記の記述中の空白箇所（ア），（イ），（ウ）および（エ）に記入する字句として，正しいものを組み合わせたのは次のうちどれか。

	（ア）	（イ）	（ウ）	（エ）
(1)	周波数	周波数調整	タップ	周波数帯
(2)	電圧	電圧調整	タップ	ステップ電圧
(3)	電圧	電圧調整	コンデンサ	ステップ電圧
(4)	電流	電流調整	コンデンサ	ステップ電流
(5)	電流	電流調整	タップ	ステップ電流

［平成 7 年 A 問題］

6-18 図のような単相 3 線式配電線路がある。系統の中間点に図のとおり負荷が接続されており，末端の AC 間に太陽光発電設備が逆変換装置を介して接続されている。各部の電圧及び電流が図に示された値であるとき，次の(a)及び(b)に答えよ。

ただし，図示していないインピーダンスは無視するとともに，線路のインピーダンスは抵抗であり，負荷の力率は 1，太陽光発電設備は発電出力電流（交流側）15〔A〕，力率 1 で一定とする。

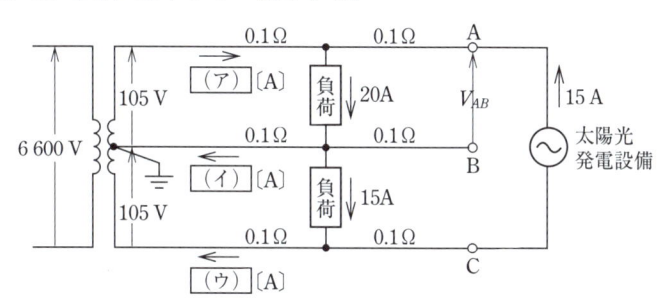

(a) 図中の回路の空白箇所（ア），（イ）及び（ウ）に流れる電流〔A〕の値として，正しいものを組み合わせたのは次のうちどれか。

	（ア）	（イ）	（ウ）
(1)	5	0	15
(2)	5	5	0
(3)	15	0	15
(4)	20	5	0
(5)	20	5	15

(b) 図中 AB 間の端子電圧 V_{AB}〔V〕の値として，正しいのは次のうちどれか。

(1) 104.0　　(2) 104.5　　(3) 105.0　　(4) 105.5　　(5) 106.0

［平成 19 年 B 問題］

6-19　図のように，電圧線及び中性線の抵抗がそれぞれ 0.1〔Ω〕及び 0.2〔Ω〕の 100/200〔V〕単相 3 線式配電線路に，力率が 100〔%〕で電流がそれぞれ 60〔A〕及び 40〔A〕の二つの負荷が接続されている。

　この配電線路にバランサを接続した場合について，次の(a)及び(b)に答えよ。

　ただし，負荷電流は一定とし，線路抵抗以外のインピーダンスは無視するものとする。

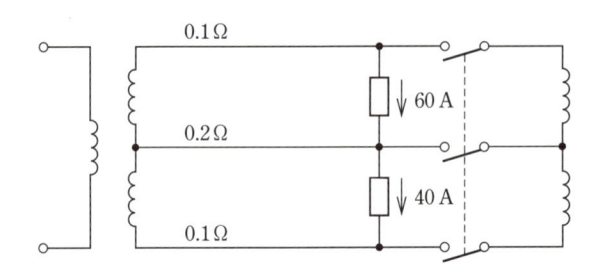

(a) バランサに流れる電流〔A〕の値として，正しいのは次のうちどれか。

(1) 5　　(2) 7　　(3) 10　　(4) 15　　(5) 20

(b) バランサを接続したことによる線路損失の減少量〔W〕の値として，正しいのは次のうちどれか。

(1) 50　　(2) 75　　(3) 85　　(4) 100　　(5) 110

〔平成 16 年 B 問題〕

6-20　2 台の単相変圧器（容量 75〔kV·A〕の T_1 及び容量 50〔kV·A〕の T_2）を V 結線に接続し，下図のように三相平衡負荷 45〔kW〕（力率角　進み $\frac{\pi}{6}$〔rad〕）と単相負荷 P（力率＝1）に電力を供給している。これについて，次の(a)及び(b)に答えよ。

　ただし，相順は a，b，c とし，図示していないインピーダンスは無視するものとする。

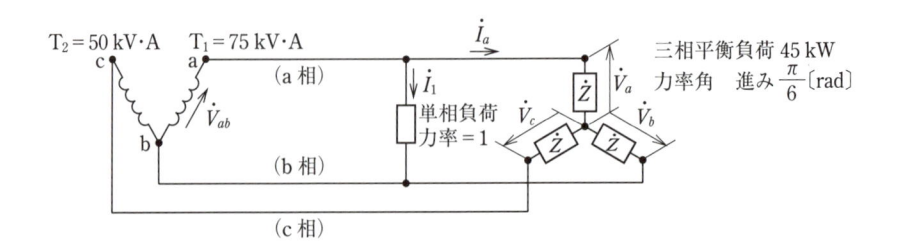

(a) 問題の図において，$\dot{V}_a$ を基準とし，$\dot{V}_{ab}$, $\dot{I}_a$, $\dot{I}_1$ の大きさと位相関係を表す図として，正しいのは次のうちどれか。ただし，$|\dot{I}_a| > |\dot{I}_1|$ とする。

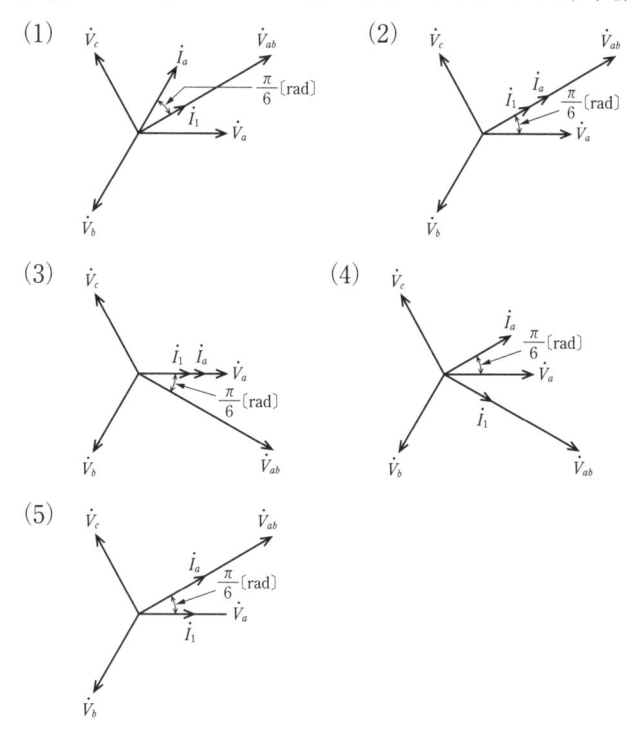

(1) (2) (3) (4) (5)

(b) 単相変圧器 T_1 が過負荷にならない範囲で，単相負荷 P（力率 = 1）がとりうる最大電力〔kW〕の値として，正しいのは次のうちどれか。

(1) 23　(2) 36　(3) 45　(4) 49　(5) 58

［平成 19 年 B 問題］

6-21 図のような，A 点及び B 点に負荷を有する三相 3 線式高圧配電線がある。電源側 S 点の線間電圧を 6 600〔V〕とするとき，次の(a)及び(b)に答えよ。

ただし，配電線 1 線当たりの抵抗及びリアクタンスはそれぞれ 0.3〔Ω/km〕とする。

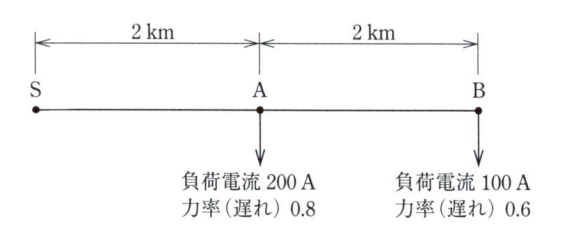

S ─── 2 km ─── A ─── 2 km ─── B

A: 負荷電流 200 A　力率（遅れ）0.8
B: 負荷電流 100 A　力率（遅れ）0.6

(a) S-A 間に流れる有効電流〔A〕の値として，正しいのは次のうちどれか。

(1) 140　(2) 160　(3) 200　(4) 220　(5) 240

(b) B 点における線間電圧〔V〕の値として，最も近いのは次のうちどれか。

(1) 5 770　(2) 6 020　(3) 6 130　(4) 6 260　(5) 6 460

[平成 13 年 B 問題]

6-22　図の単線結線図に示す単相 2 線式 1 回線の配電線路がある。供給点 A における線間電圧 V_A は 105〔V〕，負荷点 K，L，M，N にはそれぞれ電流値が 30〔A〕，10〔A〕，40〔A〕，20〔A〕でともに力率 100〔%〕の負荷が接続されている。回路 1 線当たりの抵抗は AK 間が 0.05〔Ω〕，KL 間が 0.04〔Ω〕，LM 間が 0.07〔Ω〕，MN 間が 0.05〔Ω〕，NA 間が 0.04〔Ω〕であり，線路のリアクタンスは無視するものとして，次の(a)及び(b)に答えよ。

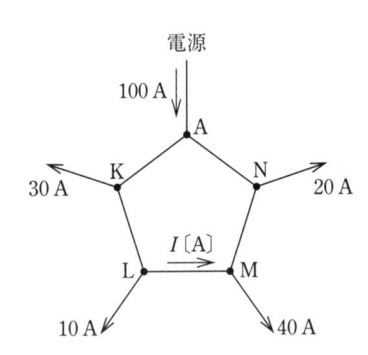

(a) 負荷点 L と負荷点 M 間に流れる電流 I〔A〕の値として，正しいのは次のうちどれか。

(1) 4　(2) 6　(3) 8　(4) 10　(5) 12

(b) 負荷点 M の電圧〔V〕の値として，最も近いのは次のうちどれか。

(1) 95.8　(2) 97.6　(3) 99.5　(4) 101.3　(5) 103.2

[平成 17 年 B 問題]

6-23　図のような三相高圧配電線路 A-B がある。B 点の負荷に電力を供給するとき，次の(a)及び(b)に答えよ。

ただし，配電線路の使用電線は硬銅より線で，その抵抗率は $\frac{1}{55}$

〔Ω·mm²/m〕，線路の誘導性リアクタンスは無視するものとし，A点の電圧は三相対称であり，その線間電圧は6 600〔V〕で一定とする。また，B点の負荷は三相平衡負荷とし，一相当たりの負荷電流は200〔A〕，力率100〔%〕で一定とする。

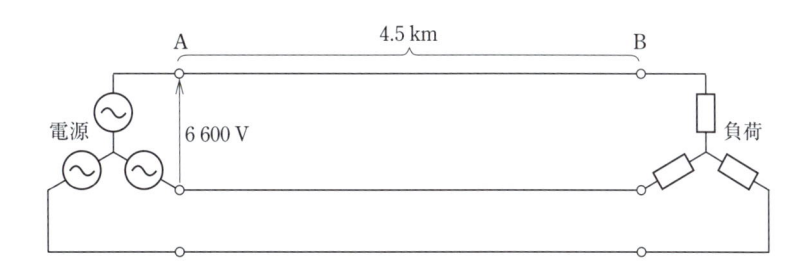

(a) 配電線路の使用電線が各相とも硬銅より線の断面積が60〔mm²〕であったとき，負荷B点における線間電圧〔V〕の値として，最も近いのは次のうちどれか。

(1) 6 055 (2) 6 128 (3) 6 205 (4) 6 297 (5) 6 327

(b) 配電線路A-B間の線間の電圧降下を300〔V〕以内にすることができる電線の断面積〔mm²〕を次のうちから選ぶとすれば，最小のものはどれか。

ただし，電線は各相とも同じ断面積とする。

(1) 60 (2) 80 (3) 100 (4) 120 (5) 150

[平成20年B問題]

6-24 絶縁材料の基本的性質に関する記述として，誤っているのは次のうちどれか。

(1) 絶縁材料は熱的，電気的，機械的原因などにより劣化する。
(2) 気体絶縁材料は圧力により絶縁耐力が変化する。
(3) 液体絶縁材料には比熱容量，熱伝導度の小さいものが適している。
(4) 電気機器に用いられる絶縁材料は，一般には許容最高温度で区分されており，日本工業規格（JIS）では耐熱クラスHの許容最高温度は180〔℃〕である。
(5) 真空は絶縁性能に優れており，遮断器などに利用される。

[平成14年A問題]

6-25 電気絶縁材料に関する記述として，誤っているのは次のうちどれか。

(1) 六フッ化硫黄（SF_6）ガスは，絶縁耐力が空気や窒素と比較して高く，アークを消弧する能力に優れている。

(2) 鉱油は，化学的に合成される絶縁材料である。

(3) 絶縁材料は，許容最高温度により A，E，B 等の耐熱クラスに分類されている。

(4) ポリエチレン，ポリプロピレン，ポリ塩化ビニル等は熱可塑性（加熱することにより柔らかくなる性質）樹脂に分類される。

(5) 磁器材料は，一般にけい酸を主体とした無機化合物である。

[平成 17 年 A 問題]

6-26 アモルファス鉄心材料を使用した柱上変圧器の特徴に関する記述として，誤っているのは次のうちどれか。

(1) けい素鋼帯を使用した同容量の変圧器に比べて，鉄損が大幅に少ない。

(2) アモルファス鉄心材料は結晶構造である。

(3) アモルファス鉄心材料は高硬度で，加工性があまり良くない。

(4) アモルファス鉄心材料は比較的高価である。

(5) けい素鋼帯を使用した同容量の変圧器に比べて，磁束密度が高くできないので，大形になる。

[平成 15 年 A 問題]

6-27 次の文章は，発電機，電動機，変圧器などの電気機器の鉄心として使用される磁心材料に関する記述である。

永久磁石材料と比較すると磁心材料の方が磁気ヒステリシス特性（B-H 特性）の保磁力の大きさは (ア) ，磁界の強さの変化により生じる磁束密度の変化は (イ) ので，透磁率は一般に (ウ) 。

また，同一の交番磁界のもとでは，同じ飽和磁束密度を有する磁心材料同士では，保磁力が小さいほど，ヒステリシス損は (エ) 。

上記の記述中の空白箇所（ア），（イ），（ウ）及び（エ）に当てはまる語句として，正しいものを組み合わせたのは次のうちどれか。

	（ア）	（イ）	（ウ）	（エ）
(1)	大きく	大きい	大きい	大きい
(2)	小さく	大きい	大きい	小さい
(3)	小さく	大きい	小さい	大きい
(4)	大きく	小さい	小さい	小さい
(5)	小さく	小さい	大きい	小さい

[平成 20 年 A 問題]

第 1 章 章末問題の解答

1-1 答 (1)

　水車発電機は同期発電機が使用されており，電力系統に並列し，電力系統の周波数と同期した回転速度で運転されている。

　送電線事故などにより負荷が急速に減少すると，いままで流れていた水量のエネルギーにより，水車発電機の回転数が上昇し，遠心力により水車発電機が破損する危険を生じる。このため水車発電機の回転数を検出し，水量を絞り込み，回転速度を減少する安全装置が必要になる。この装置が調速機（ガバナ）であり，調速機からの電気信号や機械駆動力を得て，ペルトン水車ではニードル弁を絞り込み，フランシス水車ではガイドベーンを閉じて，水量を減少させ，水車発電機速度を規定値に保っている。

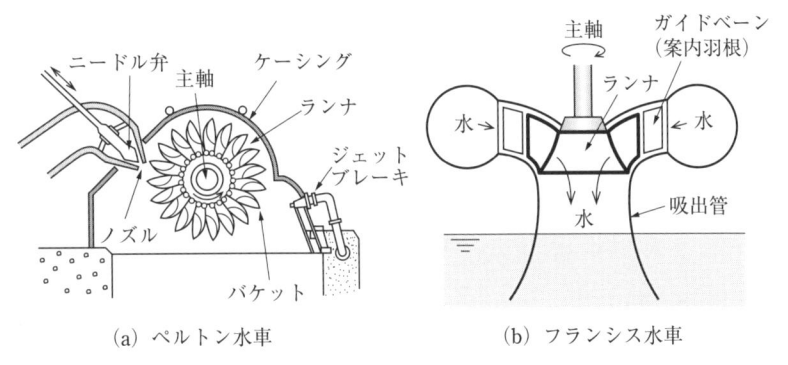

(a) ペルトン水車　　　(b) フランシス水車

解図 1.1

1-2 答 (2)

　貯水池にたまる年間の水量 Q 〔m³〕は流域の面積と年間降雨量，流水係数により求める。1 km² に 1 mm の降水があると，水量 q は，

$$q = 1\,000 \text{〔m〕} \times 1\,000 \text{〔m〕} \times 1 \text{〔mm〕} = 10^3 \text{〔m}^3\text{〕}$$

であるから流域面積 200 km² に 1 800 mm，流出係数 70 % の貯水池の水量 q' は，

$$q' = 200 \times 1\,800 \times 10^3 \text{〔m}^3\text{〕} \times 0.7 = 252 \times 10^6 \text{〔m}^3\text{〕}$$

となる。発電に使うことのできる水量 Q 〔m³/s〕は，

$$Q = \frac{q'}{365 \times 24 \times 60 \times 60} = \frac{252 \times 10^6}{31\,536\,000} = 7.99 \text{〔m}^3\text{/s〕}$$

であり，発電電力 $P = 9.8\,QH\eta$ 〔kW〕であるので，年間の発電電力量 W 〔MWh〕は次式で表される。ここで H：有効落差〔m〕，η：効率である。

$$W = P \times 365 \times 24 = 9.8\,QH\eta \times 365 \times 24$$
$$= 9.8 \times 7.99 \times 120 \times 0.85 \times 365 \times 24$$
$$= 69.96 \times 10^6 \,[\mathrm{kW \cdot h}] \fallingdotseq 7.0 \times 10^4 \,[\mathrm{MW \cdot h}]$$

1-3 答 (2)

ペルトン水車が最も高落差に適用できる。また、最も低い落差に使用されるのがチューブラ水車である。その中間にフランシス水車があり、その下にカプラン水車となる。

1-4 答 (5)

ペルトン水車のように衝動水車は水のもつ位置水頭（位置エネルギー）を速度水頭（速度エネルギー）に変えて水車を動かす。ランナ部で圧力水頭を用いないので、フランシス水車などのような反動水車特有な吸出管を設置しない設備となる。

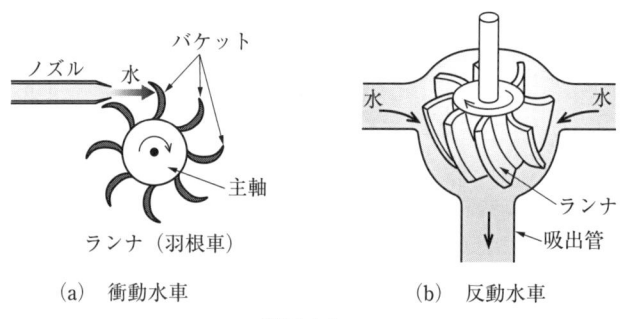

解図 1.2

1-5 答 (4)

水圧管路内の水の速度を $v\,[\mathrm{m/s}]$、水の質量を $m\,[\mathrm{kg}]$、水の密度を $\rho\,[\mathrm{kg/m^3}]$、体積を $V\,[\mathrm{m^3}]$ とすると、水の運動エネルギー $W\,[\mathrm{J}]$ は、

$$W = \frac{1}{2}mv^2 = \frac{1}{2}\rho V v^2 \,[\mathrm{J}]$$

である。単位体積あたりで示すと、

$$W = \frac{1}{2}\rho v^2$$

となる。

1-6 答 (3)

昭和 30 年代前半まで水力発電は、わが国の発電の主力であった。その後、

火力発電所の出力が蒸気温度の上昇に伴って増大し，熱効率の向上（30％から40％に上昇）などもあり，平成21年度では火力（LNG・重油・石炭）発電電力量が総発電電力量の60％に達している。

また，原子力発電も昭和40年ごろから増加し，単機容量135万kWのものが設置されている。現在は停止中などのものもあり発電電力量は全体の約30％程度である。

水力発電は全電力量の約8％程度を発電しており，起動時間が短く，損失が少ないことからピーク負荷対応にも利用されている。また，揚水発電などにも対応でき，太陽光や風力などと同じくCO_2を排出しないクリーンエネルギーとして電力供給面の役割りは大きい。

1-7　答　(1)

ベルヌーイの定理によれば，水管中の質量m〔kg〕の水のもつエネルギーは，位置エネルギー，運動エネルギー，圧力エネルギーの和で示すと常に一定となる。

ここで，位置エネルギーはmgh〔J〕，運動エネルギーは$1/2mv^2$，圧力エネルギーはmp_1/ρで示される。

ここで，g：重力加速度〔m/s^2〕，h：高さ〔m〕，v：速度〔m〕，p：圧力〔Pa〕，ρ：水の密度〔kg/m^3〕である。

高さh_1, h_2の点についてベルヌーイの定理で示してみると，添字をそれぞれ1, 2として，

$$mgh_1 + \frac{mp_1}{\rho} + \frac{1}{2}mv_1^2 = mgh_2 + \frac{mp_2}{\rho} + \frac{1}{2}mv_2^2$$

ここで，$p_2 = 0$, $v_2 = 0$だから，

$$mgh_1 + \frac{mp_1}{\rho} + \frac{1}{2}mv_1^2 = mgh_2$$

または，

$$h_1 + \frac{p_1}{\rho g} + \frac{v_1^2}{2g} = h_2$$

となる。

1-8　答　(3)

水車発電機で発電された電力は，変圧器で高圧や特別高圧に昇圧されて送電される。この変圧器は発電機側がΔ結線で系統側がY結線が一般的である。

送電線側をYにする長所としては,

① 大地間の電圧が $1/\sqrt{3}$ になり,変圧器巻線や,送電線の絶縁上有利である。

② 巻線電流は $\sqrt{3}$ 倍になり巻線は太くなるが,巻数は $1/\sqrt{3}$ と少なくなる。

③ 太い巻線で巻数が少なくなるので,絶縁のスペースが小さくできる。

④ 太い巻線のほうが機械的に丈夫で経済的となる。

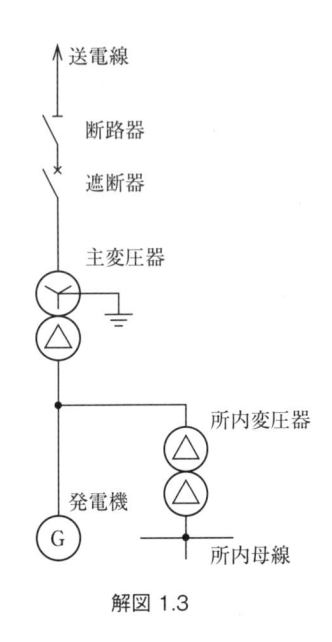

解図 1.3

[平成 19 年 A 問題]

1-9 **答** (a)-(5),(b)-(1)

　タービン発電機とは,蒸気タービンと発電機が直結されたもので火力発電所または原子力発電所の発電機である。電力系統にはこれらの発電機と,水車発電機などが並列接続されており,全体の電力系統を構成している。

　また,回転速度 n [s^{-1}] は,周波数を f [Hz] とすると $n = 120f/p$ で示される。ここで,p は極数である。したがって,n は f に比例するので,速度調定率の式の中では n を f に置き換えてよい。

(a) 題意によりタービン発電機の速度調定率は 5% なので,

$$\frac{\dfrac{n_2-n_1}{n_n}}{\dfrac{P_1-P_2}{P_n}} \times 100 = \frac{\dfrac{f_2-f_1}{f_1}}{\dfrac{P_1-P_2}{P_n}} \times 100 = 5$$

この式から，

$$\frac{f_2-f_1}{f_1} = \frac{P_1-P_2}{P_n} \times \frac{5}{100}$$

$f_n = f_1 = 50$ [Hz]，$P_n = 1\,000$ [MW]，$P_1 = 1\,000$ [MW]，$P_2 = 600$ [MW] を代入して，

$$\frac{f_2-50}{50} = \frac{1\,000-600}{1\,000} \times \frac{5}{100}$$

$$f_2 - 50 = 0.4 \times \frac{5}{100} \times 50 = 1.0$$

$$f_2 = 51.0 \text{ [Hz]}$$

(b) 水車発電機の速度調定率は 3% だから，

$$\frac{\dfrac{f_2-f_1}{f_n}}{\dfrac{P_1-P_2}{P_n}} \times 100 = 3$$

この式から，

$$\frac{P_1-P_2}{P_n} = \frac{f_2-f_1}{f_n} \times \frac{100}{3}$$

$$P_1 - P_2 = \frac{f_2-f_1}{f_n} \times P_n \times \frac{100}{3}$$

数値を代入して，

$$(300 \times 0.8) - P_2 = \frac{51-50}{50} \times 300 \times \frac{100}{3} = 200$$

$$P_2 = 300 \times 0.8 - 200 = 40 \text{ [MW]}$$

となる。

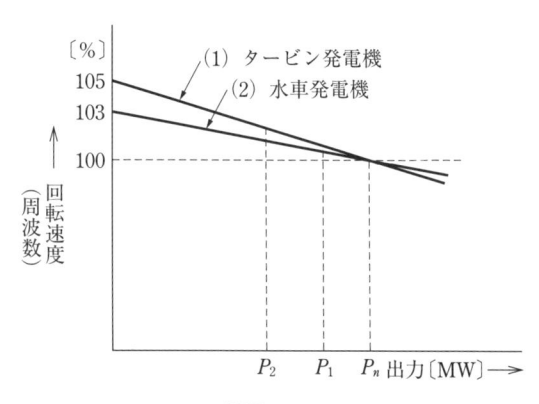

解図 1.4

1-10 答 (a)-(3), (b)-(5)

(a) 損失水頭 h_L は，こう長の 2.38 % であるから，
$$h_L = 210 \text{ [m]} \times 2.38 \times 10^{-2} = 5 \text{ [m]}$$
となり，揚水に必要な電力 P_1 [kW] は，
$$P_1 = \frac{9.8 Q (H_0 + h_L)}{\eta_P \eta_M} \text{ [kW]}$$
ここで，Q：揚水量 [m³/s]，H_0：標高差 [m]，η_P：ポンプ効率，η_M：電動機効率である。したがって，
$$P_1 = \frac{9.8 \times 100 \times (200+5)}{0.85 \times 0.98} \fallingdotseq 241 \times 10^3 \text{ [kW]} = 241 \text{ [MW]}$$

(b) 発電時の有効高さ H [m] は，$H = H_0 - h_L$ となるから，発電電力 P_2 [kW] は，
$$P_2 = 9.8\,QH\eta \text{ [kW]} = 9.8\,Q(H_0 - h_L)\eta_T \eta_G \text{ [kW]}$$
$$= 9.8 \times 100 \times (200-5) \times 0.85 \times 0.98$$
$$\fallingdotseq 159\,000 \text{ [kW]} = 159 \text{ [MW]}$$
となる。

ここで，Q：水量 [m³/s]，H_0：標高差 [m]，η_T，η_G：水車，発電機効率である。

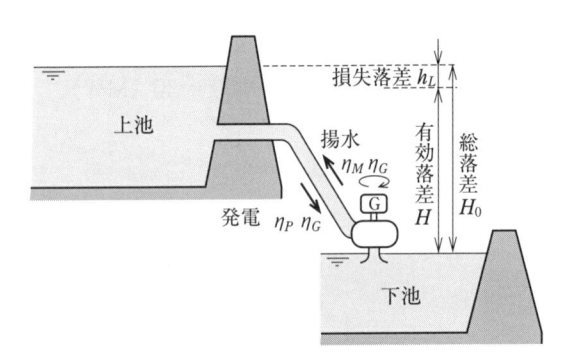

解図 1.5 揚水発電所

1-11 答 (a)-(3), (b)-(4)

(a) 揚水運転時の揚程 H [m] は，標高差に損失水頭 h_L を加えたものになるから，
$$H = (h_1 - h_2) + h_L = 1\,300 - 810 + 10 = 500 \text{ [m]}$$
となる。したがって，揚水時の必要動力 P [kW] は，流量を Q [m³/s]，ポンプ，電動機の効率を η_P，η_M とすると，

$$P = \frac{9.8QH}{\eta_P \eta_M} \text{ [kW]}$$

で示されるから，流量 Q [m³/s] は，

$$Q = \frac{P\eta}{9.8\,H} = \frac{360 \times 10^3 \times 0.85 \times 0.98}{9.8 \times 500} = 51 \text{ [m}^3\text{/s]}$$

(b) 発電電力 P [kW] は，有効落差 $H = h_1 - h_2 - h_L = 1\,300 - 810 - 10 = 480$ [m] なので，

$$P = 9.8\,QH\eta_T\eta_G = 9.8 \times 51 \times 480 \times 0.85 \times 0.98 \text{ [kW]}$$
$$\fallingdotseq 200\,000 \text{ [kW]} = 200 \text{ [MW]}$$

1-12 答 (2)

発電電力 P [kW] は，

$$P = 9.8\,QH\eta \text{ [kW]}$$

で示される。したがって 1 年間では，平均使用水量は，最大使用水量の 60% とすると，上式に数値を代入して，

$$P = 9.8 \times (0.6 \times 15) \times (110 - 10) \times 0.9 = 9.8 \times 9 \times 100 \times 0.9$$
$$= 7\,938 \text{ [kW]}$$

これを 1 年間発電できると，年間の発電電力量 W は，

$$W = P \times 365 \times 24 = 69\,500 \times 10^3 \text{ [kW·h]} \fallingdotseq 70 \text{ [GWh]}$$

となる。

1-13 答 (2)

水力の発電電力量 P [kW] は，

$$P = 9.8\,QH\eta_T\eta_G \text{ [kW]}$$

で示される。ここで Q：流量 [m³/s], H：有効落差 [m], η_T：水車効率 [%], η_G：発電機効率 [%] である。80% 負荷で運転しているので，

$$0.8\,P = 9.8\,QH\eta_T\eta_G$$

したがって，流量 Q [m³/s] は，

$$Q = \frac{0.8\,P}{9.8\,H\eta_T\eta_G} = \frac{0.8 \times 2\,500}{9.8 \times 100 \times 0.92 \times 0.94} = 2.36 \text{ [m}^3\text{/s]}$$

となる。

第2章 章末問題の解答

2-1 答 (3)

ボイラの水を循環させる方法として次の3つがある。

(a) 自然循環ボイラ：蒸気圧力4～17 MPaのボイラでボイラ上部の蒸気ドラムと下部の水ドラムの間で，水が加熱され高温になると水の密度が小さくなり水管の中を上昇し，冷たい水は下降して，再び加熱され上昇していくもの。水の温度差による比重を利用した水の循環としている。小容量ボイラに使用される。

(b) 強制循環ボイラ：蒸気圧力が17 MPa以上になると水と蒸気の比重差が少なくなり，自然に循環しにくくなる。水が循環しないとボイラ管に局部加熱が起こり，ボイラ管の破裂などを生じる。このため，強制循環ポンプにより水を強制的に循環させるボイラ。

(c) 貫流ボイラ：蒸気の圧力・温度がさらに高くなり，臨界点（圧力22.1 MPa，温度374℃）を超えるボイラでは，水はボイラの蒸発管の中で水から直接蒸気に変化するので，蒸気ドラムも不要となり，給水ポンプで加圧して水をボイラに送る方式となる。大容量のボイラに採用される。

誤りは(3)で強制循環ボイラは，自然循環ボイラに比べ熱負荷を大きくとれるのでボイラを小形にでき，ボイラ高さも小さくできる。また，水圧が高くできるので，ボイラチューブの径も小さくできる。

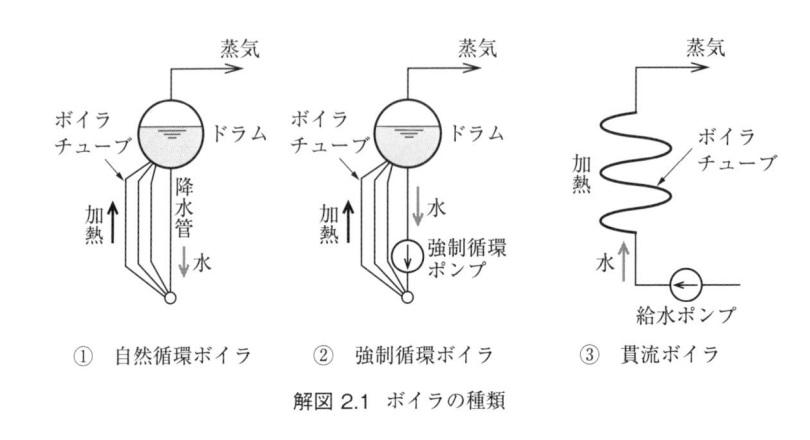

解図2.1 ボイラの種類

2-2 答 (5)

復水器はタービンの排気蒸気を冷却水（海水）で冷却し，凝結し，真空をつくり蒸気を水に戻し，回収する装置である。海水でもち去るエネルギー損失は，ボイラで加熱した熱量の約50%程度と最も大きい。

また，復水器内部の真空度を高く保持して，タービンの排気圧力を低下させ，蒸気がタービンでする仕事を大きくして，熱効率を上げることができる。

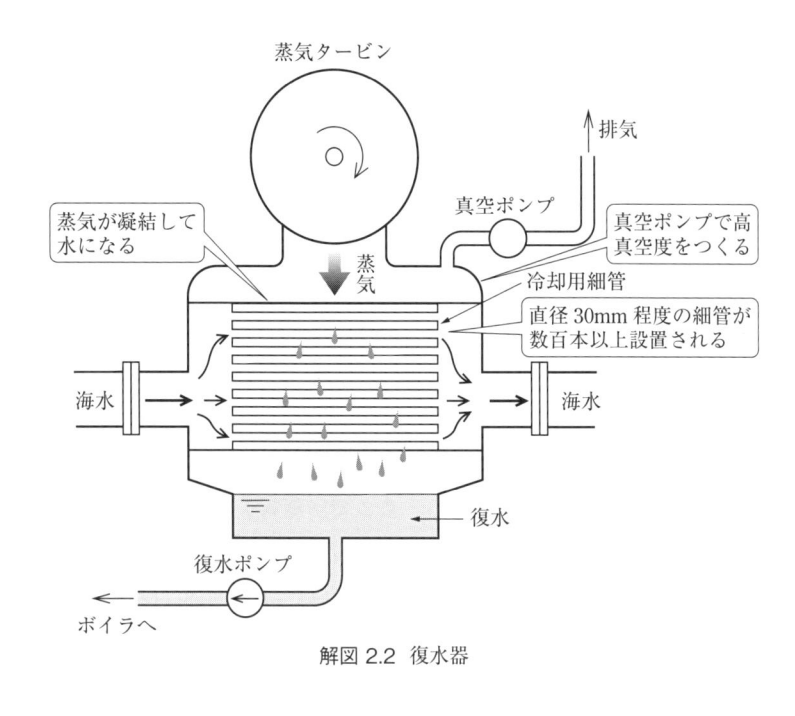

解図 2.2 復水器

2-3 　答　(3)

設問の図は，ランキンサイクルの P-V 線図を示している。

(1) A→B は給水ポンプで給水を断熱圧縮（等積変化：水の容積は一定の意味）した状態。(2) B→C はボイラで水を加熱して蒸気にする過程。(3) C→D は，タービンで蒸気のもつ熱エネルギーが機械エネルギーに変換される断熱膨張。(4) D→A は復水器内で蒸気が凝縮され水に戻る状態。(5) A→B→C→D→A の熱サイクルをランキンサイクルという。

2-4 　答　(5)

ボイラの損失を減じるために，排気ガスと熱交換をして，ボイラへの給水を加熱する装置が節炭器（エコノマイザー）である。同様に，排気ガスと熱交換をして，ボイラへの燃焼用空気を加熱する装置が空気加熱器であり，両者とも熱効率の向上に寄与する。

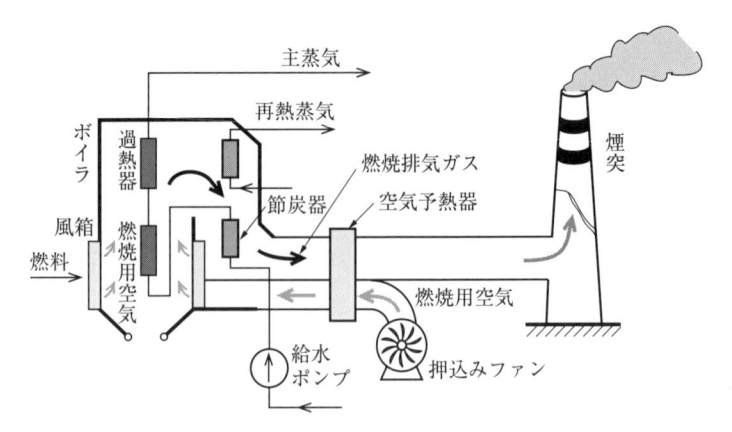

解図 2.3 節炭器と空気予熱器

2-5　答　(4)

ガスタービンへの燃料の入熱 $Q=1$ とするとガスタービン効率が η_g なので，ガスタービンで η_g が発電され，残り $(1-\eta_g)$ がガスタービンの排気の持つエネルギーとなる。ここで，蒸気タービン発電効率が η_S なので，蒸気タービンでの発電量は $(1-\eta_g)\eta_S$ となる。

したがって，全発電電力量 P は，$P=\eta_g+(1-\eta_g)\eta_S$ となり，全体の効率 η は入熱 $Q=1$ だから，

$$\eta = \frac{P}{Q} = \eta_g+(1-\eta_g)\eta_S$$

となる。

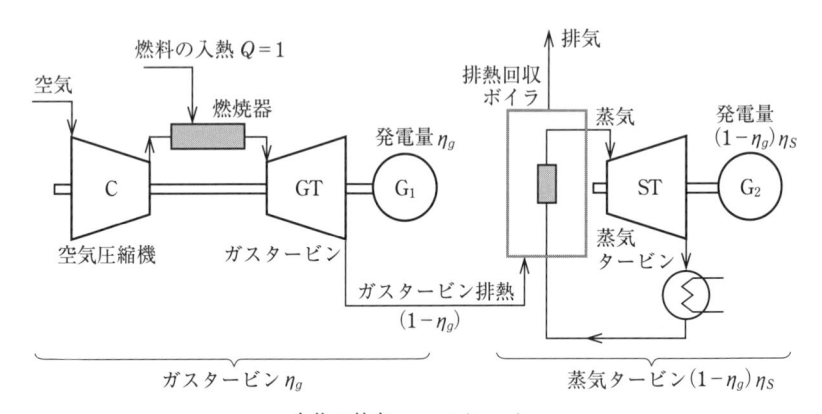

解図 2.4 コンバインドサイクルの効率と出力（多軸形）

2-6　答　(2)

排熱回収方式のコンバインドサイクル発電における燃焼用空気の流れは，

圧縮機 → 燃焼器 → タービン → 排熱回収ボイラ

となる。

解図 2.5 コンバインドサイクル（排熱回収形：1 軸形）

2-7 答 (4)

火力発電所のボイラで発生する窒素酸化物（NO_x）は，その発生過程から①サーマルNO_xと②フィーエルNO_xに分けられる。サーマルNO_xは，燃焼の高温ガスによりNO_xが発生するもので，燃焼温度を低くする燃焼を行えばよい。具体的には燃焼域での酸素濃度を低くおさえ，その後に必要な酸素を供給する低O_2運転や燃焼空気に比べ燃料を濃く（多く）あるいは淡く（少なく）する濃淡燃焼。また，低NO_xバーナや，燃焼ガスを再循環するガス再循環や，排ガス混合などがある。②フィーエルNO_xは燃料中に含まれる窒素（N）分が窒素酸化物になるもので，燃料中に N 分の少ない LNG などを使用すればよい

排ガス中からのNO_x低減には，ボイラ出口の排ガスにアンモニアを加え，触媒により，窒素酸化物を窒素と水（蒸気）に分解する。

2-8 答 (4)

二酸化炭素 CO_2 の排出量を比べると，最も少ないのは原子力発電所で，CO_2の発生はゼロである。次に低いのは LNG を燃料とした熱効率の高いコンバインドサイクル発電所である。次に多いのは，重油専焼汽力発電所であり，最も多いのは石炭専焼汽力発電所である。

2-9 答 (3)

太陽光発電の効率は 10 % 程度であり，汽力発電の 40 % より極端に低い。しかしながら，二酸化炭素の発生がなく，硫黄酸化物や，窒素酸化物の発生もないクリーンエネルギーである。

風力発電や太陽光発電は，自然環境に発電量が影響を受け，エネルギー密度も低いため広い場所や面積を必要とする。

2-10 答 (5)

風力発電は風のもつ運動エネルギーを電気に変換するもので，風車によって取り出せるエネルギーは風車を通過する風量に比例するので風速の 3 乗に比例することになる。

風車の軸出力 P〔W〕は，風速を v〔m/s〕，風車羽根車の投影面積を A〔m²〕とすると，

$$P = \frac{1}{2}mv^2 C = \frac{1}{2}(Av\rho)v^2 C = \frac{1}{2}C\rho A v^3 \text{〔W〕}$$

で示される。ここで，m：風の質量〔kg〕，ρ：空気密度〔kg/m³〕，C：風車羽根車のパワー係数である。

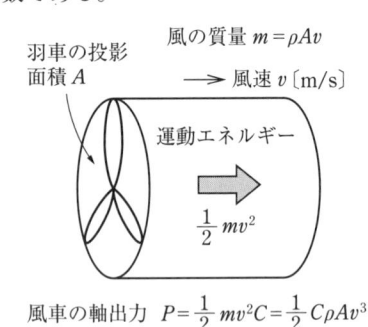

風車の投影面積 A
風の質量 $m = \rho A v$
風速 v〔m/s〕
運動エネルギー $\frac{1}{2}mv^2$
風車の軸出力 $P = \frac{1}{2}mv^2 C = \frac{1}{2}C\rho A v^3$

解図 2.6 風車の出力

2-11 答 (2)

水を電気分解すると水素と酸素を生じる。この逆を利用したものが燃料電池で水素（H）と酸素（O_2）を化学反応させると水（H_2O）と直流電力を生じる。

化学式で示すと，

$$H_2 + \frac{1}{2}O_2 = H_2O + e$$
水素　　　酸素　　　水　　電子

反応には，触媒（電解質）が必要で，種類により，リン酸形，溶融炭酸塩形，固体高分子形などに分類される。

なお，燃料には水素が用いられ，この水素は LNG などを改質してつくられる。

2-12 答 (3)

誘導発電機は，中小水力や風力発電に使用され長所としては同期機と違い励磁装置が不要で，始動，系統への並列などの運転操作が簡単になる。また，短所としては，単独での発電ができず，系統並列時に大きな突入電流が流れること，および誘導発電機は遅れ無効電力を消費することになる。したがって，誤りは(3)である。

2-13 答 (a)-(4)，(b)-(2)

(a) 燃料のもつ熱量 Q〔kJ〕をどの程度，電気出力 P〔W·h〕に変換できるかを示すものが熱効率 η である。火力発電所の設備利用率を C，定格出力を P_0 とすれば，

$$C = \frac{P}{P_0} = \frac{Q\eta}{P_0}$$

である。単位〔W〕=〔J/s〕なので〔W·h〕= 3 600〔J〕だから，設備利用率 C は，

$$C = \frac{Q\eta}{P_0} = \frac{36\,000\,〔kJ/kg〕\times 24\,000\times 10^3\,〔kg〕\times 0.3}{125\times 10^3\times 3\,600\times 24\times 60}$$

$$= \frac{10\times 24\,000\times 10^3\times 0.3}{125\times 10^3\times 24\times 60} = \frac{72\,000}{180\,000} = 0.4 = 40\,〔\%〕$$

(b) 所内率 $L = 3$〔%〕なので，発電した電力 P から，この分を引いたものが送電電力 P' になる。したがって，

$$P' = CP_0(1-L) = 0.4\times 125(1-0.03)\times 24\times 60$$

$$= 69\,840\,〔MW\cdot h〕 \rightarrow 69\,800\,〔MW\cdot h〕$$

となる。

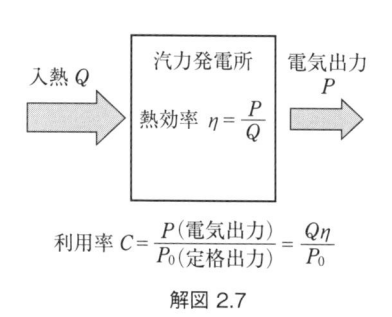

入熱 Q → 汽力発電所 熱効率 $\eta = \dfrac{P}{Q}$ → 電気出力 P

利用率 $C = \dfrac{P(電気出力)}{P_0(定格出力)} = \dfrac{Q\eta}{P_0}$

解図 2.7

2-14 答 (a)-(4)，(b)-(3)

(a) 発電電力量 P〔kW〕は，燃料の総熱量を Q〔kJ〕とすると，

$$P = \frac{Q}{3\,600}\eta$$

で示される。ここで，η は熱効率である。燃料の総熱量 Q〔kJ〕は重油の発

熱量を H〔kJ/kg〕，燃料流量を B〔kg/h〕とすると $Q = HB$ なので，

$$P = \frac{HB}{3\,600}\eta$$

となる。

したがって，燃料消費量 B〔kg/h〕

$$B = \frac{3\,600P}{H\eta} = \frac{3\,600 \times 1\,000 \times 10^3 \,〔\text{kW}〕}{44\,000 \,〔\text{kJ/kg}〕 \times 0.41}$$

$$= 199.6 \times 10^3 \,〔\text{kg/h}〕 = 199.6 \,〔\text{t/h}〕 \to 200 \,〔\text{t/h}〕$$

(b) 炭素が燃焼により二酸化炭素になる化学反応式は

$$\underset{12\,\text{kg}}{\text{C}} + \underset{32\,\text{kg}}{\text{O}_2} = \underset{44\,\text{kg}}{\text{CO}_2}$$

となるので炭素 12 kg が燃焼すると，二酸化炭素 44 kg を発生する。炭素は燃料の 85 %（重量比）なので，1 日（24 時間）の炭素の消費量 C'〔t〕は，

$$C' = 199.6 \,〔\text{t/h}〕 \times 24 \,〔\text{h}〕 \times 0.85$$

となり，この炭素の 44/12 が二酸化炭素 CO_2 になるので，

$$\text{CO}_2 = \frac{44}{12}C' = \frac{44}{12} \times 199.6 \times 24 \times 0.85 = 14\,930 \,〔\text{t}〕$$

$$\to 15 \times 10^3 \,〔\text{t}〕$$

となる。

2-15　答　(a)-(3), (b)-(4)

(a) 日負荷率が 95.0 % なので，平均電力 P〔MW〕は，

$$P = 600 \times 0.95 = 570 \,〔\text{MW}〕$$

したがって，発電端熱効率 η〔%〕は，

$$\eta = \frac{\text{発電電力量}}{\text{燃料の総発熱量}} \times 100 \,〔\%〕$$

$$= \frac{570 \times 10^3 \times 24 \times 3\,600}{26\,400 \times 4\,400 \times 10^3} \times 100 = \frac{5.7 \times 2.4 \times 3.6}{26.4 \times 4.4} \times 100 = 42.4 \,〔\%〕$$

(b) 発電端熱効率 η はボイラ効率を η_B，タービン室効率を η_T，発電機効率を η_G とすると，

$$\eta = \eta_B \cdot \eta_T \cdot \eta_G$$

で示される。したがって，ボイラ効率 η_B は，

$$\eta_B = \frac{\eta}{\eta_T \cdot \eta_G} = \frac{0.400}{0.45 \times 0.990} = 0.898 = 89.8 \,〔\%〕$$

となる。

(参考) なお，所内率 L を除いた送電端熱効率 η' は，

$$\eta' = (1-L)\eta = (1-0.03) \times 40.0 = 38.8\%$$

になる。

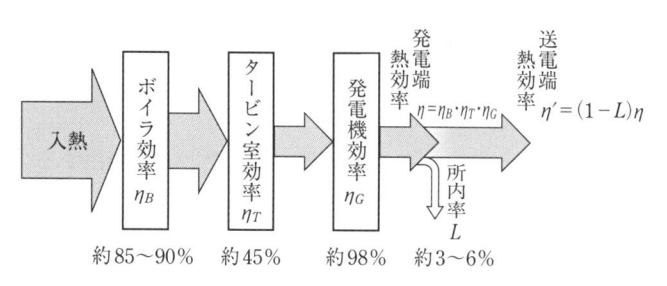

解図 2.8

約85〜90%　約45%　約98%　約3〜6%

2-16 答 (a)-(4) (b)-(2)

(a) 発電端の発電電力量 P〔MW·h〕とは，発電機が発電した全電力であり，送電端電力 P'〔MW·h〕とは発電端電力量 P〔MW·h〕から発電所を運転するのに必要なポンプやファン，照明などの所内電力 L〔MW·h〕を引いたものであり，送電電力 $P' = P - L$ となる。

遅れ力率や進み力率は無効電力発生に影響するが，有効電力発生には影響しない。力率にまどわされないようにしよう。

発電端電力 P〔MW·h〕は各時間帯の力率を乗じて，

9〜13時　　$4\,500 \times 0.85 \times 4\,\text{h} = 15\,300$〔kW·h〕
13〜18時　　$5\,000 \times 0.90 \times 5\,\text{h} = 22\,500$〔kW·h〕
18〜22時　　$4\,000 \times 0.95 \times 4\,\text{h} = 15\,200$〔kW·h〕
　　　　　　　　　　　　　　　$53\,000$〔kW〕$= 53$〔MW·h〕

(b) 発電端熱効率 η は，

$$\eta = \frac{発電電力量〔kW·h〕}{燃料の総熱量〔kJ〕} = \frac{53 \times 10^3 〔kW·h〕 \times 3\,600}{44\,000 〔kJ/kg〕 \times 14 \times 10^3 〔kg〕}$$
$$= 0.3097$$

また，送電端熱効率 η' は，所内率 $L = 5\%$ を差し引いたものになるから，

$$\eta' = \eta(1-L) = 0.3097 \times (1-0.05) = 0.294 = 29.4〔\%〕$$

となる。

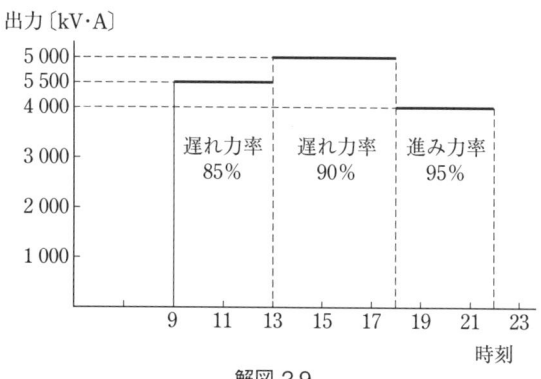

解図 2.9

第3章 章末問題の解答

3-1 答 (4)

質量 m 〔kg〕の質量欠損が生じたとき，発生するエネルギー E 〔J〕は
$$E = mc^2 \text{ 〔J〕}$$
で示される。ここで，c：光速 3×10^8 〔m〕である。1 g の 0.09 % の質量欠損 m は，$m = 1 \times 10^{-3} \times 0.09 \times 10^{-2} = 9 \times 10^{-7}$ 〔kg〕であるから，発生エネルギー E は，
$$E = 9 \times 10^{-7} \times (3 \times 10^8)^2 = 81 \times 10^9 \text{ 〔J〕} = 8.1 \times 10^7 \text{ 〔kJ〕}$$
である。石炭の発熱量 $H = 25\,000$ 〔kJ/kg〕なので，石炭の量 M 〔kg〕に換算すると，
$$M = \frac{E}{H} = \frac{8.1 \times 10^7}{25\,000} = \frac{8.1}{2.5} \times 10^{7-4} = 3.24 \times 10^3 \text{ 〔kg〕}$$
$$\rightarrow 3\,200 \text{ 〔kg〕}$$

3-2 答 (3)

(1) 軽水炉の燃料としてはウラン235を3%程度に濃縮した低濃縮ウランが使用される。天然ウランはウラン235を約0.7%含んでおり，残り99.3%はウラン238である。燃料としての核分裂は

① 熱（低速）中性子→ウラン235→核分裂→エネルギーと高速中性子発生
② 熱（低速）中性子→ウラン238→プルトニウム239
③ 高速中性子→プルトニウム239→核分裂→エネルギーを発生

の2つの核分裂によりエネルギーを発生している。

(2) 低濃縮ウランは，二酸化ウラン（UO_2）の粉末を焼き固めペレット状にして使用する。

(3) ウラン燃料はウラン235を3%程度に濃縮した，低濃縮ウランが使用される。

(4) ウラン238は中性子を吸収しプルトニウム239に変わる。

(5) 天然ウランはウラン235を約0.7%含み，残りはほとんどウラン238である。

3-3 答 (2)

速度が遅い熱中性子（速度2 200 m/s）はウラン235の核分裂を起こす確率が最も高い。その他の物質は熱中性子で核分裂を起こす確率は低い。核分裂で生じる高速の中性子（速度約2万km/s）はそのままではウラン235の

核分裂を起こさせる確率が低いので，減速材（軽水など）で減速し熱中性子にする。

3-4 答 (2)

(2) 沸騰水型軽水炉（BWR）は原子炉内で直接蒸気を発生させるため，圧力は加圧水型（PWR）の半分程度であり，出力密度は小さくなり大型となる。

(1)，(3)〜(5) はそのとおりで，タービン系に放射性物質がもち込まれるので，タービン等への遮へい対策が必要となる。

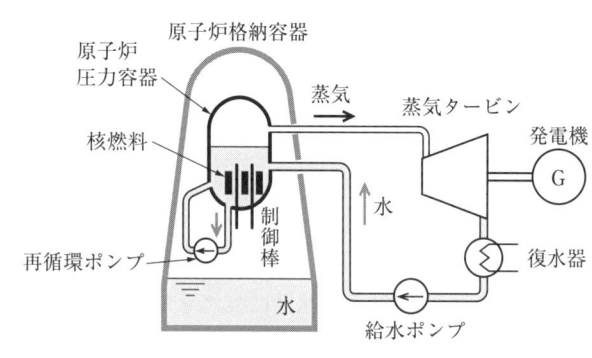

解図 3.1 沸騰水形（BWR）

3-5 答 (3)

加圧水型原子炉（PWR）は，炉心から蒸気発生器に高温・高圧水を蒸気発生器に送り，ここで蒸気をつくり，タービンに送る。したがって，放射線を受けた蒸気はタービンには行かない。

なお，再循環ポンプは沸騰水型原子炉（BWR）に設置されており，PWRにはない。

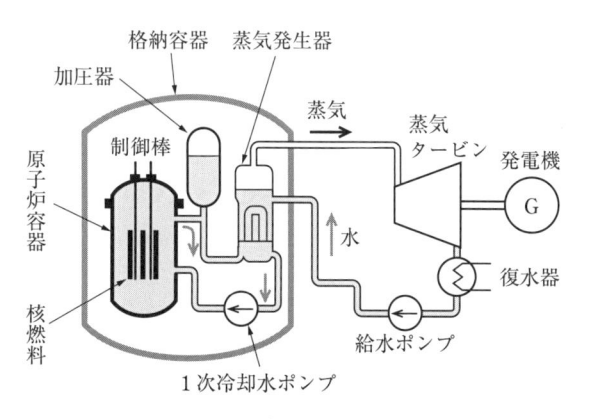

解図 3.2 加圧水形（PWR）

3-6 答 (3)

　軽水炉は，水が冷却材と減速材を兼ねており，原子炉の出力が上がり水温が上昇すると，水中に気泡（ボイド）を発生し，水の密度が減少する。この気泡が発生すると中性子を低速な熱中性子にする減速材である水の量が見掛け上，減少するため核分裂反応が抑制され出力も減少する。このように原子炉の暴走を防止する一連の反応を原子炉の自己制御性という。

3-7 答 (1)

　軽水炉では水が冷却材と減速材を兼ねており，核分裂が増大し出力が増加して水温が上昇すると水の密度が減少し，減速材が少なくなるので熱中性子が減少し，核分裂は自動的に抑制される（章末問題 3-6 と同じ設問が繰り返し出題されていることに着目）。

3-8 答 (1)

　日本の商用原子力発電炉としては，軽水炉が使用されている。軽水炉には沸騰水型（BWR）および加圧水型（PWR）があり，燃料には低濃縮ウランを使用し，冷却材と減速材に軽水を使用している。原子炉の中で直接蒸気を発生する沸騰水型と，原子炉内の蒸気発生器を介して蒸気を発生させる加圧水型がある。

　沸騰水型では，核分裂の反応が増加した場合には，減速材の軽水の密度が低下して，熱中性子の減少となり，自動的に出力を抑制される。これは，ボイド効果，または自己制御性と呼ばれ原子炉固有の安全機能といえる。

3-9 答 (2)

　原子力発電と汽力発電は，蒸気の発生源を除いて同じ原理である。その機構と構成材を表すと図のようになる。原子力発電ではボイラの代わりに原子炉を，化石燃料の代わりに原子燃料を用いる。

　また，現在，多くの原子力発電所で燃料として核分裂連鎖反応をする物質はウラン 235 で，天然ウランの中には約 0.7 % 含まれている。核分裂連鎖反応をしないウラン 238 が 99 % 以上含まれるため，ウラン 235 含有率を約 3 % 程度に高めた低濃縮燃料が使用されている。

(a) 原子力発電

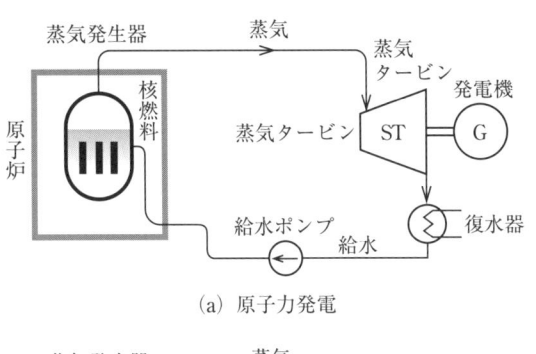

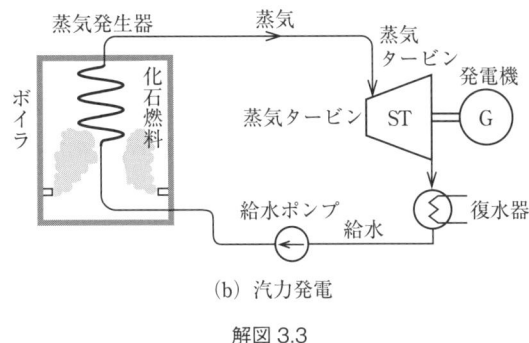

(b) 汽力発電

解図 3.3

第 4 章 章末問題の解答

4-1 答 (1)

① 分路リアクトル：夜間など軽負荷に受電端電圧が送電端電圧より高くなるフェランチ効果などを防止するために分路リアクトルを接続する。

② 直列リアクトル：電力系統の遅れ無効電力を補償する電力コンデンサは第5高調波などにより過大な電流が流れてしまう。これを抑制するために直列リアクトルを挿入する。

③ 限流リアクトル：送電系統は大きくなるとたくさんの電源（発電機等）が接続され，系統に短絡事故を生じたときに過大な短絡電流となる。そこで遮断器の遮断電流を抑制するために限流リアクトルを挿入する。

④ 中性点リアクトル：1線地絡時の地絡電流を制限するために，変圧器の中性線にリアクトルを設置する。

4-2 答 (3)

　雷害やサージによる異常電圧が変電所に侵入したとき，各設備の絶縁をすべて絶縁破壊しないようにすることは効率的でない。高電圧が侵入してきたとき，避雷器が放電して侵入電圧を制限して他の電気設備を保護する絶縁協調をとる。

　避雷器にはギャップ付き SiC 避雷器とギャップのないギャップレス避雷器（酸化亜鉛 ZnO）がある。ギャップレス避雷器は続流が遮断できるので，現在多く使用されている。

　避雷器の制限電圧とは避雷器が放電したとき避雷器の端子間に現れる電圧で，制限電圧は各機器の絶縁耐力よりも十分低い値である必要がある。このように絶縁強度の設計を最も経済的に，かつ効率的に行うことを絶縁協調という。

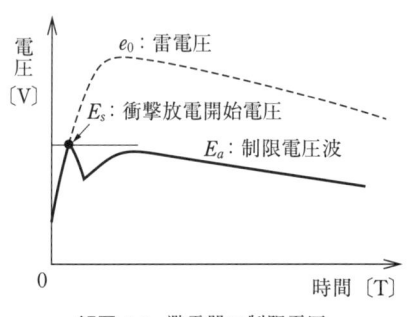

解図 4.1　避雷器の制限電圧

e_0：雷電圧
E_s：衝撃放電開始電圧
E_a：制限電圧波

4-3 答 (4)

　変電所の役割としては次のようなものがある。
(1)　構外から送られてきた電圧を変圧（降圧，昇圧）して，構外に送り出す。
(2)　変電所に接続されている送電線や配電線の事故を検出し，この事故点を遮断器などで除去し，故障区間の限定と健全回路の確保，および故障による停電区間の復旧である。
(3)　送変電系統では負荷の少ない系統や負荷の多すぎる系統などがあり，系統切替えによりバランスのとれた負荷配分を確保する。
(4)　変電所役割りの大きな 1 つの項目として，無効電力の調整機能があげられる。これは重負荷時に電力用コンデンサを投入し，電圧降下を低減したり，軽負荷時に分路リアクトルを投入して電圧上昇を抑制している。
(5)　負荷変化に伴う供給電圧の変化に対しては，負荷時タップ切換変圧器により負荷電流を通じたままで電圧を調整している。

4-4　答　(5)

電力系統の雷サージ電圧や開閉サージ電圧に対する絶縁設計の考え方をまとめると次のようになる。

(1) 外部雷および開閉サージなどによる内部雷の侵入に対しては，避雷器（サージアブソーバ）で異常電圧を制限する。
(2) 避雷器の動作としては異常高電圧が侵入してきたとき，放電により異常電圧を制限し続流を遮断する。
(3) 送電線路および発変電所に設置される電力設備は，内部過電圧（開閉サージ）には十分耐える設計としてるが，外部過電圧（雷）には耐えられる絶縁とはしていない。これは雷の電圧が異常に高いためで，それに相当する絶縁を行うと，各電力設備が大形化しコスト的にも高額になり，経済的でないためである。

このように効果的な経済的な絶縁を行うことを絶縁協調といい，外部過電圧そのものの大きさを変えるものではない。

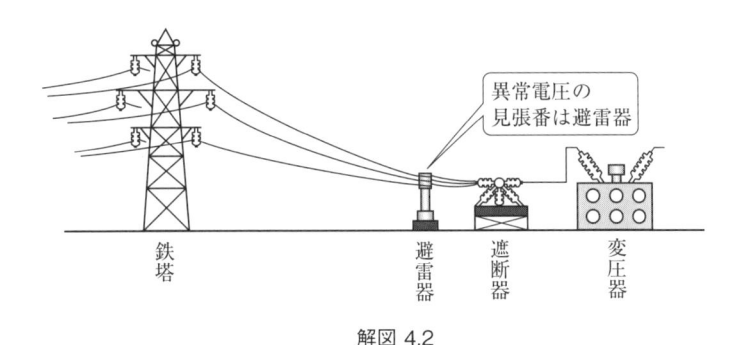

解図 4.2

4-5　答　(5)

ガス絶縁開閉器（GIS）は六フッ化硫黄ガス SF_6 の絶縁性能を利用したものである。ガス絶縁された密封容器の中に断路器，接地開閉器，遮断器，ケーブルヘッド，母線，スペーサなどを組み合わせ設置している。このため，小形で，外部環境に影響されず，安全性の高い設備であり，22～500 kV までの送電，配電設備に幅広く使用されている。

また，施工に当たっては工場組立てのまま一体輸送ができ，現地での組立てをなくすことにより品質の確保と工事期間の短縮が可能となった。

4-6 答 (3)

各継電器の特長を記すと次のとおり。

(1) 過電流継電器：整定した電流値を超えた場合に動作する。小さな過電流は長時間で動作し，大きな過電流は短時間で動作する反限時要素と，大電流の場合，瞬時に動作する瞬時要素の2つをもつ。

(2) 距離継電器：送電線の故障点までの距離を故障時の電圧・電流から求め，その値によって保護範囲を見分けて動作する。

(3) 差動継電器：保護する区間の入力側と出力側の電流を測定し，その差分が大きくなると内部事故と判断して動作する。母線の保護や，比率差動継電器として変圧器の保護に用いられる。

(4) 不足電圧継電器：電圧の値が一定値を下回ると動作する継電器で，これにより，送電線や母線の無電圧を検出する。

(5) 短絡方向継電器：系統の両端に発電所などの電源がある場合，短絡事故が生じたとき，その電流値と方向を検出して保護範囲にある場合動作する。

4-7 答 (2)

地絡の検出は零相電流を検出して，動作する地絡過電流継電器（OCGR）が用いられる。高圧ケーブルのこう長が長くなると，地絡事故点が構外の外部事故であっても，ケーブルの静電容量 C を通じて電流が流れ誤動作を生じることがある。

このような場合には，地絡電流の大きさと方向により動作する地絡方向継電器を用いるとよい。

4-8 答 (3)

過電流継電器には，電流タップがありそれを設定することにより，必要な動作電流を定めることができる。

この変圧器の1次側定格電流 I_1〔A〕は，定格容量を P〔kV・A〕，定格電圧を E〔kV〕とすると，

$$I_1 = \frac{P}{\sqrt{3}\,E} = \frac{10\,000}{\sqrt{3} \times 77} = 75 \text{〔A〕}$$

180％過負荷での電流は $1.8\,I_1$ になる。

また，変流比が150/5なので，2次電流 I_2 は，

$$I_2 = 1.8 \times 75 \times \frac{5}{150} = 4.5 \text{〔A〕}$$

となる。したがって，電流タップは4.5〔A〕に設定すればよい。

4-9 答 (5)

配電用変電所の 6.6 kV 非接地方式の配電線の保護としては,

① 短絡事故に対しては，各線に過電流継電器を設置。

② 地絡保護に対しては，地絡電流とその電流の方向で保護する地継方向継電器を設置。

③ 非接地系のため地絡電流が小さいので，6.6 kV 母線には地継過電圧継電器を設置して動作を確実にする。

④ 短絡や地絡は一定時間で回復することもあり，また，需要家に設置してある UGS や PAS が無電圧中に開放され，事故が除去されている可能性が高いので約 1 分後に自動再閉路される。

⑤ 主変圧器の 2 次側には，たくさんの各配電線が接続されている。主変圧器 2 次側は各配電線（フィーダー）の遮断で事故が除去できなかった場合に動作しないと，事故停電範囲が広がってしまう。したがって主変圧器 2 次側の過電流継電器の動作時間は，各配電線を遮断する過電流継電器の動作時間より長く設定される。

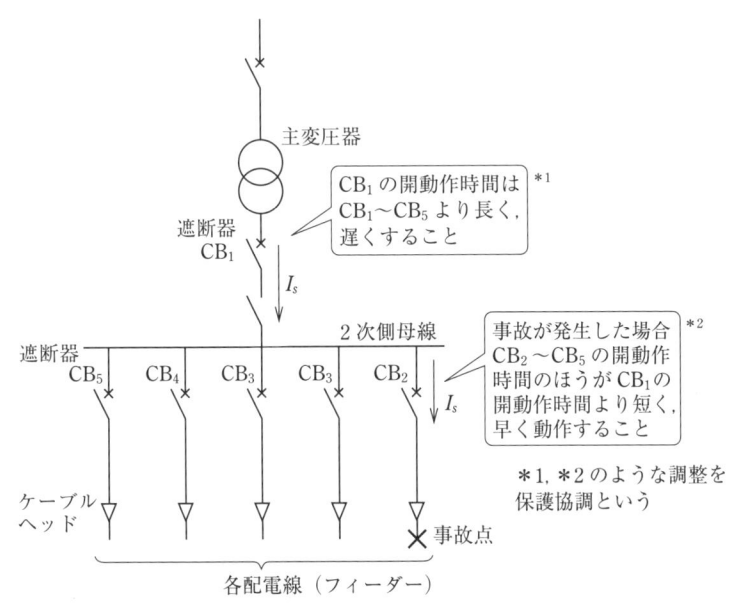

解図 4.3

4-10 答 (3)

(1), (2), (4), (5)は正しい。変電所の役割りは電圧の変成と，無効電力の調整，電力潮流の調整，事故回線の遮断による事故波及防止である。誤りは(3)で，軽負荷のときは分路リアクトルを投入し，重負荷のときは電力用コンデンサを投入して電圧を規定値に保つようにする。

4-11 答 (2)

変圧器の並行運転については4.4節 例題2に示すように，A，B各変圧器の容量と百分率インピーダンスを P_A〔MV·A〕, P_B〔MV·A〕, $\%Z_A$〔%〕, $\%Z_B$〔%〕とすると，変圧器A，Bの負荷分担 P_A', P_B'〔MV·A〕は負荷を P〔MV·A〕とすると，

$$P_A' = \frac{\%Z_B P_A}{\%Z_A P_B + \%Z_B P_A} P \quad \text{〔MV·A〕} \qquad (1)$$

$$P_B' = \frac{\%Z_A P_B}{\%Z_A P_B + \%Z_B P_A} P \quad \text{〔MV·A〕} \qquad (2)$$

で示される。ここで，設問より $\%Z_A = \%Z_B$ なので，

$$P_A' = \frac{P_A}{P_A + P_B} \times P \quad \text{〔MV·A〕}$$

$$P_B' = \frac{P_B}{P_A + P_B} \times P \quad \text{〔MV·A〕}$$

となる。百分率インピーダンスが等しいと変圧器容量に比例して負荷が分担される。

これに数値を代入して，

$$P_A' = \frac{20}{20+10} \times 18 = 12 \quad \text{〔MV·A〕}$$

$$P_B' = \frac{10}{20+10} \times 18 = 6 \quad \text{〔MV·A〕}$$

4-12 答 (3)

最大負荷は変圧器の容量の小さいほうで決まる。

前問の式 (2) よりB号機の出力 P_B は P を最大負荷とすると，

$$P_B' = \frac{\%Z_A P_B}{\%Z_A P_B + \%Z_B P_A} P$$

となる。これに，数値，$P_A = 5$〔MV·A〕, $P_B' = P_B = 4$〔MV·A〕, $\%Z_A = 5.5$〔%〕, $\%Z_B = 5.0$〔%〕を代入して，

$$4 = \frac{5.5 \times 4}{5.5 \times 4 + 5.0 \times 5} P$$

これから，両変圧器に負担できる最大負荷 P〔MV·A〕は，

$$P = \frac{5.5 \times 4 + 5.0 \times 5}{5.5} = 4 + 4.5 = 8.5 \text{ [MV·A]}$$

となる。

4-13　答　(5)

(1) 周波数変換装置は，周波数の異なる 50 Hz，と 60 Hz との間を継ぐ装置である。通常時はもちろん，事故時に電力が過，不足したときこの周波数変換装置を通じて両系統が連系される。

(2) 線路開閉路は遮断器が開放後の母線や線路を開閉するもので，短絡電流等の開閉能力はないが電流の通電容量はある。

(3) 遮断器は負荷電流や短絡電流を遮断し，その後の絶縁を確保するためには電圧を開放する開閉器で開放する。

(4) 3巻線変圧器の Y—Y—Δ 結線は 3 次側に調相設備を接続すると，力率調整ができる。

誤りは(5)で，零相電流は，1線地絡や 2 線地絡，2 線短絡など，三相が不平衡になったとき検出される。

4-14　答　(5)

計器用変成器の変流器 2 次端子は，常に低インピーダンス負荷を接続しておかなければならない。

2 次回路を開放してはならない。作業ではかならず短絡すること。2 次回路を開放すると高電圧を発生し，鉄損が増大して焼損し，短絡・地絡事故を生じる。

また，逆に計器用変圧器では 2 次側回路を短絡すると大きな短絡電流が流れ危険である。

第5章 章末問題の解答

5-1　答　(1)

がいしは，鉄塔から電線を支持しかつ絶縁を保持する。送電線においては最も重要な装置である。がいしの性能としては電気的性能である油中破壊電圧やフラッシオーバ電圧，表面汚損特性などがある。一方，電線を支持するためにその機械的強度が求められる。

系統短絡電流は電線容量や遮断器の性能にかかわる事項であり，がいしの性能には関係ない。

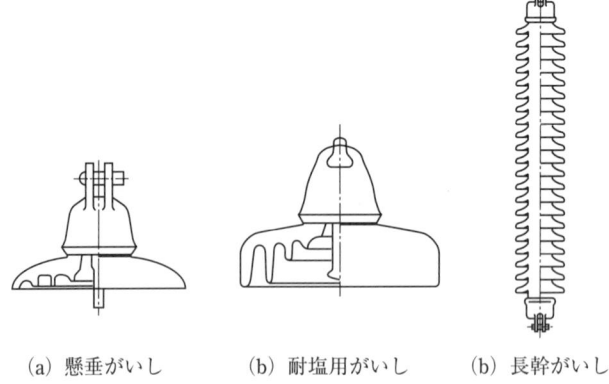

(a) 懸垂がいし　　(b) 耐塩用がいし　　(b) 長幹がいし

解図 5.1　がいし

5-2　**答**　(5)

(1) 雷害の対策として架空地線による保護が有効である。
(2) 塩分を含む風ががいしに吹き付けるとがいし表面の絶縁が低下し放電してしまう。したがって，がいし直列個数の増加は塩害に有効である。
(3) 雪が電線に積もり，これが落下するとき，電線が反動ではね上がり相間短絡を起こす現象をギャロッピングという。相間絶縁スペーサは電線相互の位置をある程度定められるので効果がある。
(4) 架空送電線は微風により振動を生ずる。ダンパは電線に付ける重りの役目となり振動を吸収する。
(5) アークホーンは雷害によるがいしの保護のために設置される。雷によるフラッシオーバが発生したとき，アークによる熱でがいし表面が破損することを防ぐ，アークのバイパス通路となる。

5-3　**答**　(4)

(1) 線路の電圧降下 $\dot{v}$ はインピーダンスを $\dot{Z} = R + jX$，線路電流を $\dot{I}$ とすると，
$$\dot{v} = \dot{Z}\dot{I} = (R+jX)\dot{I}$$
の電圧降下を生じる。
(2) 線路やケーブルの充電電流 I_c は，静電容量を C 〔F〕，電圧を E 〔V〕，周波数を f 〔Hz〕 とすると，
$$I_c = 2\pi fCE$$
で示される。
(3) 地絡電流が大きくなると，通信線等への誘導障害は大きくなる。この地絡電流は接地方式により異なり，直接接地方式では地絡電流が大きくな

り，非接地方式では地絡電流は小さくなり誘導障害も小さくなる。
(4) コロナ放電は，大気の状態（湿度，気圧等）や電線の半径および電圧により発生するもので，線路の電流には関係しない。
(5) 異常電圧としては，雷の直撃による直撃雷や，雷雲の接近放電などによって生じる誘導雷がある。また，線路の開閉により発生する開閉サージなどにより異常電圧が発生する。

5-4 **答** (5)

消弧リアクトル方式は線路の静電容量 C に流れる電流を L で打ち消すので最も地絡電流が小さい。次に非接地，次に抵抗接地，最も地絡電流が大きくなるのは，直接接地である。

地絡を生じたとき，地絡電流は電源の接地極に向かって流れる。したがって，直接接地の場合が最も地絡電流は大きくなる。一方，非接地では地絡電流は線路のコンデンサ分を通じての電流しか流れないので小さい電流となる。

5-5 **答** (2)

直接接地，抵抗接地，消弧リアクトル接地，非接地方式の 1 線地絡状況と 1 線地絡電流を解図 5.2 に示す。等価回路から求めた 1 線地絡電流 I_g は，リアクトル接地が一番小さく，以下順に非接地，抵抗接地，直接接地の順に大きくなる。

地絡電流が小さいと，設備と人身の安全上は好ましいが，地絡事故の検出と除去が難しくなり，線路に異常電圧を生じることがある。また，地絡電流が大きいと設備や通信線への障害を生じやすくなるが，地絡の検出が容易になり事故を早く除去できる。

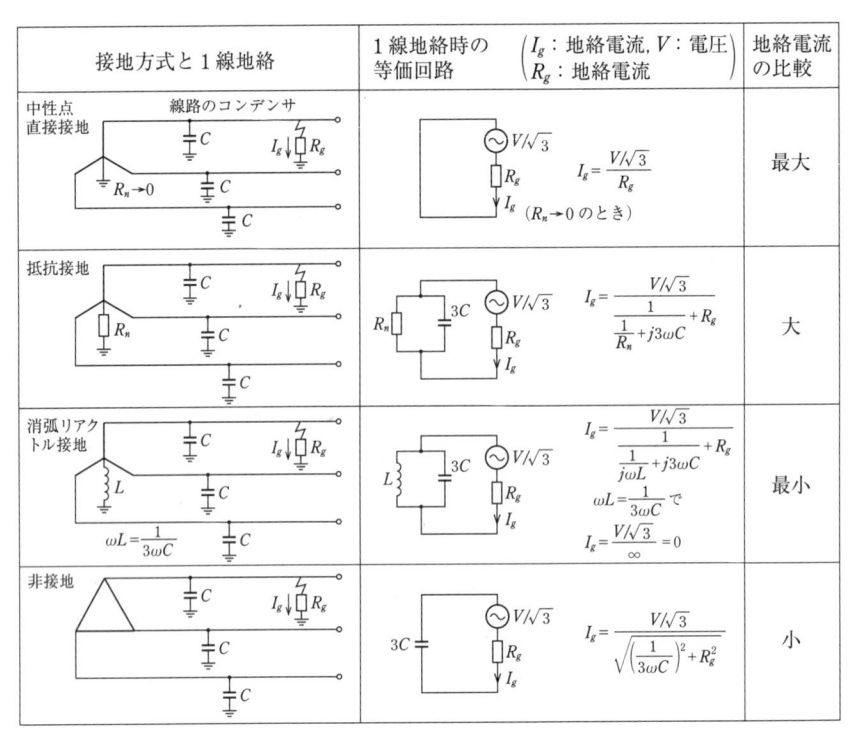

接地方式と1線地絡	1線地絡時の等価回路 (I_g：地絡電流，V：電圧, R_g：地絡電流)		地絡電流の比較
中性点直接接地		$I_g = \dfrac{V/\sqrt{3}}{R_g}$ ($R_n \to 0$ のとき)	最大
抵抗接地		$I_g = \dfrac{V/\sqrt{3}}{\dfrac{1}{\frac{1}{R_n}+j3\omega C}+R_g}$	大
消弧リアクトル接地		$I_g = \dfrac{V/\sqrt{3}}{\dfrac{1}{\frac{1}{j\omega L}+j3\omega C}+R_g}$ $\omega L = \dfrac{1}{3\omega C}$ で $I_g = \dfrac{V/\sqrt{3}}{\infty} = 0$	最小
非接地		$I_g = \dfrac{V/\sqrt{3}}{\sqrt{\left(\dfrac{1}{3\omega C}\right)^2+R_g^2}}$	小

解図 5.2 接地方式と地絡電流

5-6

答 (1)

送電線路の電圧，電流のベクトル図を示すと解図5.3のように示される。

ここで E_s：送電端電圧，E_r：受電端電圧，I：線路電流，R：線路抵抗，X：線路リアクタンス，θ_r：受電端電圧と電流の位相角，δ：送電端電圧と受電端電圧の位相角である。ベクトル図より，

$$E_s = \sqrt{(E_r+RI\cos\theta_r+XI\sin\theta_r)^2+(XI\cos\theta_r-RI\sin\theta_r)^2}$$

と表されるが，一般の送電線では $E_r = 60\,000$ 〔V〕に比べ RI および XI は非常に小さい値となる。したがって，上式の $\sqrt{}$ の第1項 $\gg$ 第2項となるため，第2項は無視できるので，

$$E_s \fallingdotseq E_r+RI\cos\theta_r+XI\sin\theta_r$$

として近似できる。

電圧降下 e は，

$$e = E_s-E_r = RI\cos\theta_r+XI\sin\theta_r = I(R\cos\theta_r+X\sin\theta_r)$$

となる。

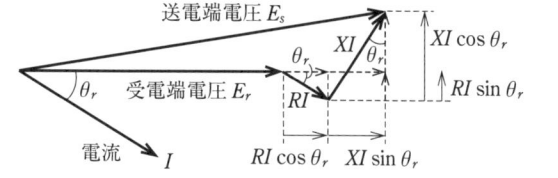

解図 5.3 線路の電圧降下

5-7 答 (5)

送電線路の抵抗損 P_L は，線路の抵抗を R 〔Ω〕，電流を I 〔A〕とすると，1線あたり $P_L = RI^2$ 〔W〕となる。電圧が2倍になると電流は $I/2$ になるので，抵抗損 P_L' は，

$$P_L' = R \cdot \left(\frac{I}{2}\right)^2 = R\frac{I^2}{4} = \frac{P_L}{4}$$

となり，送電電圧を2倍にすると線路の抵抗損が 1/4 になり，送電ロスの減少ができることになる。

5-8 答 (4)

雷撃に対して架空送電線のすべての設備や機器を絶縁破壊しないようにすることは困難で現実的ではない。そこで避雷対策として架空地線を設置するなどの方法を用い，雷の放電のエネルギーからがいしを守るためにアークホーンなどを設置する。

がいしは開閉サージによる開閉過電圧や，短時間過電圧に十分耐えるような個数としている。

5-9 答 (4)

(1) 直流送電の大きな特長の1つとして，交流送電のような安定度の問題がないため，長距離・大容量送電に適する。
(2) 直流部分では，交流に特有の無効電力や誘電体損がない。
(3) 系統の短絡容量を増加させないで系統の連系ができる。
(4) 直流では電流零点がないため，大電流の遮断は困難がある。また，電圧は交流のように最大値が実効値の $\sqrt{2}$ 倍にならないので，交流より絶縁距離は小さくてよい。
(5) 交流-直流電力変換装置から発生する高調波・高周波の吸収装置が必要となる。また，直流による地中埋設物の電食対策も必要である。

5-10　**答**　(3)

百分率リアクタンス %X は，基準線間電圧 V_B〔kV〕，基準容量 P_B〔MV·A〕とすると，基準電流 I_B は，

$$I_B = \frac{P_B \times 10^3}{\sqrt{3}\,V_B}$$

となり，基準リアクタンス X_B は，相電圧 $E_B = V_B/\sqrt{3}$ なので，

$$X_B = \frac{E_B \times 10^3}{I_B} = \frac{V_B \times 10^3}{\sqrt{3}\,I_B} = \frac{V_B{}^2}{P_B}$$

と表される。したがって，百分率リアクタンス %X は，変圧器のリアクタンスを x とすると，

$$\%X = \frac{x}{X_B} \times 100\ 〔\%〕\ = \frac{xP_B}{V_B{}^2} \times 100\ 〔\%〕$$

となる。これに数値を代入して，変圧器のリアクタンス x は 1 次側換算なので 1 次側電圧 66 kV を V_B として，

$$\%X = \frac{4.5 \times 80}{66^2} \times 100 = 8.3\ 〔\%〕$$

となる。

5-11　**答**　(5)

　　ケーブルの許容電流の決定要因となるものは，ケーブルでの発熱の原因となるものである。ケーブルは発熱が多くなると温度上昇をきたし，絶縁破壊に至る。電流による発熱として抵抗損があり，交流電圧を印加することにより絶縁層に生じる誘電損がある。また，シース部に生じるシース損があり，さらにシース損には金属シース部に生じる渦電流損と線路方向に流れる電流により生じるシース回路損がある。

　　漂遊負荷損は，直接関係はない。

5-12　**答**　(4)

　　地中電線路の絶縁劣化診断方法の概要を示すと次のとおり。

(1) 直流漏れ電流法：直流電圧を印加し，その漏れ電流の大きさや経時的変化から絶縁を診断する方法。
(2) 誘電正接法：ケーブルに交流電圧を印加し絶縁体の誘電正接を測定する方法。
(3) 絶縁抵抗法：ケーブルに交流電圧を印加しその絶縁抵抗値を測定する方法。
(5) 絶縁油中ガス分析法：OF ケーブルのように絶縁油を使用するケーブルでは部分放電などによりアセチレンガス等が発生するので，定期的に油中

ガス分析を行い，長期，短期的な絶縁状況を分析する方法。

誤りは（4）でマーレーループ式は，ケーブルが地絡事故を起こしたとき，ホイートストンブリッジの原理を応用して，故障点までの距離を求め，故障点検出を行うものである。

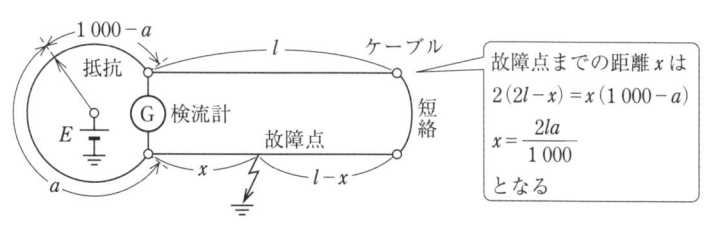

解図 5.4 マーレーループ式

5-13 答 (4)

コンデンサの大地間電圧 $E = 22 \, [\text{kV}] / \sqrt{3}$ となるので，三相無負荷充電容量 Q_c は，

$$Q_c = 3EI = 3Ej\omega CE = j3\omega CE^2 = j3 \times 2\pi fCE^2$$

となる。これに $C = 0.44 \, [\mu\text{F}]$，$f = 50$ を代入して，

$$Q_c = j3 \times 2\pi f \times 0.44 \times 10^{-6} \times \left(\frac{22 \times 10^3}{\sqrt{3}}\right)^2$$

$$= j300\pi \times 0.44 \times \frac{22^2}{3} = 66\,869 \, [\text{Var}] \to 67 \, [\text{kvar}]$$

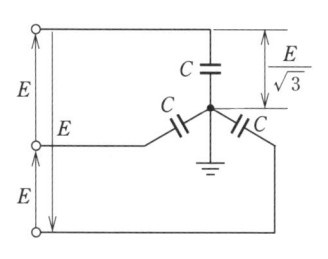

解図 5.5

5-14 答 (4)

ケーブルに電圧 E が加わると静電容量分により流れる電流 I_c と抵抗分により流れる電流 I_r が流れる。この I_c と I_r の比 $I_r/I_c = \tan\delta$ が誘電正接である。

ケーブルの誘電体損 $P \, [\text{W}]$ は $P = EI\cos\theta$ で示されるが，$I\cos\theta = I_c\tan\delta$ であり，$I_c = \omega CE = 2\pi fCE$ だから，

$$P = EI_c\tan\delta = 2\pi fCE^2\tan\delta$$

$$= 2\pi \times 60 \times (0.24 \times 2) \times 10^{-6} \times (33 \times 10^3)^2 \times (0.03 \times 10^{-2})$$
$$= 120\pi \times (0.24 \times 2) \times 33^2 \times 3 \times 10^{-4} = 59.1 \, [\text{W}]$$

となる。

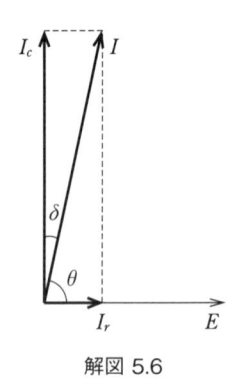

解図 5.6

5-17 答 (3)

CV ケーブルは絶縁物として架橋ポリエチレンを使用し，保護被覆にビニルを用いており，絶縁体は塩化ビニールではない。

CV ケーブルは OF ケーブルのような給油設備が不要で，絶縁体の比誘電率が小さく，誘電正接（$\tan\delta$）も小さいため，発熱量が小さい。したがって，最高許容温度が高く，同一電流を流すなら細いサイズにできる。

5-16 答 (3)

(3) 3心ケーブルでは各相の電流がほぼ平衡するので，大きなシース電圧は発生しない。

シース損には，電線の長手方向により生じるシース回路損と，金属シース内に発生する渦電流損がある。また，ケーブルシースには常時でもシース電圧 $e = XI_c$ を生じるのでクロスボンド方式などによりこれらを低減している。

なお，雷サージが侵入すると，シース部に異常電流が発生する。

5-17 答 (4)

電線のたるみ D 〔m〕は，荷重を W 〔N/m〕，径間を S 〔m〕，水平張力を T 〔m〕とすると，

$$D = \frac{WS^2}{8T} = \frac{K}{T} \quad (K：比例定数)$$

で示される。したがって，$DT = K$ になり $D' = 0.9D$ にするには水平張力 T' は，

$$T' = \frac{K}{0.9\,D} = \frac{1}{0.9}T$$

となる。

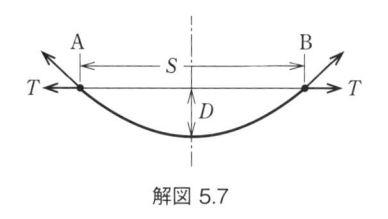

解図 5.7

5-18 答 (a)-(4),(b)-(2)

(a) 送電端電圧を V_s 〔V〕,受電端電圧を V_r 〔V〕,線路電流を I 〔A〕,線路の抵抗を R 〔Ω〕,線路のリアクタンスを X 〔Ω〕,力率を $\cos\theta$ とすると,
$$V_s = V_r + \sqrt{3}\,(RI\cos\theta + XI\sin\theta)$$
で近似される。

ここで $\cos\theta = 0.7$ なので,$\sin\theta = \sqrt{1-\cos^2\theta} = \sqrt{1-0.7^2} = 0.714$ であるから,電流 I は,
$$\begin{aligned}
I &= \frac{V_s - V_r}{\sqrt{3}\,(R\cos\theta + X\sin\theta)} \\
&= \frac{6\,600 - 6\,450}{\sqrt{3}\,(0.45\times 5\times 0.7 + 0.35\times 5\times 0.714)} \\
&= \frac{150}{4.892} = 30.7\ 〔A〕
\end{aligned}$$

したがって,負荷 P 〔kW〕は,
$$P = \sqrt{3}\,VI\cos\theta = \sqrt{3}\times 6\,450\times 30.7\times 0.7\times 10^{-3} = 240\ 〔\text{kW}〕$$

(b) 線路損失 P_L は,
$$P_L = R{I_L}^2$$
で示される。ここで R:線路抵抗〔Ω〕,I_L:負荷が変化後の線路電流である。力率 $\cos\theta$ が 0.7→0.8 になっても P_L が変化しないためには,電流 I_L の絶対値の大きさが,I と等しい状態であるから $I_L = I = 30.7$ 〔A〕である。

このときの,電圧 V_s,V_r の関係式は,$\sin\theta = \sqrt{1-\cos^2\theta} = \sqrt{1-0.8^2} = 0.6$ だから,
$$\begin{aligned}
V_s &= V_r + \sqrt{3}\,(RI_L\cos\theta + XI_L\sin\theta) \\
V_r &= V_s - \sqrt{3}\,(R\cos\theta + X\sin\theta)I \\
&= 6\,600 - \sqrt{3}\,(0.45\times 5\times 0.8 + 0.35\times 5\times 0.6)\times 30.7 \\
&= 6\,600 - 151.5 = 6\,448.5\ 〔\text{V}〕
\end{aligned}$$

したがって，負荷 W_2 [kW] は，
$$W_2 = \sqrt{3}\, V_r I_L \cos\theta \times 10^{-3}$$
$$= \sqrt{3} \times 6\,448.5 \times 30.7 \times 0.8 \times 10^{-3} = 274\ [\text{kW}]$$
となる。

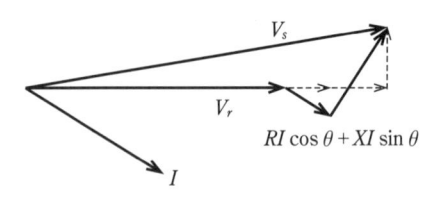

解図 5.8

5-19 答 (a)-(3)，(b)-(4)

(a) 送電端，受電端の電圧を V_s [V]，V_r [V] とすると，
$$電圧降下率 = \frac{V_s - V_r}{V_r} \times 100 = 10\ [\%]$$
で示される。したがって，
$$(V_s - V_r) \times 100 = 10\, V_r$$
$$V_s = \frac{11\, V_r}{10} = \frac{11}{10} \times 60\ [\text{kV}] = 66\ [\text{kV}]$$
となる。送電端，受電端電圧 V_s，V_r は近似的に次式で示される。
$$V_s - V_r = \sqrt{3}\, I(R\cos\theta + X\sin\theta)$$

ここで，I：線路電流 [A]，R：線路抵抗 [Ω]，X：線路リアクタンス [Ω]，$\cos\theta$：力率である。したがって電流 I は，
$$I = \frac{V_s - V_r}{\sqrt{3}\,(R\cos\theta + X\sin\theta)} = \frac{66\,000 - 60\,000}{\sqrt{3}\,(5 \times 0.8 + 6 \times 0.6)}$$
$$= \frac{6\,000}{13.16} = 456\ [\text{A}]$$

受電可能な三相皮相電力 S [MV·A] は，
$$S = \sqrt{3}\, V_r I \times 10^{-6} = \sqrt{3} \times 60 \times 10^3 \times 456 \times 10^{-6} = 47.4\ [\text{MV·A}]$$

(b) 三相皮相電力 63.2 [MV·A] の電流 I_1 は，
$$I_1 = \frac{63.2 \times 10^6}{\sqrt{3}\, V_r} = \frac{63.2 \times 10^3}{\sqrt{3} \times 60} = 608\ [\text{A}]$$
となる。解図 5.9 に示すように，

有効分は，$I_1 \cos\theta_1 = 608 \times 0.6 = 365\ [\text{A}]$

無効分は，$I_1 \sin\theta_1 = 608 \times 0.8 = 486\ [\text{A}]$

となる。また，送電端電圧 V_s と受電端電圧 V_r の関係は，
$$V_s - V_r = \sqrt{3}\, I_2(R\cos\theta_2 + X\sin\theta_2)$$

で近似され，$I_2 R \cos\theta_2 = I_1 R \sin\theta_1$ であり，電圧降下率は同じく 10 ％ なので，$V_s = 66\,000$〔V〕，$V_r = 60\,000$〔V〕になるから，
$$66\,000 - 60\,000 = \sqrt{3}\,(5I_1 \cos\theta_1 + 6I_2 \sin\theta_2)$$
$$6\,000 = \sqrt{3}\,(5 \times 365 + 6I_2 \sin\theta_2)$$
となる。したがって，
$$I_2 \sin\theta_2 = \frac{\dfrac{6\,000}{\sqrt{3}} - 5 \times 365}{6} = 273\,〔\mathrm{A}〕$$
これより，調相機電流 I_c は，
$$I_c = I_1 \sin\theta_1 - I_2 \sin\theta_2 = 486 - 273 = 213\,〔\mathrm{A}〕$$
したがって調相設備の容量 Q_c は，
$$Q_c = \sqrt{3}\,VI_c = \sqrt{3} \times 60\,000 \times 213 = 22.1\,〔\mathrm{Mvar}〕$$
となる。

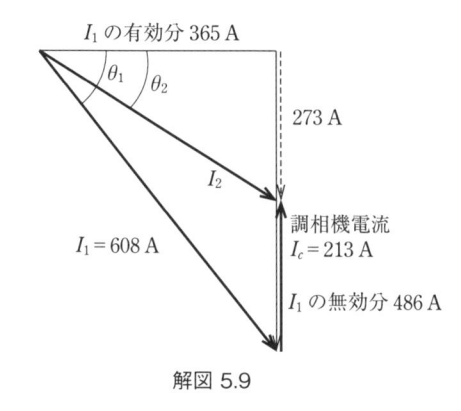

解図 5.9

5-20 **答** (a)-(2), (b)-(4)

(a) 1 次側線電流を I〔A〕，線間電圧を V〔V〕とすると 2 次側に P〔W〕の負荷を接続すると，
$$P = \sqrt{3}\,VI \cos\theta\,〔\mathrm{W}〕$$
で示される。ここで抵抗負荷なので $\cos\theta = 1$ である。したがって，1 次側電流 I は，
$$I = \frac{P}{\sqrt{3}\,V} = \frac{120 \times 10^3}{\sqrt{3} \times 6.3 \times 10^3} = 11\,〔\mathrm{A}〕$$
となる。

(b) 基準容量 $P_B = 150$〔kV·A〕としたときの，負荷側 200〔V〕を基準電圧 V_B〔V〕とすると基準電流 I_B は，
$$I_B = \frac{P}{\sqrt{3}\,V_B} = \frac{150 \times 10^3}{\sqrt{3} \times 200} = 433\,〔\mathrm{A}〕$$

である。

したがって，2次側での三相短絡電流 I_s は，短絡インピーダンスを %Z とすると，

$$I_s = \frac{I_B}{\%Z} \times 100 = \frac{433}{5} \times 100 = 8\,660 \text{ [A]} \rightarrow 8.7 \text{ [kA]}$$

5-21 答 (a)-(2), (b)-(4)

(a) 点 F の基準容量 $P_B = 10$ [MV·A] における，基準電流 I_B [A] は，基準電圧を $V_B = 33$ [kV] として，

$$I_B = \frac{P_B}{\sqrt{3}\,V_B} = \frac{10 \times 10^6}{\sqrt{3} \times 33 \times 10^3} = 175 \text{ [A]}$$

となる。点 F から電源側を見た百分率インピーダンスを %Z，三相短絡電流を I_s とすると，

$$I_s = \frac{I_B}{\%Z} \times 100$$

で示されるから，

$$\%Z = \frac{I_B}{I_s} \times 100 = \frac{175}{1\,800} \times 100 = 9.7 \text{ [\%]}$$

(b) 動作時間 0.09 秒はタイムレバー位置 3 に整定されているので，図に示すタイムレバー位置 10 の動作時間は，

$$0.09 \times \frac{10}{3} = 0.3 \text{ [秒]}$$

で動作すればよいことになる。図より動作時時間 0.3 秒のときの整定電流倍数は 5 だから OCR の電流タップ値は，

$$\frac{I_s}{5} \times \frac{1}{CT比} = \frac{1\,800}{5} \times \frac{5}{400} = 4.5 \text{ [A]}$$

となる。

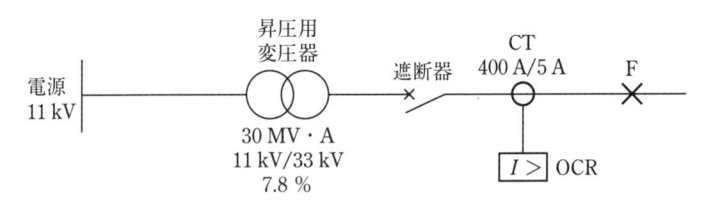

解図 5.10

5-22 答 (a)-(2), (b)-(5)

(1) 遮断器から見た合成百分率インピーダンス $\%Z_T$ [%] は，それぞれの

電源─系統からの百分率インピーダンスの合成となる。これを解図に示す。解図 5.11(a) において各系統の百分率インピーダンス %Z〔%〕の基準容量が異なって示されているので 50 000 kV·A 基準に直す。例えば基準容量 25 000 kV·A で %Z = 15% を基準容量 50 000 kV·A 基準に直すと，

$$15 \times \frac{50\,000}{25\,000} = 30 \,〔\%〕$$

となる。

(a)→(b)→(c) の順に並列回路を整理すると合成百分率インピーダンス %Z_T は 12 % になる。

(2) 基準容量 P_B を 50 000 kV·A, 基準電圧 V_B = 66〔kV〕とすると，基準電流 I_B〔A〕は，

$$I_B = \frac{P_B}{\sqrt{3}\,V_B} = \frac{50\,000 \times 10^3}{\sqrt{3} \times 66 \times 10^3} = 437.4 \,〔A〕$$

となる。したがって短絡電流 I_s は，

$$I_s = \frac{I_B}{\%Z_T} \times 100 = \frac{437.4}{12} \times 100 = 3\,645 \,〔A〕$$

となる。

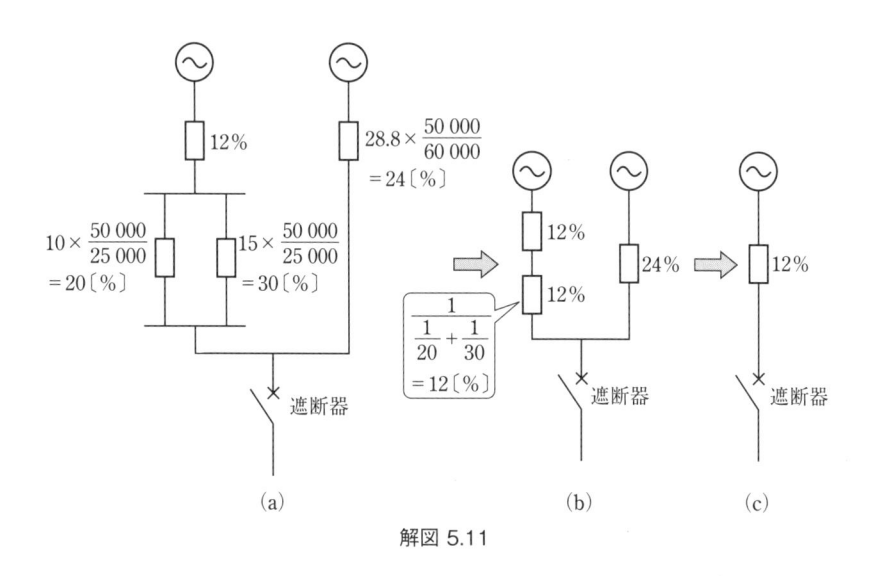

解図 5.11

5-23 答 (a)-(4), (b)-(2)

(1) 変圧器 1 次側から電源側を見た百分率インピーダンス %Z_L を基準容量 P_B = 10〔MV·A〕に直すと，%Z_L は基準容量に比例するから，

$$\%Z_L = 5 \times \frac{10\,〔\text{MV·A}〕}{100\,〔\text{MV·A}〕} = 0.5 \,〔\%〕$$

となる。したがって変圧器 2 次側から見た百分率インピーダンス %Z は，

$$\%Z = 0.5 + 7.5 = 8.0\,[\%]$$

(2) A 点での三相短絡電流 I_s は，P_B を基準容量，V_B を基準電圧，I_B を基準電流とすると，

$$I_s = \frac{I_B}{\%Z} \times 100 = \frac{1}{\%Z} \cdot \frac{P_B}{\sqrt{3}\,V_B} \times 100 = \frac{1}{8} \times \frac{10 \times 10^3}{\sqrt{3} \times 6.6} \times 100$$

$$= 10\,900\,[\text{A}] = 10.9\,[\text{kA}]$$

したがって，遮断器の定格遮断電流の最小値は，これより高い 12.5 kA となる。

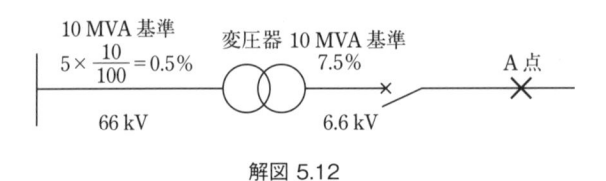

解図 5.12

5-24 答 (a)-(5)，(b)-(3)

設問の内容を図に示すと解図 5.13，解図 5.14 のようになる。

(a) 変圧器二次側から電源側をみた百分率インピーダンス $\%Z$ は，

$$\%Z = \%Z_G + \%Z_T = 1.5 + 18.3 = 19.8\,[\%]$$

したがって，三相短絡電流 I_s は，

$$I_s = \frac{I_B}{\%Z} \times 100 = \frac{P_B}{\sqrt{3}\,V_B} \times \frac{100}{\%Z}$$

$$= \frac{80 \times 10^6}{\sqrt{3} \times 11 \times 10^3} \times \frac{100}{19.8} = 21.2\,[\text{kA}]$$

したがって，遮断器の定格遮断電流は，これより大きい 25 [kA] とする。

(b) 変圧器 T_A，T_B 2 台を並列運転すると，それぞれの負荷 P_A，P_B は変圧器の百分率インピーダンスに反比例するから，変圧器 A の負荷分担 P_A は，

$$P_A = \frac{\%Z_B}{\%Z_A + \%Z_B} \times P$$

$$= \frac{19.2}{18.3 + 19.2} \times 40 = 20.5\,[\text{MW}]$$

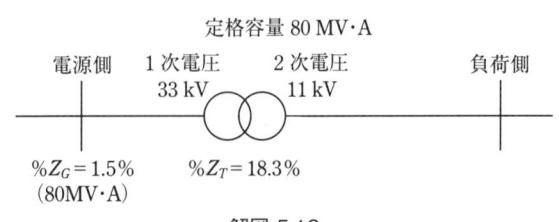

となる。

解図 5.13

$T_A = 80\ \text{MV·A}$
$\%Z_A = 18.3\%$

$P = 40\ \text{MW}$

$T_B = 50\ \text{MV·A}$
$\%Z_B = 12\% \times \dfrac{80}{50} = 19.2\%$

解図 5.14

5-25 答 (a)-(1), (b)-(3)

(1) 架空送電線の電線の長さ L 〔m〕は径間を S 〔m〕,たるみを D 〔m〕とすると,

$$L = S + \frac{8D^2}{3S}\ \text{〔m〕}$$

になる。

(2) 温度が40℃のときの電線の実長 L_1 は $S = 50$ 〔m〕,$D = 1$ 〔m〕,

$$L_1 = S + \frac{8D^2}{3S} = 50 + \frac{8 \times 1^2}{3 \times 50} = 50.0533\ \text{〔m〕}$$

温度が70℃になると電線は膨張して伸びるので,このときの実長 L_2 は,

$$L_2 = L_1[1 + 0.000017 \times (70-40)]$$
$$= 50.0533 \times [1 + 0.000017 \times (70-40)] = 50.0788$$

このときの電線のたるみ D 〔m〕は,(1)の式を変形して,

$$D = \sqrt{\frac{3S}{8}(L-S)} = \sqrt{\frac{3}{8} \times 50(50.0788-50)} = 1.22\ \text{〔m〕}$$

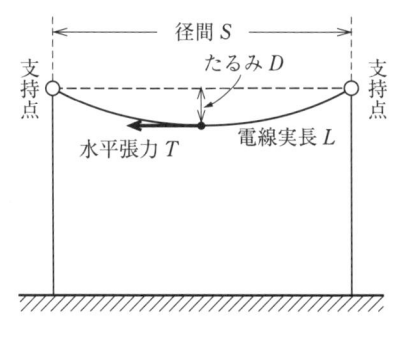

となる。

解図 5.15

第6章 章末問題の解答

6-1 答 (3)

高圧架空電線路の設備としては，柱上変圧器，中実がいし，避雷器，支線，柱上開閉器（PAS付き），高圧カットアウトなどがある。

DV線は低圧引込用ビニル絶縁電線であり，高圧架空電線路には使用されない。

6-2 答 (5)

地中配電線路の特長は次のとおり。
(1) 街並みの景観が向上する。
(2) 建設費が高い。
(3) 変圧器などを置くスペースが歩道に必要。
(4) 台風や雷に対しては供給信頼度が高い。
(5) 事故が発生すると一般的にその復旧に時間がかかる。

6-3 答 (1)

線路損失 P_L は，線路の電流を I〔A〕，電圧を V，皮相電力を S，線路の抵抗を R〔Ω〕とすると，3相分で，

$$P_L = 3RI^2 = 3\left(\frac{S}{\sqrt{3}\,V}\right)^2 R$$

で示される。それぞれの皮相電力を S_1, S_2，力率を $\cos\phi_1$, $\cos\phi_2$ とすると，有効電力 P_1〔kW〕，P_2〔kW〕は，

$$P_1 = S_1 \cos\phi_1, \quad P_2 = S_2 \cos\phi_2 \tag{1}$$

力率が $\cos\phi_1$ から $\cos\phi_2$ に変わったとき，それぞれ線路損失 P_{L1}, P_{L2} の変化がないから，

$$P_{L1} = 3\left(\frac{S_1}{\sqrt{3}\,V}\right)^2 R = P_{L2} = 3\left(\frac{S_2}{\sqrt{3}\,V}\right)^2 R$$

したがって，

$$S_1{}^2 = S_2{}^2$$

式(1)より，

$$\left(\frac{P_1}{\cos\phi_1}\right)^2 = \left(\frac{P_2}{\cos\phi_2}\right)^2$$

$$\frac{P_1}{P_2} = \frac{\cos\phi_1}{\cos\phi_2}$$

となる。

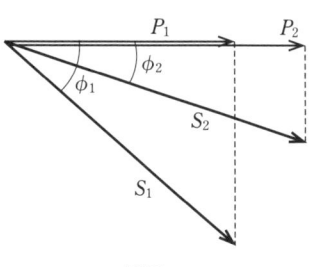

解図 6.1

6-4 　答　(2)

　　低圧ネットワーク方式には，スポットネットワーク方式とレギュラーネットワーク方式があり，スポットネットワーク方式は，20〜30 kV の配電線 3 本から供給を受け，ネットワーク変圧器を介して 2 次側の低圧回路を並列に接続したもので，供給信頼度が高い。1 次側の遮断器は省略され断路器が設置されており，2 次側にネットワークプロテクタが設置される。

　　レギュラーネットワーク方式は負荷の集中するビルなどに用いられる。レギュラーネットワーク方式は負荷密度の高い地下街などに用いられる。

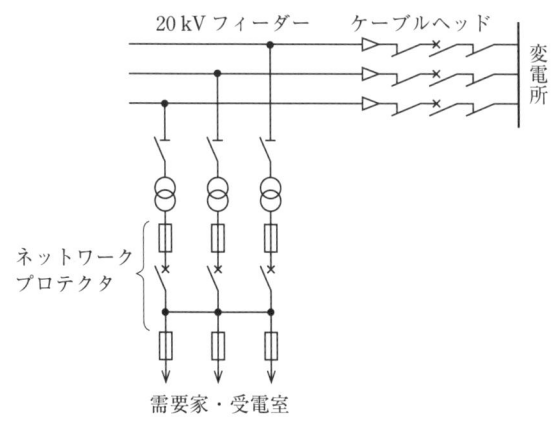

解図 6.2　スポットネットワーク

6-5 　答　(3)

　　ネットワークプロテクタの動作は，①変圧器 2 次側が無電圧のとき投入する，無電圧投入，②1 次側と 2 次側電圧差が一定値内で投入する差電圧投入，③1 次側電圧と 2 次側電圧が逆相のとき遮断する逆電圧遮断，の 3 つの保護機能がある。

　　配電線 1 回線が停止するとプロテクタが自動開放し，配電線が復電すると自動的に投入される。

6-6 答 (4)

単相3線式配電方式は，100 V，200 V が利用できる便利な方式であるが，中性線が切断されると両外線間の電圧が 100 V 負荷に加わり，各負荷抵抗に比例した異常電圧を発生する。

バランサは負荷側に設置し，100 V 負荷がアンバランスのとき，両者の電流を平衡させ，電圧の平衡と線路の損失を低減できる。一般に，負荷端側のほうが電圧のアンバランスが大きいので，バランサは負荷側に設置されるほど効果が大きい。

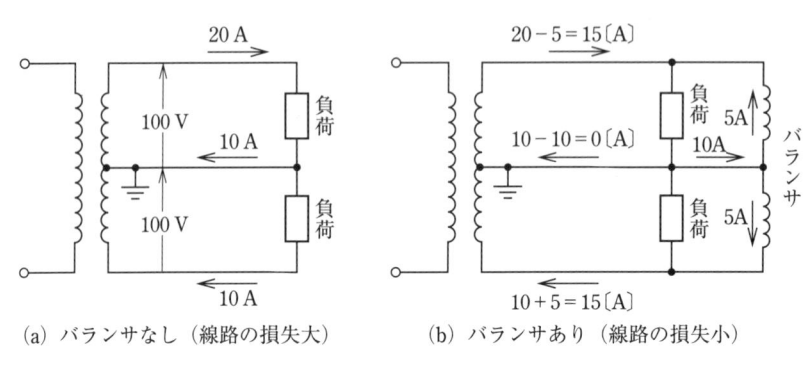

(a) バランサなし（線路の損失大）　　(b) バランサあり（線路の損失小）

解図 6.3　バランサ

6-7 答 (5)

力率 $\cos\theta_1 = 80\%$ のときの負荷電流 I_1 [A] は，

$$I_1 = \frac{P}{\sqrt{3}\,V\cos\theta_1} = \frac{400}{\sqrt{3}\times 6.5\times 0.8} = 44.41 \text{ [A]}$$

このときの高圧配電線路の電圧降下 e_1 は，

$$\begin{aligned}e_1 &= \sqrt{3}\,(RI_1\cos\theta + XI_1\sin\theta) \\ &= \sqrt{3}\times 44.41\times(0.3\times 0.8 + 0.4\times 0.6)\times 2 \\ &= 73.84 \text{ [V]}\end{aligned}$$

力率 $\cos\theta_2 = 100\%$ のときの負荷電流 I_2 [A] は，

$$I_2 = \frac{P}{\sqrt{3}\,V\cos\theta_2} = \frac{400}{\sqrt{3}\times 6.5\times 1} = 35.53 \text{ [A]}$$

線路の電圧降下 e_2 は，

$$\begin{aligned}e_2 &= \sqrt{3}\,(RI_2\cos\theta + XI_2\sin\theta) = \sqrt{3}\times 35.53\times(0.3)\times 2 \\ &= 36.92 \text{ [V]}\end{aligned}$$

したがって，

$$\frac{e_2}{e_1} = \frac{36.92}{73.84} = 0.5$$

解図 6.4

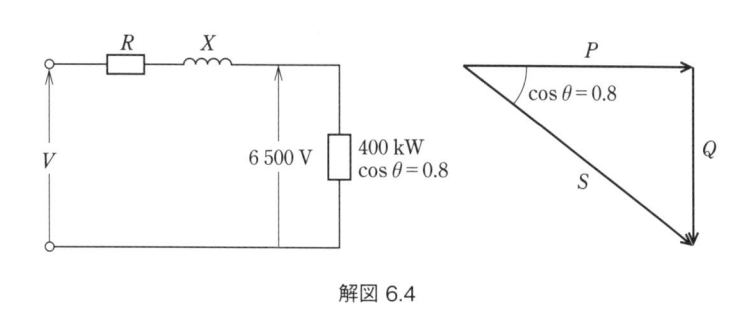

6-8 答 (5)

　三相3線式非接地回路の地絡電流は数～数十〔A〕程度であり，配電用変電所では各フィーダーの地絡事故は方向地絡方向継電器を設置して，フィーダーを選択遮断する。

　単相3線式の電灯と三相3線式の動力を共用する方法として，V結線三相4線式が採用されている。柱上変圧器には過電流保護として，ヒューズの入った高圧カットアウトが採用されている。

6-9 答 (2)

（a）　配電用変電所では，短絡事故や地絡事故保護の継電器として過電流継電器や地絡方向継電器が設置されており，遮断器を開放する。断路器には負荷電流や事故電流を遮断する能力はない。

（c）　架空低圧引込線の過電流保護として，ヒューズが取り付けてある。

6-10 答 (2)

　短絡事故が発生した場合，事故が発生した点に近い遮断器を早く開放し，事故点から遠い上位の遮断器は，それより遅く開放する必要がある。このようにすれば，事故の迅速な除去と事故の波及範囲を小さく限定できるからである。一般に，近傍の短絡事故では短絡電流は大きくなり，遠方の事故は途中に変圧器や長い線路などが入るため短絡電流は小さくなる。

　短絡保護継電器（OCR）には短絡電流が小さいと，動作時間が長く，逆に短絡電流が大きいと動作時間を短くする時限要素と，短絡電流が大きい場合すぐに遮断する瞬時要素の2要素を備えている。

　設問ではCT2次電流Iは，

$$I = 1\,200 \times \frac{5}{300} = 20 〔A〕$$

となり，電流タップが4であるから，タップ整定電流の倍数は20/4＝5になる。

　このときの動作時間は，図より4秒である。さらに，レバーが2なので動

作時間は，

$$4 \times \frac{2}{10} = 0.8 \text{〔秒〕}$$

となる。

6-11 答 (1)

(1) 中性点非接地系の地絡は，地絡電流が小さい（数十アンペア以下）ため地絡過電流などの検出が難しく，地絡過電圧継電器（OVGR）と地絡方向継電器（DGR）などが用いられる。

(2)〜(5)は正しく，(2) 短絡保護には過電流継電器（OCR）が用いられる。(3) 中性点接地系統の地絡電流は大きくなるので，地絡継電器（OCGR）が使用される。(4) 架空配電線の事故は飛来物や小動物など地絡，短絡事故があっても原因が自然に取り除かれていることが多いので，自動的に再閉路して送電する方式としている。もちろん，再閉路に失敗（事故原因が除却されていない）の場合には線路停止となり，調査確認後に復旧することになる。

(5) ケーブル部分で発生しやすい間欠アーク地絡では，電圧，電流の波形がひずみ，継電器の誤不動作をまねくことがある。

6-12 答 (1)

多回路線引出しの非接地高圧配電線路では，地絡を生じた場合，その事故線路だけを遮断できるように，地絡過電圧継電器（OVGR）と，地絡事故の電流方向を検出して，配電線回路を選択して遮断する地絡方向継電器（DGR）がある。

故障配電線と健全配電線では零相電流の向きが反対になり，電源側から負荷側に零相電流が流れるので，この方向性を利用して故障回線を遮断する。

6-13 答 (1)

大型のビルでは受電用変圧器の2次側をY結線とし，中性点を接地した三相4線式で415 V，240 V，100 Vまで使用できる400 V配電方式の採用が増加している。用途としては動力負荷は415 V動力線へ接続し，蛍光灯および水銀灯などの照明負荷は，中性線と電圧線との間に接続する。

なお，白熱電灯，コンセントなどの電源などは変圧器を介して100 Vに降圧して使用する。図に400 V配電の例を示す。

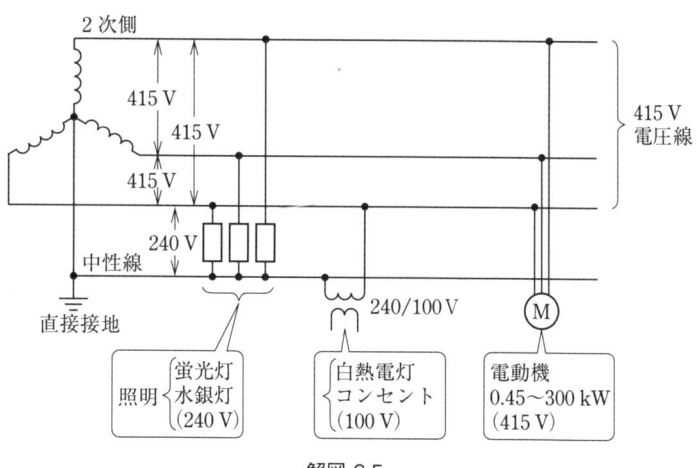

解図 6.5

6-14 　答　(5)

単相2線式と単相3線式の電流をそれぞれ I_2, I_3 とし負荷を P とすると,

$$P = 100 \times I_2 \cos\theta = 200 \times I_3 \cos\theta$$

したがって,

$$I_2 = 2I_3$$

電圧降下をそれぞれ v_2, v_3 とすると, その比は,

$$\frac{v_3}{v_2} = \frac{I_3 R}{2I_2 R} = \frac{\dfrac{I_2}{2}}{2I_2} = \frac{1}{4}$$

電力損失をそれぞれ P_2, P_3 とすると, その比は,

$$\frac{P_3}{P_2} = \frac{2I_3^2 R}{2I_2^2 R} = \frac{2\left(\dfrac{I_2}{2}\right)^2 R}{2I_2^2 R} = \frac{1}{4}$$

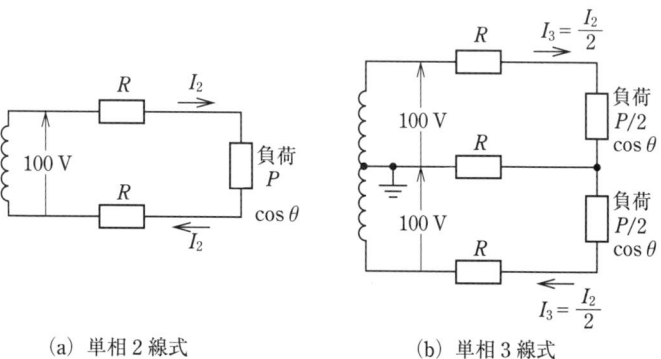

となる。

(a) 単相2線式　　(b) 単相3線式

解図 6.6

6-15　答 (3)

線路抵抗 R による損失 P_{L1} は，線路電流を I_1，負荷端子電圧を V とすると，

$$P_{L1} = 3I_1^2 R = 3\left(\frac{W_1}{\sqrt{3}\,V\cos\theta_1}\right)^2 R = \left(\frac{W_1}{V\cos\theta_1}\right)^2 R$$

次に，負荷電力が W_2，力率が θ_2 になると，損失 P_{L2} は，

$$P_{L2} = 3I_2^2 R = 3\left(\frac{W_2}{\sqrt{3}\,V\cos\theta_2}\right)^2 R = \left(\frac{W_2}{V\cos\theta_2}\right)^2 R$$

題意により $P_{L1} = P_{L2}$ だから，

$$\left(\frac{W_1}{V\cos\theta_1}\right)^2 R = \left(\frac{W_2}{V\cos\theta_2}\right)^2 R$$

$$\frac{W_1}{\cos\theta_1} = \frac{W_2}{\cos\theta_2}$$

したがって，

$$\frac{W_2}{W_1} = \frac{\cos\theta_2}{\cos\theta_1} = \frac{0.91}{0.70} = 1.3$$

章末問題 6-3 と同様な問題である。

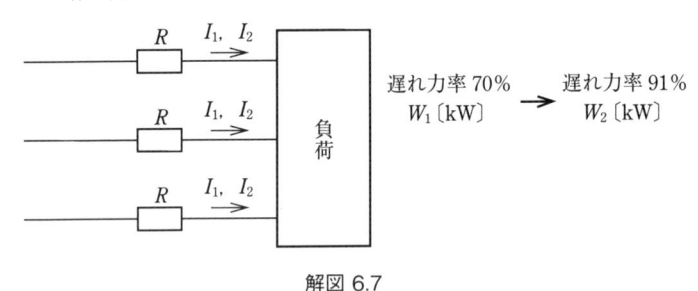

解図 6.7

6-16　答 (5)

図に示すように点 a，b に流れる電流を I_a とすると，各部の電流は I_a+5，$-I_a+8$ になる。したがって，△abF において I_a 方向を正にとるとキルヒホッフの電圧則より△abF の電圧降下の合計は 0 になるから，

$$0.2\,I_a - 0.2(-I_a+8) + 0.2(I_a+5) = 0$$

$$I_a - (-I_a+8) + (I_a+5) = 0$$

$$I_a = 1\,[\text{A}]$$

となる。これによる点 a，点 b の電圧 V_a，V_b は，

$$V_a = V_F - 0.2(I_a+5) = 105 - 0.2\times 6 = 103.8\,[\text{V}]$$

$$V_b = V_F - 0.2(I_a+8) = 105 - 0.2\times 7 = 103.6\,[\text{V}]$$

となる。

解図 6.8

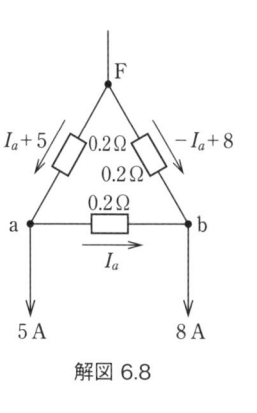

6-17 （答）(2)

　　系統全体の電圧調整としては，電力用コンデンサ，リアクトルなどの無効電力調整器（AVQR）や発電機の進相（遅相）運転などがあり，配電用変電所では電圧調整のために，電圧調整機能を有しており，巻線にタップを設けてタップを切り替えることにより，一定のステップ電圧で可変にできるように設計されている。

6-18 （答）(a)-(2)，(b)-(4)

(a) 図中（ア），（イ），（ウ）各部の電流は，負荷電流と太陽光発電の電流から（ア）$20-15=5$〔A〕，（イ）$20-15=5$〔A〕，（ウ）$15-15=0$〔A〕となる。

(b) 20 A 流れている負荷の端子電圧 V は，
$$V = 105 - RI = 105 - 0.1 \times 5 = 104.5 \text{〔V〕}$$
したがって，V_{AB} は太陽光発電の 15 A による電圧降下分を加えて
$$V_{AB} = V + RI = 104.5 + 0.1 \times 15 = 106 \text{〔V〕}$$
となる。

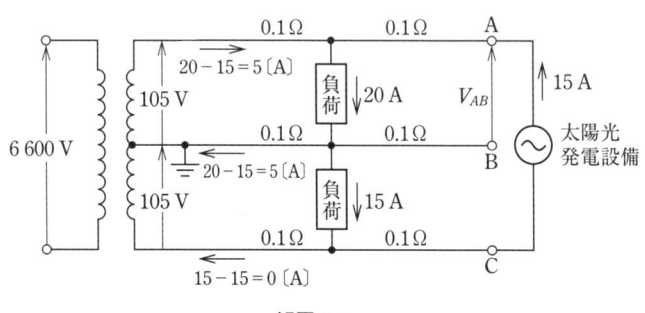

解図 6.9

6-19 答 (a)-(3), (b)-(4)

(a) バランサに流れる電流は，負荷電流の差 (60−40) A の 1/2 になるので，

$$(60-40) \times \frac{1}{2} = 10 \text{ [A]}$$

となる。

(b) バランサがない場合の線路損失 W_0 は，

$$W_0 = 0.1 \times 60^2 + 0.2 \times 20^2 + 0.1 \times 40^2 = 360 + 80 + 160 = 600 \text{ [W]}$$

バランサを設置した後の線路損失 W_1 は，

$$W_1 = 0.1 \times 50^2 + 0.1 \times 0^2 + 0.1 \times 50^2 = 250 + 0 + 250 = 500 \text{ [W]}$$

したがって，100 [W] 線路損失が減少する

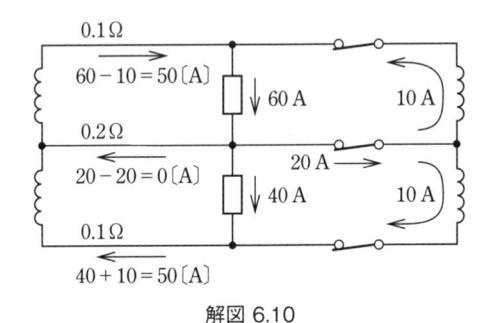

解図 6.10

6-20 答 (a)-(2), (b)-(3)

(a) 負荷の相電圧 $\dot{V}_a$, $\dot{V}_b$, $\dot{V}_c$ と電源側の $\dot{V}_{ab}$ をベクトル図で示すと解図 6.11 のようになり，$\dot{V}_{ab}$ は相電圧 $\dot{V}_a$ より $\pi/6$ [rad] だけ位相が進み，負荷の力率角も $\pi/6$ [rad] だけ進んでいるので $\dot{I}_a$ と $\dot{I}_1$ は同相になる。

(b) 変圧器 T_1 の容量が 75 kV·A であり，三相負荷として $P = \sqrt{3} \, VI \cos\theta = 45$ [kW] のうちで変圧器 T_1 が分担する三相負荷 VI は，

$$VI = \frac{P}{\sqrt{3} \cdot \cos\theta} = \frac{45}{\sqrt{3} \times \cos\left(\frac{\pi}{6}\right)} = \frac{45}{\sqrt{3} \times \frac{\sqrt{3}}{2}} = 30 \text{ [kW]}$$

したがって，変圧器 T_1 が取りうる単相負荷の最大値 $P_{\max}$ は，

$$P_{\max} = 75 - 30 = 75 - 30 = 45 \text{ [kW]}$$

となる。

解図 6.11

6-21 答 (a)-(4), (b)-(2)

(a) A 点の負荷は，$|\dot{I}_a| = 200$ 〔A〕 $\cos\theta = 0.8$ だから，

$$\dot{I}_a = 200(\cos\theta + j\sin\theta) = 200(0.8 + j0.6) = 160 + j120 \text{ 〔A〕}$$

B 点の負荷は $|\dot{I}_b| = 100$ 〔A〕 $\cos\theta = 0.6$ だから，

$$\dot{I}_b = 100(\cos\theta + j\sin\theta) = 100(0.6 + j0.8) = 60 + j80 \text{ 〔A〕} \quad (1)$$

となる。したがって S-A 間の電流 $\dot{I}$ は，

$$\dot{I} = \dot{I}_a + \dot{I}_b = (160 + j120) + (60 + j80) = 220 + j200$$
$$= |\dot{I}|\cos\theta + j|\dot{I}|\sin\theta \quad (2)$$

したがって，有効電流は 220 A となる。

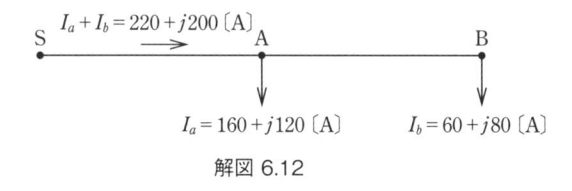

解図 6.12

(b) S-A 間の電圧降下 e_A は，

$$e_A = \sqrt{3}\,(RI\cos\theta + XI\sin\theta)$$

で示される。ここで $I\cos\theta$，$I\sin\theta$ は式(2)の電流値を利用できるから

$$e_A = \sqrt{3}\,(0.3\times2\times220 + 0.3\times2\times200) = \sqrt{3}\times252 = 436.5 \text{ 〔V〕}$$

さらに，B 点の電圧降下 e_B は，式(1)を利用して，

$$e_B = \sqrt{3}\,(RI\cos\theta + XI\sin\theta) = \sqrt{3}\,(0.3\times2\times60 + 0.3\times2\times80)$$
$$= \sqrt{3}\times84 = 145.5 \text{ 〔V〕}$$

したがって，B 点における電圧値 V_B は，

$$V_B = 6\,600 - (e_A + e_B)$$
$$= 6\,600 - (436.5 + 145.5) = 6\,018 \text{ 〔V〕} \quad \Rightarrow \quad 6\,020 \text{ 〔V〕}$$

有効電圧
200×0.8 = 160〔A〕

$\cos\theta = 0.8$

200 A

60A

$j120$ A

$j120$ A 無効電流

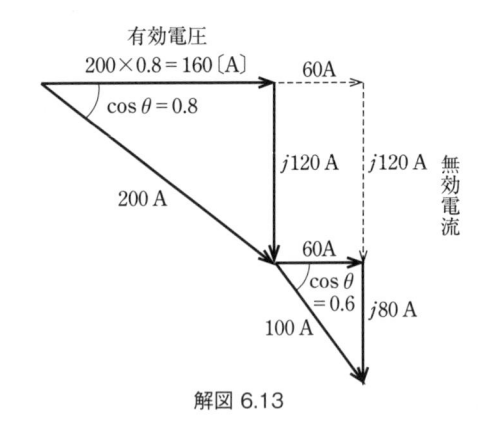

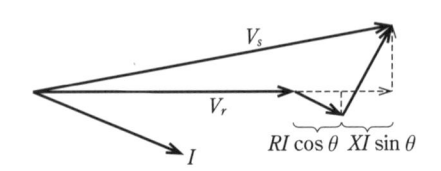

60A

$\cos\theta = 0.6$

$j80$ A

100 A

解図 6.13

電圧降下 $e = \sqrt{3}(RI\cos\theta + XI\sin\theta)$

解図 6.14

6-22 　**答**　(a)-(3)，(b)-(2)

(a)　点 L，M 間の電流を I とすると，各部の電流は図のようになる。また A→K→L→M の経路の電圧降下と A→N→M の経路の電圧降下は等しくなるから，各線路の抵抗と電流から，

$$2\times 0.07\times I + 2\times 0.04\times (I+10) + 2\times 0.05\times (I+40)$$
$$= 2\times 0.05\times (40-I) + 2\times 0.04(60-I)$$

となる。この式を整理して，

$$(0.14+0.08+0.1)I + 0.08\times 10 + 0.1\times 40$$
$$= -(0.1+0.08)I + 0.1\times 40 + 0.08\times 60$$

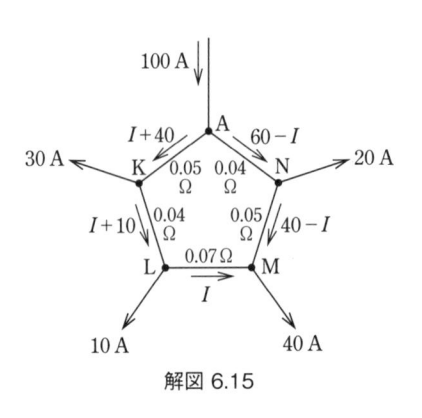

解図 6.15

$$0.5I = -(0.8+4)+4+4.8 = 4$$
$$I = 8 \text{ [A]}$$

(b) 点 M の電圧 E_M は，A〜N，N〜M の電圧降下を引くと，単相 2 線式なので電圧降下は 1 線の 2 倍になり，

$$E_M = 105-2\times\{0.04(60-8)+0.05(40-8)\}$$
$$= 105-2(2.08+1.6) = 97.6 \text{ [V]}$$

6-23 **答** (a)-(2)，(b)-(3)

(a) 配電線路の 1 線あたりの抵抗 R は，

$$R = \rho\frac{l}{A} = \frac{1}{55}\times\frac{4.5\times10^3}{60} = 1.364 \text{ [Ω]}$$

したがって，B 点の電圧 E_B は，題意よりリアクタンス分を無視するので，

$$E_B = 6\,600-\sqrt{3}\,(RI\cos\theta+XI\sin\theta)$$
$$= 6\,600-\sqrt{3}\,(1.364\times200) = 6\,600-472.5 = 6\,127.5 \text{ [V]}$$
$$\Rightarrow 6\,128 \text{ [V]}$$

(b) A–B 間の電圧降下 e を 300 V 以下にする抵抗 R は，

$$e = \sqrt{3}\,RI\cos\theta = 300$$
$$R = \frac{300}{\sqrt{3}\,I} = \frac{100\sqrt{3}}{200} = \frac{\sqrt{3}}{2} = 0.866 \text{ [Ω]}$$

したがって，電線の断面積 A は，

$$A = \rho\frac{l}{R} = \frac{1}{55}\times\frac{4\,500}{0.866} = 94.5 \text{ [mm}^2\text{]} \Rightarrow 100 \text{ mm}^2$$

となる。

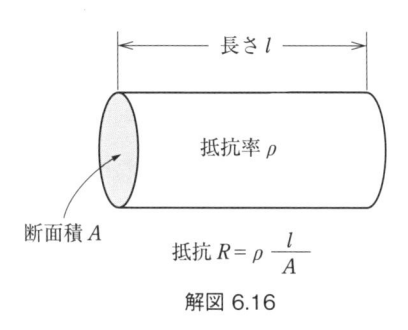

解図 6.16

6-24 **答** (3)

(2) 気体絶縁材料は，圧力が高くなるほど絶縁耐力が大きくなる。したがって，高圧力で使用すればそれだけ絶縁は良くなるが，容器や作動部からのガスリークが多くなるので気密性を高める必要がある。

(3) 液体絶縁材料は，比熱容量が大きく，熱伝導率の大きいものが適する。これにより，各部で発生した熱を冷却する能力が高くなる。

6-25　答 (2)

(2) 変圧器油として使用される鉱油は，石油精製時につくられるもので，古くから絶縁油として使われている。また，過去にはポリ塩化ビフェニール (PCB) がその優れた絶縁性から使用されていたが，人体に対する毒性が明らかになり，いまでは製造も新規使用も禁止されている。

(3) 絶縁の耐熱クラスについては JIS C 4003 で規定されており，Y 種 90～250℃ まで区分されている。

解表 6.1　耐熱クラスによる許容最高温度

耐熱クラス	Y 種	A 種	E 種	B 種	F 種	H 種	200	220	250
許容最高温度〔℃〕	90	105	120	130	155	180	200	220	250

6-26　答 (2)

アモルファス鉄心材料は，鉄損の少ない特長をもつ非晶体である。けい素鋼帯に比べ磁束密度を高くできないので変圧器が大形になる。また，材料は高硬度で加工性は良くない。

6-27　答 (2)

永久磁石の材料としては，保磁力が大きく残留磁気の大きいものが良い。一方，変圧器などの磁心材料は保磁力が小さく透磁率の大きいものが適する。また，同一の飽和磁束密度を有する材料では，保磁力が小さいほどヒステリシス損は小さくなる。

ヒステリシス損 $w_h = k_1 f B_m^2$ 〔W〕，うず電流損 $w_e = k_2 t^2 f^2 B_m^2$ であり，いずれも最大磁束密度の 2 乗に比例する。

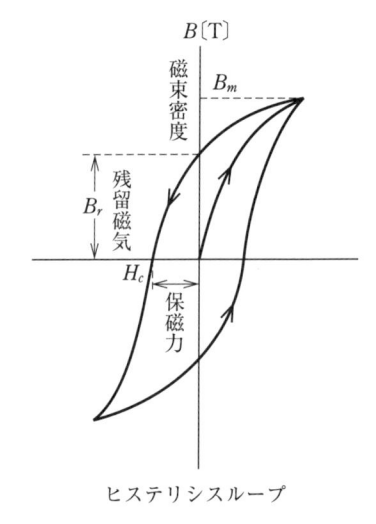

ヒステリシスループ

解図 6.17

索 引

英数字

1軸形	57
ACB	100
AFC	44
BWR	78
CVTケーブル	150
CVケーブル	150, 151, 193
DGR	188
ELB	190
GCB	100, 194
GIS	100, 194
LNG	56, 62
MCB	100
MCCB	190
OCB	100
OCR	188
OFケーブル	150, 151
OVGR	188
PCB	172
P-V線図	46
PWR	78
SF_6ガス	100, 194
SVC	99, 104, 106
T-S線図	46
VCB	100
V結線	181, 183
Δ結線	183

あ行

アークホーン	123, 124
アーマロッド	123, 125
アインシュタイン	76
圧力エネルギー	15
油遮断器	100
アモルファス	61
暗きょ式	153
安定度	134, 146
イエローケーキ	87
位置エネルギー	15
インターロック	97
ウォータハンマー	8
ウラン235	75
温排水量	58

か行

加圧器	79
加圧水形	78
がいし	123
界磁電流	104
回転子	54
開閉サージ	99
架橋ポリエチレン	150
架空地線	123, 138, 139
ガス開閉器	194
ガス開閉装置	100
ガス遮断器	100, 194
ガスタービン	56, 56
活線洗浄装置	99
過電流継電器	99, 103, 188
過熱器	38
過熱蒸気	52
ガバナ	44
カプラン水車	10, 11
雷電流	139
火力発電所	39
火炉	41
幹線保護ヒューズ	177
管路式	153
基準電圧	147
基準容量	108, 147, 148
キセノン	75
逆電力遮断	177
逆フラッシオーバー	139
ギャップレス酸化亜鉛	99
キャビテーション	8, 17
給水	38, 43
給水加熱器	52
給水ポンプ	47
強制循環ボイラ	41
強制循環ポンプ	41
共用変圧器	183
汽力発電所	39
空気圧縮機	56
空気遮断器	100
空気弁	8
空気予熱器	38
クランプ	125
軽水	79
系統保護装置	99
減速材	79, 81
高圧カットアウト	190
高真空度	52
光速	76
高速増殖炉	81, 83
高速中性子	83
交直変換所	146
黒鉛	81
コロナ放電	140, 141, 142
コロナ臨界電圧	140
混圧タービン	42, 43
コンデンサ	104, 173
コンバインドサイクル	57

さ行

サージ	7
サージタンク	7, 8
再循環流量制御	80
再生タービン	42, 43
再転換・加工工場	87
再熱・再生サイクル	52, 53
再熱器	38, 52
再熱サイクル	52
差電圧投入	177
作用インダクタンス	128
作用静電容量	128
三相3線式	175
三相3線式配電	148
三相4線式	183
三相短絡電流	149
磁気遮断器	100
磁気誘導	143
自然循環ボイラ	41
質量欠損	76
自動周波数運転	44
遮断器	97
遮へい角	138
斜流水車	10, 11
重水	81
充電電流	98
取水口	7
瞬限時特性	103
蒸気加減弁	44
蒸気条件	85
蒸気タービン	54
蒸気発生器	79
消弧能力	97
消弧リアクトル	130
消弧リアクトル接地方式	130
使用済み燃料	87
衝動水車	9
蒸発水管	41
所内率	59
シリコン	61
真空遮断器	100
真空度	39
浸透の深さ	126
水圧鉄管	7
水撃作用	8
水車	7
水素	54
水素冷却発電機	54
吸出管	18
吸出高さ	14, 17
水路式	7
ストロンチウム	75
スペーサ	125
スポットネットワーク	177
スリーブ	125
制御棒	80
静止形無効電力補償装置	104, 106
制水弁	7
静電誘導	143
精錬工場	87
絶対真空	39, 52
専用変圧器	183
相間スペーサ	123
送電電力	134
総落差	19
速度エネルギー	15
速度調定率	22
損失水頭	25
損失落差	19

た行

タービン	38
タービン室効率	48
太陽光発電	61
太陽電池	61
多軸形	57
ダム式	6
ダム水路式	6
単結晶	61
単相2線式	175
単相3線式	175
単相3線式配電	179
単相変圧器	181
断熱圧縮	46
断熱膨張	46
ダンパ	125
短絡電流	98, 148
断路器	97, 177
地球温暖化ガス	194
抽気	43
抽気タービン	42, 43
柱上変圧器	173, 190
中性子	80
中性線	179
長距離送電	146
調速装置	44
直撃雷	99, 138, 139
直接接地	130
直接埋設式	153
直流送電	145
地絡過電圧継電器	188
地絡継電器	99
地絡方向継電器	188
沈砂池	7
通信線路	144
ディーゼルエンジン	60
定限時特性	103
抵抗接地	130
低濃縮ウラン	79, 83
鉄塔	123
電圧降下	186
転換工場	87
電子ボルト	75
電線のたるみ	154
天然ウラン	83
電力損失	131
電力損失率	131
電力調相設備	99
同期電動機	104

導水路	7
トーショナルダンパ	123

な行

内燃力発電	60
ナトリウム	82
二酸化炭素	51, 57, 62
熱効率	40, 48, 50, 53
ネットワーク変圧器	177
ネットワーク母線	177
ねん架	127, 144
燃焼器	56
燃料使用量	51
燃料電池	61
燃料発熱量	51
ノイズ	141
濃縮工場	87

は行

背圧タービン	42, 43
バイオマス発電	62
配電用遮断器	190
排熱回収ボイラ	57
発電機	38
発電機効率	48
発電原価	84
発電端熱効率	49
羽根車	9
ハフニウム	82
反限時特性	103
反動水車	9
反動力	9
比エンタルピー	47

非接地	130
非接地方式配電線	188
比速度	13
百分率インピーダンス	108, 147, 149
表皮効果	126, 128
避雷器	99
比率差動継電器	102
フィーダー	188
風損	54
風力発電	61
フェランチ効果	135
負荷時タップ切替装置	173
負荷時タップ切替変圧器	105
負荷時タップ切替変換器	99
負荷電流	132
復水器	40
復水タービン	42, 43
沸騰水形	78
ブッフホルツ継電器	101
部分負荷	58, 59
フランシス水車	9, 10, 11
プルトニウム	81, 83, 87
ブレード	56
プロテクタ遮断器	177
プロテクタヒューズ	177
プロペラ水車	9, 11
分路リアクトル	104, 106, 135
ペルトン水車	9, 11
ベルヌーイの定理	15
ボイラ	38
ボイラ効率	48
ほう酸濃度	80
放水路	7
母線	98
ボロン	82

ま行

埋設池線	138
埋設地線	123
水トリー	151
密封油	54
密封油装置	54
無電圧投入	177

や行

有効落差	6, 19, 24
誘電正接	151
誘導障害	144
誘導雷	139
揚水発電	24
揚水発電所	23

ら行

ランキンサイクル	47
ランナ	9, 18
リアクトル	104, 173
ループ電流	98
冷却材	79
励磁電流	97
連系開閉器	192
漏電遮断器	190
六フッ化硫黄ガス	100, 194
六フッ化ウラン	87

電験三種 電力 考え方解き方

2010年11月30日　第1版1刷発行　　　　　　ISBN 978-4-501-21250-6 C3054

編　者　電験三種 考え方解き方研究会
　　　　© 電験三種 考え方解き方研究会 2010

発行所　学校法人 東京電機大学　〒101-8457　東京都千代田区神田錦町2-2
　　　　東京電機大学出版局　　Tel. 03-5280-3433（営業）　03-5280-3422（編集）
　　　　　　　　　　　　　　Fax. 03-5280-3563　振替口座 00160-5-71715
　　　　　　　　　　　　　　http://www.tdupress.jp/

[JCOPY] <(社)出版者著作権管理機構 委託出版物>
本書の全部または一部を無断で複写複製（コピー）することは，著作権法上での例外を除いて禁じられています。本書からの複写を希望される場合は，そのつど事前に，(社)出版者著作権管理機構の許諾を得てください。
[連絡先] Tel. 03-3513-6969, Fax. 03-3513-6979, E-mail : info@jcopy.or.jp

印刷：三美印刷㈱　　製本：渡辺製本㈱　　装丁：右澤康之
落丁・乱丁本はお取り替えいたします。　　　　　　　　　　　Printed in Japan

電気工学図書

詳解付
電気基礎　上
　　直流回路・電気磁気・基本交流回路

川島純一／斎藤広吉 著　　　　A5判・368頁

電気を基礎から初めて学ぶ人のために，学習しやすく，理解しやすいことに重点をおいて編集。例題や問，演習問題を多数掲載。詳しい解答付。

詳解付
電気基礎　下
　　交流回路・基本電気計測

津村栄一／宮崎登／菊池諒 著　　A5判・322頁

(上)直流回路／電流と磁気／静電気／交流回路の基礎／交流回路の電圧・電流・電力／(下)記号法による交流回路の計算／三相交流／電気計測／各種の波形

入門 電磁気学

東京電機大学 編　　　　　　　　A5判・352頁
電流と電圧／直流回路／キルヒホッフの法則と回路網の計算／電気エネルギーと発熱作用／抵抗の性質／電流の化学作用／磁気の性質／電流と磁気／磁性体と磁気回路／電磁力／電磁誘導／静電気の性質

入門 回路理論

東京電機大学 編　　　　　　　　A5判・336頁
直流回路とオームの法則／交流回路の計算／ベクトル／基本交流回路／交流の電力／記号法による交流回路／回路網の取り扱い／相互インダクタンスを含む回路／三相交流回路／非正弦波交流／過渡現象

新入生のための 電気工学

東京電機大学 編　　　　　　　　A5判・176頁

電気の基礎知識／物質と電気／直流回路／電力と電力量／電気抵抗／電流と磁気／電磁力／電磁誘導／静電気の性質／交流回路の基礎

学生のための 電気回路

井出英人／橋本修／米山淳／近藤克哉 共著
　　　　　　　　　　　　　　　　B5判・168頁

直流回路／正弦波交流／回路素子／正弦波交流回路／一般回路の定理／3相交流回路

基礎テキスト 電気理論

間邊幸三郎 著　　　　　　　　　B5判・228頁

電界／電位／静電容量とコンデンサ／電流と電気抵抗／磁気／電磁気／電磁誘導現象

基礎テキスト 回路理論

間邊幸三郎 著　　　　　　　　　B5判・276頁

直流回路／交流回路の基礎／交流基本回路／記号式計算法／単相回路(1)／交流の電力／単相回路(2)／三相回路／ひずみ波回路／過渡現象

よくわかる電気数学

照井博志 著　　　　　　　　　　A5判・152頁

整式の計算と回路計算／方程式・行列と回路計算／三角関数と交流回路／複素数と記号法／微分・積分と電磁気学

電気計算法シリーズ
電気のための基礎数学

浅川毅 監修／熊谷文宏 著　　　　A5判・216頁

式の計算／方程式とグラフ／三角関数と正弦波交流／複素数と交流計算／微分・積分の基礎

電気・電子の基礎数学

堀桂太郎／佐村敏治／椿本博久 共著　A5判・240頁
数式の計算／関数と方程式・不等式／2次関数／行列と連立方程式／三角関数の基本と応用／複素数の基本と応用／微分の基本と応用／積分の基本と応用／微分方程式／フーリエ級数／ラプラス変換

電気法規と電気施設管理

竹野正二 著　　　　　　　　　　A5判・368頁
電気関係法規の大要と電気事業／電気工作物の保安に関する法規／電気工作物の技術基準／電気に関する標準規格／その他の関係法規／電気施設管理／(付録) 電気事業法

＊定価，図書目録のお問い合わせ・ご要望は出版局までお願いいたします。
URL　http://www.tdupress.jp/